普通高等教育“十三五”规划教材
新工科建设之路·软件工程规划教材

C 语言程序设计(第 2 版)

呼克佑 主 编

林福平 邓红霞 曹 棣 副主编

電子工業出版社
Publishing House of Electronics Industry
北京 · BEIJING

内容简介

本书系统地介绍ANSI C语言的基本概念、语法和语义，包括数据类型、常量、变量、运算符和表达式、语句、数组、函数、结构体、指针、文件等。将C语言的介绍和结构化程序设计方法有机地结合在一起，通过大量实例的分析、编程，帮助读者尽快掌握C语言和用C语言编写程序。通过基本算法思想介绍和应用实例，帮助读者掌握用C语言描述算法和基本算法策略在程序设计中的应用。本书提供大量精心设计的例题、习题和上机实验，通过完成习题和上机实验，帮助读者进一步理解C语言的各种语法成分，掌握C语言源程序的编辑、编译、链接和运行过程。本书配有电子课件、源代码和习题解答，读者可登录华信教育资源网(www.hxedu.com.cn)注册并免费下载。

本书可作为高等院校“C语言程序设计”课程的教材，也可作为广大计算机程序设计人员和计算机程序设计爱好者的参考书，同时可供参加相关考试的读者参考。

图书在版编目(CIP)数据

C语言程序设计 / 呼克佑主编. —2版. —北京：电子工业出版社，2018.8
ISBN 978-7-121-34491-6

I. ①C… II. ①呼… III. ①C语言－程序设计－高等学校－教材 IV. ①TP312.8

中国版本图书馆CIP数据核字(2018)第123584号

策划编辑：章海涛
责任编辑：章海涛　　文字编辑：刘　瑀
印　　刷：三河市鑫金马印装有限公司
装　　订：三河市鑫金马印装有限公司
出版发行：电子工业出版社
　　　　　北京市海淀区万寿路173信箱　　邮编：100036
开　　本：787×1092　1/16　印张：18.5　字数：444千字
版　　次：2013年2月第1版
　　　　　2018年8月第2版
印　　次：2022年8月第7次印刷
定　　价：59.80元

凡所购买电子工业出版社图书有缺损问题，请向购买书店调换。若书店售缺，请与本社发行部联系，联系及邮购电话：(010)88254888，88258888。

质量投诉请发邮件至zlts@phei.com.cn，盗版侵权举报请发邮件至dbqq@phei.com.cn。

本书咨询联系方式：liuy01@phei.com.cn。

前　　言

近年来，学习计算机程序设计的人几乎都将 C 语言作为首选语言。它功能丰富、表达能力强、使用方便灵活、可移植性好。“C 语言程序设计”不仅是计算机类专业的一门专业基础课，也是大多数理工类专业的必修课。

为什么要学习 C 语言？大致有以下几个理由：

- C 语言可以作为学习计算机程序设计语言的入门语言；
- C 语言是编写操作系统的首选语言，在与计算机硬件打交道时灵巧且高效；
- C 语言具有现代高级程序设计语言的基本语法特征；
- 常用的面向对象程序设计语言如 C++和 Java，其基本语法来源于 C 语言；
- 许多用 C 语言编写的系统需要维护；
- 用于要求程序高速运行领域的编程，如嵌入式系统、通信程序等；
- 游戏设计者和黑客少不了 C 语言；
- C 语言使用者和爱好者众多。

学习 C 语言，需要理解和掌握 C 语言中诸如关键字、标识符、数据类型、常量、变量、运算符和表达式等基本概念，也需要掌握语句、数组、函数、指针、结构体、文件的使用，同时需要了解和掌握计算机的解题过程、算法的设计和表示、结构化程序设计方法等内容。

本书全面、系统地介绍了 C 语言的语法、语义和程序设计技术，内容丰富，结构完整，力求精练实用。对抽象概念的叙述通俗易懂，内容安排突出重点、分散难点、实例充实。全书共分 10 章。第 1 章介绍 C 语言的简史、特点，计算机解题过程和算法的概念。第 2 章介绍 C 语言的基本数据类型、常量、变量、运算符和表达式。第 3 章介绍结构化程序设计的三种基本结构及其控制语句。第 4 章介绍数组的使用及其程序设计方法。第 5 章介绍指针的使用及其程序设计方法。第 6 章介绍用户自定义函数的定义、调用和声明方法，以及变量的作用域规则。第 7 章介绍 C 语言的复杂数据类型结构体和动态数据结构。第 8 章介绍文件的基本概念和操作方法。第 9 章介绍宏、文件包含、条件编译等预处理命令的使用。第 10 章为上机实验指导。每章均给出了几乎覆盖所有知识点的习题供学生练习。最后还提供非常实用的附录，如常用库函数简介、编译、链接常见错误信息等。

根据教材第 1 版的使用情况，我们对教材的部分内容做了调整，主要体现在对例题的分析、对例题程序的解释和对指针内容的精简，并充实了习题和上机实验内容。本书将结构化程序设计方法和常用的算法思想融入程序设计中，实例先易后难、先简后繁，通过习题和上机实验训练学生的 C 语言程序设计能力，达到掌握 C 语言和应用 C 语言开发程序的目的。

本书所有例题程序均在 Visual C++6.0 集成开发环境中调试通过，便于教师上课演示。本书作为教材使用时，建议讲授学时不少于 40 课时，实验学时不少于 16 课时。

本书配有电子课件、源代码和习题解答，读者可登录华信教育资源网（www.hxedu.com.cn）免费注册、下载。

参加本书编写的人员都是长期工作在教学第一线的教师，从事计算机专业课程教学多年，有丰富的教学经验。本书由太原理工大学呼克佑老师主编并编写第 4、8、9 章，第 1、2 章由林福平老师编写，第 3 章由邓红霞老师编写，第 5、10 章由李丹丹老师编写，第 6 章由曹棣老师编写，第 7 章由山西水利职业技术学院王红霞老师编写，全书由呼克佑老师统稿。

在本书的编写过程中得到了太原理工大学相关领导的大力支持和帮助，在此表示衷心的感谢。由于作者水平有限，书中疏漏在所难免，殷切盼望读者和专家批评指正。

编　者

目　　录

第 1 章　C 语言与程序设计

本章主要内容

- C 语言发展简史与特点
- 计算机解题过程
- 算法及其表示
- 常用算法介绍
- 结构化程序设计方法

众所周知，计算机系统由硬件和软件组成，程序是软件系统中不可或缺的重要组成部分，而程序是用计算机语言编写的。学习计算机语言和程序设计技术，就是要学会用计算机语言编写解决实际问题的程序，这对于软件开发人员来说是重要的一步。

指示计算机完成特定操作的命令称为指令，计算机硬件所有指令的集合称为该计算机的指令系统或机器语言。使用机器语言编写程序效率低且不方便，没有人直接使用机器语言编写程序。C 语言是一种既低级又高级的计算机程序设计语言，用 C 语言代替机器语言编写程序，可以达到机器语言程序的效果——程序执行速度快且占用存储空间小，同时 C 语言又是一种高级程序设计语言，编写程序的效率与其他高级语言并无差异。

学习“C 语言程序设计”主要包括两个方面：一是学习 C 语言的语法规则；二是学习程序设计方法。在掌握 C 语言语法规则的基础上，运用程序设计方法设计解决问题的算法，从而设计出解决问题的 C 语言程序。

学习计算机语言，当然也包括 C 语言，主要是学习语法和语义两个方面。计算机语言的语法是严格定义的，不允许有语法错误。语法是一些规定，如各种语句及各种语法成分都有各自的规定。同时计算机语言的语义是唯一的，没有二义性，各种语句及语法成分有各自的语义。只有掌握计算机语言的语法，理解语义，才能正确使用计算机语言编写没有语法错误和逻辑错误的程序。

程序设计是给出解决特定问题程序的过程，包括问题分析、算法设计、程序源代码设计、测试、调试和维护。源代码可以用 C 语言编写，也可以用其他计算机语言编写。程序设计的目的是得到一个指令序列(即程序)，提供给计算机来执行，使问题得到解决。在程序设计过程中，往往需要不同方面、不同领域的专业知识，包括应用领域知识、特定算法知识和形式逻辑知识等。

学习程序设计时，需要了解和掌握计算机的解题过程、算法的设计和表示、结构化程序设计等内容。同时需要用具体的计算机语言编写程序。在这个过程中，还需要学习和掌握程序的编辑、编译、调试和运行等有关操作。

“C 语言程序设计”是一门实践性很强的课程。在学习过程中，不仅要掌握基本概念、语法和语义等内容，还需要注重实验环节。通过自己动手编写程序，在完成 C 语言程序的编辑、编译、调试和运行的过程中，加深对 C 语言的理解，体会编写程序的过程及关键技术。与此同时，培养编程兴趣，提高编程能力。

通过学习 C 语言，可以为进一步学习其他计算机语言，包括目前常用的面向对象语言如 C++、Java 等各种计算机语言奠定基础。

1.1 C 语言发展简史

C 语言是一种广泛使用的面向过程的计算机程序设计语言，既适用于系统程序设计，又适用于应用程序设计。C 语言在操作系统、软件工程、图形学、数值分析等诸多领域得到了广泛的应用。

早期的计算机语言，除汇编语言之外，高级程序设计语言有 FORTRAN 语言、ALGOL 语言和 COBOL 语言等。后来出现了大量的各种各样的高级语言，较有影响的有 BASIC 语言、PASCAL 语言、C 语言、C++语言和 Java 语言等。C 语言的发展历程大致如图 1-1 所示。

图 1-1 C 语言的发展历程

1960 年出现的 ALGOL60 很受程序设计人员欢迎，用 ALGOL60 描述算法很方便，但硬件操作能力较弱，不宜用来编写系统程序。1963 年，英国剑桥大学在 ALGOL 语言的基础上推出了 CPL（复合程序设计语言），增强了直接对硬件的处理能力，但由于规模大，因此实现困难。1967 年剑桥大学的马丁 · 理查德（Matin Richards）对 CPL 语言进行了简化，推出了 BCPL（基本复合程序设计语言）。1970 年，美国贝尔实验室的肯 · 汤普逊（Ken Thompson）对 BCPL 语言进一步简化，突出了硬件处理能力，取名 B 语言（BCPL 的第一个字母），并用 B 语言写了第一个 UNIX 操作系统程序，但 B 语言过于简单，功能有限。1972 年，贝尔实验室的丹尼斯.M.里奇（Dennis M. Ritchie）对 B 语言进行了完善和扩充，保留了 B 语言的硬件处理能力，扩充了数据类型，强调了通用性，这就是 C 语言（BCPL 的第二个字母）。1973 年，肯 • 汤普逊和丹尼斯.M.里奇两人合作，用 C 语言重写了 UNIX 操作系统，并在 PDP-11 计算机上加以实现。C 语言伴随着 UNIX 操作系统成为了一种最受欢迎的计算机程序设计语言。

UNIX 操作系统因简洁、实用和高效率而受到人们欢迎，C 语言功不可没。1977 年出现了不依赖于具体机器的 C 语言编译版本“可移植 C 语言编译程序”，使 C 语言移植到各种不同的机器变得非常简单。1978 年，贝尔实验室的布朗.W.卡尼汉（Brian W.Kernighan）和丹尼斯.M.里奇（Dennis M. Ritchie）合著了 *The C Programming Language* 一书，对 C 语言的语法进行了规范化的描述，成为了以后广泛使用的 C 语言的基础。随着微型计算机的普及，产生了各种不同的 C 语言版本，为了统一标准，美国国家标准学会（ANSI）于 1983 年制定了 C 语言标准，这就是 ANSI C 标准。1990 年，C 语言成为国际标准化组织(ISO)通过的标准语言，这一 C 语言版本称为 C89 或 C90。1999 年通过的 ISO/IEC9899:1999 新标准称为 C99。

目前流行的 C 语言编译系统大多是以 ANSI C 为基础进行开发的，但不同版本的 C 编译系统所实现的语言功能和语法规则略有差异。在实际编写程序过程中，应该了解和注意 C 语言的标准，使编写的程序具有可移植性，可以运行于不同的计算机系统。

1.2　C 语言的特点

C 语言是一种通用的程序设计语言，语言本身简洁、灵活、表达能力强，被广泛用于系统软件和应用软件的开发，并且具有良好的可移植性。

C 语言的特点可概括如下。

(1) C 语言简洁、紧凑、灵活。C 语言的核心内容很少，只有 32 个关键字、9 种控制语句；程序书写格式自由，压缩了一切不必要的成分。

(2) 表达方式简练、实用。C 语言有一套强有力的运算符，达 44 种，可以构造出多种形式的表达式，用一个表达式就可以实现其他语言可能需要多条语句才能实现的功能。

(3) 具有丰富的数据类型。数据类型越多，数据的表达能力就越强。C 语言具有现代语言的各种数据类型，如字符型、整型、实型、数组、指针、结构体和共用体等，可以实现诸如链表、栈、队列、树等各种复杂的数据结构。其中，指针类型使参数的传递简单、迅速，同时节省内存空间。

(4) 具有低级语言的特点。C 语言具有与汇编语言相近的功能和描述方法，如地址运算和二进制数位运算等，还可以对硬件端口等资源进行直接操作，充分使用计算机的资源。C 语言既具有高级语言便于学习和掌握的特点，又具有机器语言或汇编语言对硬件的操作能力。因此，C 语言既可以作为系统描述语言，又可以作为通用的程序设计语言。

(5) C 语言是一种结构化语言，适合大型程序的模块化设计。C 语言提供了编写结构化程序的基本控制语句，如 if-else 语句、switch 语句、while 语句和 do-while 语句等。C 语言程序是函数的集合，函数是构成 C 语言程序的基本单位，每个函数具有独立的功能，函数之间通过参数传递数据，程序员可以编写自己的函数。同时，不同操作系统的编译器都为程序员提供了大量的标准库函数，例如输入/输出函数、数学函数和字符串处理函数等。灵活地使用标准库函数可以简化程序设计，提高编写程序效率。

(6) 各种版本的编译器都提供了预处理命令和预处理程序。预处理扩展了 C 语言的功能，提高了程序的可移植性，为大型程序的调试提供了方便。

(7) 可移植性好。程序从一个环境不经改动或稍加改动就可以移植到另一个完全不同的环境中运行。这是因为标准库函数和预处理程序将可能出现的与机器有关的因素和源程序分隔开来，使针对不同的计算机硬件环境，都可以重新定义有关的内容。

(8) 生成的目标代码质量高。由 C 源程序编译和链接得到的目标代码的运行效率比汇编语言代码的运行效率也只低 10%～20%，可充分发挥机器的效率。

(9) C 语言语法限制不严，程序设计自由度大。C 语言程序在运行时不做诸如数组下标越界和变量类型兼容性等检查，而是由编程者自己保证程序的正确性。C 语言几乎允许所有数据类型的转换，字符型和整型可以自由混合使用，所有类型均可作为逻辑型，可以自己定义新的类型，还可以把某类型强制转换为指定的类型。实际上，这使编程者有了更大的自主性，能编写出灵活、优质的程序，同时也给初学者增加了一定的难度。所以，只有在熟练掌握 C 语言程序设计后，才能体会到其灵活性。

现在，可以先简单了解以上特点，等掌握 C 语言之后，再次阅读就会有更为深刻的领会。

C 语言有许多优点，是一种优秀的计算机语言，但也存在一些缺点。了解这些缺点，有助于实际使用 C 语言编写程序时做到扬长避短。

(1) C 语言程序的错误更隐蔽。C 语言的灵活性使用它编写程序时更容易出错，而且 C 语言的编译器不检查这样的错误。与汇编语言类似，需要程序运行时才能发现这些逻辑错误。C 语言还会有一些隐患，需要引起程序员的重视，如将比较的“= =”写成赋值的“=”，虽然语法上没有错误，但是这样的逻辑错误往往不易发现，想要找出错误往往十分费时。

(2) C 语言程序有时会难以理解。C 语言语法成分相对简单，是一种小型语言。但是，其数据类型多，运算符丰富且结合性多样，使对其理解有一定的难度。有关运算符的优先级和结合性，可以用人们最常说的一句话“先乘除，后加减，同级运算从左到右”来理解，但优先级更多且有两个运算方向(从左到右和从右到左)，比较而言，C 语言的运算符及表达式更复杂一些。为了减少字符输入，C 语言比较简明，同时也使 C 语言可以写出常人几乎难以理解的程序。

(3) C 语言程序有时会难以修改。考虑到程序规模的大型化或者巨型化，现代编程语言通常会提供“类”和“包”之类的语言特性，这样的特性可以将程序分解成更加易于管理的模块。然而 C 语言缺少这样的特性，维护大型程序显得比较困难。

1.3 计算机解题过程

使用计算机解决现实世界的问题是一种必然的选择。如何使用计算机解题？也就是如何编写解决问题的程序或软件？这是一个比较复杂的问题，需要使用软件工程的方法来解决，超出本书的范围。这里从学习 C 语言的角度简要认识计算机解题的过程。

计算机的解题过程如图 1-2 所示，大致分为 4 个阶段，分别是分析问题、设计算法、编写程序和运行验证。

1. 分析问题

详细分析需要解决的问题，清楚了解问题的需求。已知的原始数据有哪些？使用什么方法或数学模型？要得到什么结果？分析问题就是明确做什么的过程(What to do)。

2. 设计算法

明确了做什么之后，就需要考虑怎么做(How to do)。通常将解决问题的方法或数学模型转换为解决问题的步骤，即设计算法。设计算法是计算机解题过程中的一个具有创造性的重要环节，设计的算法是否合理、正确，直接关系到问题能否解决。同时，解决问题的方法往往不是唯一的，可能有多种解决方法，需要设计出多种算法，通过分析比较，从中找出合适的或最优的算法。

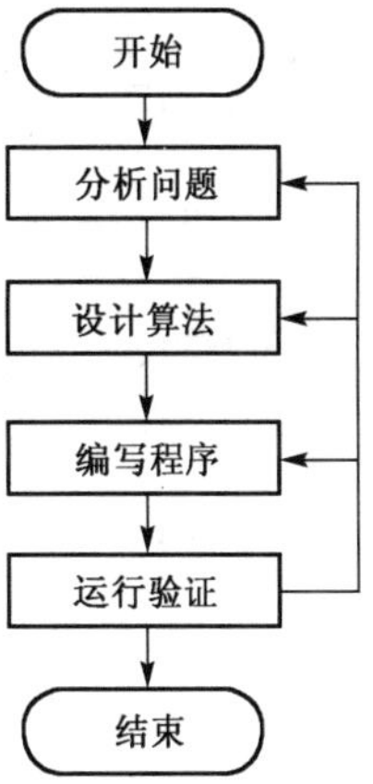

图 1-2　计算机解题过程

3. 编写程序

确定了解决问题的算法之后，需要使用一种计算机程序设计语言编写程序。编写程序就是将设计的算法等价映射(转换)为计算机程序，所编写的程序从逻辑上看是算法的一种表现形式。

4. 运行验证

编写的程序有时不能正确地满足解决实际问题的需求，还需要调试，即在计算机上运行并且排除潜在错误。必要时，还要使用测试数据对程序进行测试，验证程序的正确性。如果程序测试不充分，则有可能导致潜在错误的存在。除此之外，问题需求也可能随着时间的推移而变化，使程序使用一段时间后还需要进行修改和完善，这个过程称为维护。

1.4　算法及其表示

大型软件的开发一般采用软件工程的方法，经过分析、设计、编码、调试和运行等阶段。每个阶段都有明确的任务，后一阶段的工作是在前一阶段结果的基础上进行的。对于初学者而言，需要解决的问题和编写的程序一般比较简单，只要将问题分析清楚，找到解决问题的方法，编写程序不是一件困难的事情。

C 语言解题时，在程序中有两方面的描述，即数据描述和处理步骤(算法)描述，后者处理前者的数据。因此，编写 C 语言程序之前，应该将问题所涉及的数据、已知条件和问题的解决步骤分析清楚。下面通过两个简单的实例来说明这一点。

【例 1-1】 求任意两个数的和与平均值。

(1) 数据描述

问题中有 4 个数据，即两个任意数、任意数之和与它们的平均值。在程序中定义 4 个浮点型变量存储这些数据，如：

```
float a, b, sum, average;
```

(2) 处理步骤描述

第 1 步：输入两个任意数，存储在变量 a 和 b 中。

第 2 步：计算两个数的和与平均值，存储在变量 sum 和 average 中。

第 3 步：输出变量 sum 和 average 的值，即得到问题所要求的结果。

根据上述分析，编写程序如下：

```
#include <stdio.h>
void main()
{   float a, b, sum, average;                      /* 定义变量 */
    scanf("%f,%f", &a, &b);                        /* 输入两个实型数 */
    sum = a + b;                                   /* 求两个数的和 */
    average = (a + b) / 2;                         /* 求两个数的平均值 */
    printf("sum=%f,average=%f\n", sum, average);   /* 输出结果 */
}
```

【例 1-2】 某体育比赛中，有 10 名裁判为参赛选手打分，参赛选手最后得分的计算方法是：去掉一个最高分和一个最低分后其他分数的平均值。求参赛选手的最后得分。

(1) 数据描述

问题中的原始数据有 10 个，解题过程中需要计算最高分、最低分和最后得分。在程序中可定义一个数组 s 存储 10 个分数、三个浮点型变量 max、min、score 分别用来存储最高分、最低分和最后得分，另外还需要若干辅助变量。

(2) 处理步骤描述

第 1 步：输入 10 个分数，存储在数组 s 中。

第 2 步：求 10 个数的最高分、最低分以及它们的和，并存储在变量 max、min 和 sum 中。

第 3 步：从 sum 中减去 max 和 min 并且除以 8(10–2)，求得最后得分，并将其存储在变量 score 中。

第 4 步：输出变量 score 的值，则得到问题所要求的结果。

对于第 1 步和第 2 步还需给出更详细的步骤，以便程序实现。根据上述分析，编写程序如下：

```
#include <stdio.h>
void main()
{   float s[10],max, min, sum, score;  /* 定义变量 */
    int i;
    for(i=0;i<10;i++)                  /* 输入 10 个数 */
        scanf("%f", &s[i]);
    max = min = sum = s[0];            /* 求最高分、最低分及分数和 */
    for(i=1;i<10;i++)
    {
        if(max<s[i]) max=s[i];
        if(min>s[i]) min=s[i];
        sum+=s[i];
    }
    score=(sum - max - min )/ 8;       /* 求最后得分 */
    printf("score=%.4f", score);       /* 输出结果 */
}
```

上述两个例子中的处理步骤就是解决相应问题的算法。很显然，有了算法，写出计算机语言程序就容易多了。

使用计算机解题时，解题步骤可归纳如下。

(1) 了解题目要做什么。

(2) 明确处理的数据及数据特征，确定数据结构。程序处理的对象是数据，程序中如何存储数据？输入的数据有哪些？输出的结果又有哪些？这些都应该明确并且做到心中有数；而选择适当的数据结构，对于设计处理步骤是至关重要的。

(3) 清楚地描述对数据的处理步骤——算法设计，以便得到预期的结果。算法设计是解决问题的核心，是程序的灵魂，是程序设计过程中的一个重要环节。

(4) 对处理步骤进一步细化——逐步求精算法，直到能够使用程序设计语言编写程序实现。算法设计和逐步求精算法是使用计算机解题过程中最为困难的一步，是唯一的有创造性的工作。

(5) 将算法转换为程序。将算法转换为程序是一项包含众多技巧的工作，需要完整的计算机程序设计语言的知识。

(6) 运行程序，分析结果。通过对源程序进行编辑、编译和链接，得到可执行的程序，并且运行所得到的可执行程序。如果出现编译错误或运行结果不正确，则要修改源程序，重新进行编译、链接和运行，直到得到满意的结果。

对于一个复杂的问题，可以将其分解成若干个容易处理、可单独解决的子问题，然后分别加以解决。

1.4.1　算法的概念

算法是精确定义的一系列规则的集合，这些规则规定了解决特定问题的一系列操作，以便在有限的步骤内产生出问题的答案。【例 1-1】和【例 1-2】中的处理步骤就是一种用自然语言描述的算法。

编者注：本书算法数字语言描述部分，按出版规范，单字母变量应采用斜体表示，但为与对应代码一致，均采用正体表达。

【例 1-3】求两个正整数 m 和 n 的最大公约数(即同时能够整除 m 和 n 的最大正整数)。

欧几里得阐述了求两个数的最大公约数的过程——欧几里得算法。

第 1 步：以 n 除 m，并令 r 为所得余数(r=m mod n，显然 0≤r<n)。

第 2 步：若 r=0，算法结束，n 为 m 和 n 的最大公约数。

第 3 步：若 r≠0，令 m←n，n←r，返回第 1 步继续。

算法中的符号←表示将符号右边变量或表达式的值送到左边的变量中。

按照上述计算步骤，给定任意两个正整数 m、n，经过第 1 步和第 3 步计算总能不断缩小 m、n 的值，使 r 的值为 0，算法结束，得到最大公约数。

算法中不仅各步骤间的顺序是重要的，在每步内的动作次序也同样重要。例如，上述算法的第 3 步中，“令 m←n，n←r”绝对不能写成“令 n←r，m←n”，因为这样做的结果是在变量 m、n 和 r 中存储了同一个值，即都变成了第 1 步除法运算的余数。

算法是为解决一个特定的问题所采取的确定的有限步骤。它告诉计算机如何一步一步地进行计算，直至解决问题。对于一个给定的问题，可以有不同的解题方法，即可以有不同的算法。如【例 1-2】求参赛选手的最后得分问题，可以先将 10 个数排序，求中间 8 个数的平均值，还可以有其他方法。为了有效地解题，不但要求算法正确，还要考虑算法的质量，通常选择简单明了、结构清晰、计算高效的算法。

算法由操作和数据组成，而这些操作又是按照一定的控制结构所规定的次序执行的。因此，算法由数据、操作和控制结构三要素组成。

数据是指操作对象和操作结果。由于算法层出不穷、千变万化，其操作对象数据和操作结果数据名目繁多、不胜枚举。最基本的有字符、整数、实数和布尔值等；稍复杂的有向量、矩阵和记录等；更复杂的有集合、树、图，还有声音、图形和图像等。

算法中，每一步都能分解成计算机的基本操作，否则算法就是不可行的。算法的操作种类也是五花八门、多姿多彩。最基本的有赋值运算、算术运算、关系运算和逻辑运算等；稍复杂的有函数运算、向量运算等，更复杂的有表、栈、队列、树和图的运算等。

算法的控制结构给出了算法的框架，决定了各种操作的执行次序。任何复杂的算法都可以用顺序结构、分支结构和循环结构 3 种控制结构组合而成。

求解问题时，算法可以千变万化、简繁各异，但是算法必须具有以下特性。

- 有穷性：算法在执行了有限步骤之后结束，并且每一步都可以在有穷的时间内完成。
- 确定性：算法中每种操作必须有确切的含义，即无二义性。同时，无论如何算法都只有唯一的一条执行路径，即相同的输入只能得出相同的输出。
- 可行性：算法中描述的操作都可以通过已经实现的基本操作执行有限次数来实现。
- 输入：有零个或多个输入，即算法需要的初始数据。
- 输出：有一个或多个输出，输出的是与输入有某些特定关系的数据，没有输出的算法是无意义的。

1.4.2 算法的描述

为求解问题设计了算法后，为了与人交流，让他人能看懂、理解算法，需要用一定的方法进行描述。算法有多种描述方法，常用的描述方法如下。

(1) 自然语言描述。

(2) 传统流程图。

(3) N-S 流程图。

(4) 伪代码。

(5) 程序设计语言。

1. 自然语言描述

【例 1-2】和【例 1-3】介绍的算法就是用自然语言描述的。自然语言可以是中文、英文、其他民族语言或数学表达式等。用自然语言描述算法通俗易懂，其缺点是文字有可能冗长，不太严格，容易产生歧义，表达分支和循环结构不方便等。

2. 传统流程图

流程图是用约定的图框和流程线表示运算或操作流程的图示形式，在图形上使用简明的文字和符号表示各种不同性质的操作，用流程线表示算法的执行方向。其优点是直观形象、易于理解。美国国家标准学会 ANSI 规定的一些常用流程图符号如图 1-3 所示。

【例 1-3】中的欧几里得算法的传统流程如图 1-4 所示。

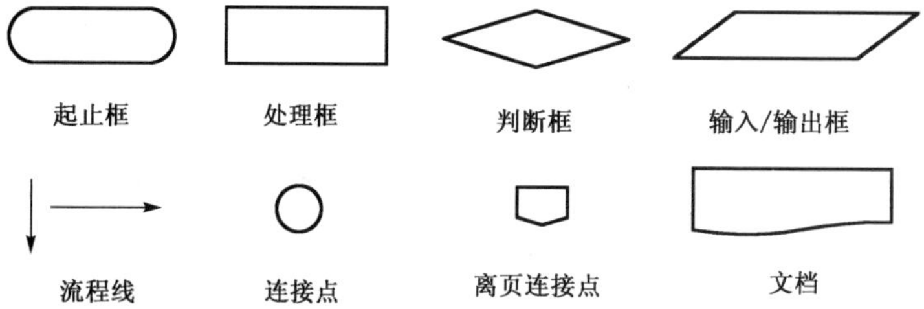

图 1-3　传统流程图常用符号

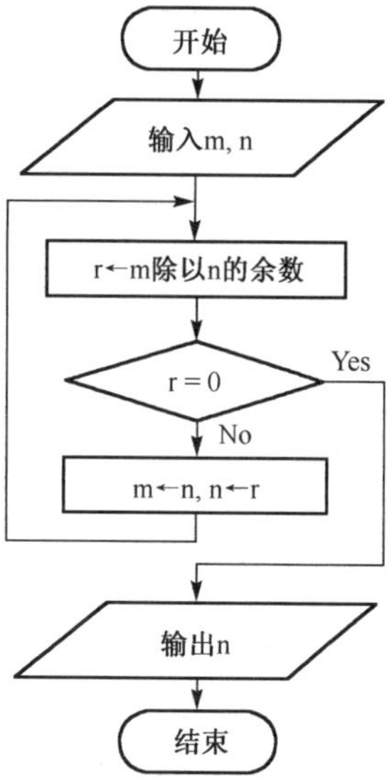

图 1-4　欧几里得算法的传统流程图

3. N-S 流程图

N-S 流程图是一种结构化流程图，适合于表示结构化算法。N-S 流程图完全取消了带箭头的流程线，全部算法写在一个矩形框内，框内还可以包含从属于它的框。

N-S 流程图使用的流程图符号如图 1-5 所示，图中 A 和 B 为某种操作或功能模块，P 为判断条件。

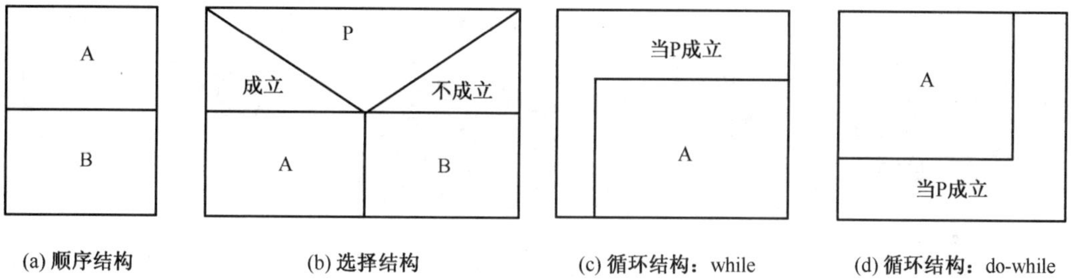

图 1-5　N-S 流程图基本结构

(1) 顺序结构：A 操作和 B 操作按顺序进行，先进行 A 操作，再进行 B 操作。

(2) 选择结构：根据判断条件 P 是否成立，在 A 和 B 两种操作中选择一种。若判断条件 P 成立，选择 A 操作执行；否则，选择 B 操作执行。

(3) 循环结构：根据判断条件 P 是否成立，决定 A 操作是否被重复执行。C 语言中的循环结构分为 while 循环和 do-while 循环。while 循环是先判断条件 P，若成立，则重复 A 操作；do-while 循环是先执行 A 操作，再判断条件 P，若成立，则重复 A 操作。

【例 1-3】中的欧几里得算法的 N-S 流程如图 1-6 所示。

由于图 1-4 中的重复操作不符合结构化特征，需要对操作步骤进行调整。图 1-6(a)表示的算法使用 do-while 循环控制，循环结束时，n 和 r 的值均为 0，结果为 m 的值；图 1-6(b)表示的算法使用 while 循环控制，需在循环之前先求一次余数存储在 r 中，循环结束时，结果为 n 的值。

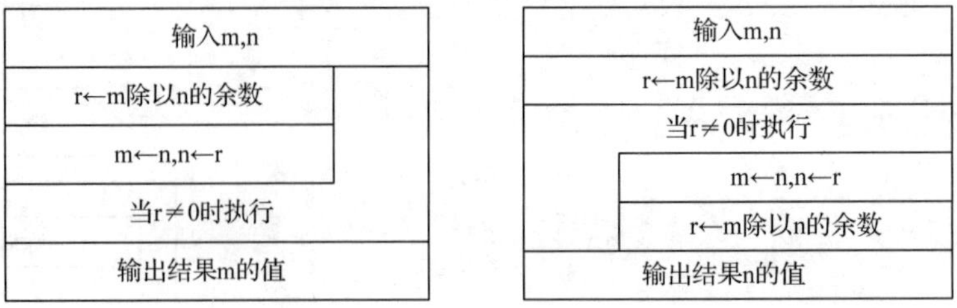

(a)使用do-while循环　　(b)使用while循环

图 1-6　求最大公约数的 N-S 流程图

4．伪代码

伪代码是一种用于表达算法的语言，与程序设计语言相似，但更简单易学。程序表达算法的目的是在计算机上执行，而伪代码表达算法的目的是便于理解。伪代码易于阅读、简单、结构清晰，介于自然语言和程序设计语言之间，不拘泥于程序设计语言的具体语法和实现细节。伪代码表示算法不用图形符号，比使用传统流程图和 N-S 流程图表示算法更方便、紧凑并且易懂，便于将算法转换为各种计算机语言的程序。

由于伪代码在语法结构上的随意性，目前并不存在一个通用的伪代码语法标准。人们往往以具体的高级程序设计语言为基础，简化后进行伪代码的编写。最常见的这类高级程序设计语言包括 C、Pascal、Java 等，由此而产生的伪代码往往称为“类 C 语言”“类 Pascal 语言”等。

欧几里得算法的伪代码(类 C 语言)如下(与图 1-6(a)描述的算法一致)。

```
算法开始
输入 m,n;
do {
     r←以 n 除 m 的余数;
     m←n;
     n←r;
} while(r≠0);
输出 m;
算法结束
```

可以看出，用伪代码表示的算法与计算机程序设计语言已经很接近，很容易将其改写成计算机程序。对计算机程序设计语言比较熟悉时，使用伪代码(如伪 C 语言)表示算法易于转换为实际的计算机语言程序。

5．程序设计语言

程序设计语言描述是指用计算机高级语言如(C、Java、VB 等)描述算法，它是可以在计算机上运行并获得结果的算法描述，通常也称程序。

欧几里得算法的 C 语言描述如下(与图 1-6(a)描述的算法一致)。

```
//gcd 函数，功能是求正整数 m、n 的最大公约数
int gcd(int m,int n)
```

```
{
    int r;
    do{
        r=m%n;          // %是 C 语言中的求余运算符
        m=n;
        n=r;
    }while(r!=0);      // !=是关系运算符，其含义是不等于
    return m;
}
```

1.5　常用算法策略介绍

算法是解决问题的方法，不同的领域有不同的方法。根据问题领域的不同，算法可分为数值问题的算法和非数值问题的算法。数值问题的算法解决传统的数学问题，例如求方程解的算法和求定积分算法等。与数值问题的算法相比，计算机科学对非数值问题的算法给予了更多的重视。计算机在非数值领域的应用十分广泛，不同的应用领域有不同的非数值问题算法，已远远超过了其在数值问题方面的应用。

针对一个给定的问题，要找到行之有效的算法，就需要了解或掌握一些基本的算法设计策略，这些算法设计策略已潜移默化地应用在生活的很多方面。基本的算法策略主要有穷举法、递推法(迭代法)、递归法、回溯法、分治法、贪心法和动态规划法等。本节简要介绍前 3 种方法，程序设计中常常用到这些算法策略，其他的算法策略请读者自行阅读算法相关的书籍。

1.5.1　穷举法

穷举法又称枚举法、试凑法或蛮力法。该方法通过逐一考察问题的所有可能解，找出问题真正的解。枚举法要求问题的可能解必须是有限的，而且这些可能解是已知的。穷举法通常用于解决“是否存在”或“有多少种可能”等类型的问题。

【例 1-4】 给定一个正整数，确定它的整数立方根是否存在，若存在，则找出这个立方根。

问题分析：一个正整数的整数立方根如果存在，一定在 1 和这个数之间，而这之间正整数的个数是有限的，所以可以设计一个基于枚举法的算法。

```
算法开始
输入一个正整数赋值给 n;
x←1;
while(x≤n 且 x*x*x≠n){
    x←x+1;
}
if(x≤n)
    找到 n 的整数立方根，输出 x 的值;
else
    输出 n 的整数立方根不存在信息;
算法结束
```

1.5.2 递推法

递推法是从已知的初始条件出发，根据递推公式算出新值，再用新值代替旧值，用同样的递推公式求得另一个新值，以此类推，经过有限次递推即可求得最终结果。在理想状态下，每递推一次，结果逐渐接近问题的最后解。

递推法在数值算法中又称迭代法。迭代法常用于求近似解的问题，根据对前一步结果误差的不同处理方法，迭代法又有逼近迭代和试探迭代等不同方法。数值计算要注意解的稳定性问题，即在迭代中每一步的解越来越接近真正的解，否则迭代不会成功。

【例 1-5】 计算一个正整数 N 的阶乘。

根据数学知识 N!=1×2×3×…×N，为了求得 N!，可以从 1 开始，求得 1 的阶乘后再求 2 的阶乘，再和 3 相乘得 3 的阶乘，以此类推，最后求得 N 的阶乘。

```
算法开始
输入一个正整数赋值给 N;
t←1;
i←1;
while(i≤N){
    t←t×i;
    i←i+1;
}
输出结果 t;
算法结束
```

1.5.3 递归法

与递推法类似，递归法是利用大问题与其子问题的递推关系来解决问题，通常把一个问题层层转化为一个与原问题相同或相似，但规模较小的子问题来求解。

在算法或程序设计中，具体的处理办法是一个过程(或函数)在其定义或说明中又直接或间接地调用自身。一个直接或间接调用过程(或函数)自身的算法称为递归算法，一个函数如果调用自身进行计算则称该函数为递归函数。一些问题的算法描述中，递归法往往比非递归法更加简洁易懂。

【例 1-6】 计算一个正整数 N 的阶乘。

阶乘函数 f 的递归定义为

$$f(1)=1 \qquad (1!=1，N=1 时)$$
$$f(N)=N\times f(N-1) \qquad (N!=N\times(N-1)!，如果 N>1)$$

前一式子给出函数的初始值，初始值是非递归定义的。每个递归函数都应该给出非递归定义的初始值，否则这个函数无法计算。后一式子用较小自变量的函数值来表达较大自变量的函数值，在定义式的两边都引用了阶乘函数 f，所以是一个递归定义。下面是求阶乘的 C 语言递归函数。

```
//f 函数，功能是求正整数 N 的阶乘
int f(int N)
{
    int t;                        //用 t 保存阶乘值
    if(N==1||N==0) t=1;           // ||是 C 语言中的逻辑运算符，含义是或者
    else t=N*f(N-1);              //调用 f 函数自身
    return t;
}
```

上面介绍的算法策略在后续的程序设计中经常使用，希望读者能仔细体会和掌握。

1.6　结构化程序设计方法

编写程序如果没有一整套规范，就会造成程序可读性差、无法维护等问题。结构化程序设计方法有助于解决这个问题。对于过程性的计算机语言来说，使用结构化程序设计方法可以提高程序的可阅读性和可修改性，提高编写程序的效率，缩短修改程序的时间。

1.6.1　结构化程序设计基本思想

结构化程序设计是由 E.W.Dijikstra 在 1965 年提出的，对程序设计及软件开发产生了深远的影响。结构化程序设计以功能模块和过程设计为主，其要点如下。

(1) 自顶向下，逐步求精

自顶向下是指对设计的系统有一个全面的了解，从问题的全局入手，把一个复杂的问题分解成若干独立的子问题，然后对每个子问题再做进一步的分解，如此反复，直到每个子问题都容易解决为止。

逐步求精是指程序设计是一个渐进的过程，先把问题用一个程序模块来描述，再把每个模块的功能逐步分解细化为一系列的具体步骤，直到能用计算机语言的语句来实现。逐步求精与自顶向下结合使用，一般把逐步求精视为自顶向下设计的具体实现。

(2) 模块化

将复杂的问题分解成多个相对简单的子问题来解决，即是将程序模块化的过程。划分出的子模块一定要有相对独立的功能。模块化是指程序设计应从功能入手，一个大型的程序经过层层分解后，可以细化为一个个子模块。

(3) 结构化

在每个模块内只使用顺序、选择和循环 3 种基本控制结构。3 种基本结构通过有序组合或嵌套可以描述复杂的算法。

结构化程序设计要求程序中的每个基本结构都是单入口、单出口的，没有死循环，没有死语句，即没有绝对不会被执行的语句。

C 语言提供了与 3 种基本控制结构相对应的语句，可以方便地编写结构化的程序。有关结构化程序设计更详细的内容，请参考有关的书籍和资料。

1.6.2　三种基本程序结构

编写 C 语言程序时，应该按照结构化程序设计的基本思想设计程序，在程序中尽量使用顺序、选择和循环这三种基本结构，避免使用 goto 语句，避免编写的程序是多入口或多出口的。

顺序结构的程序流程如图 1-7 所示，选择结构的程序流程如图 1-8 所示，循环结构的程序流程如图 1-9 所示。

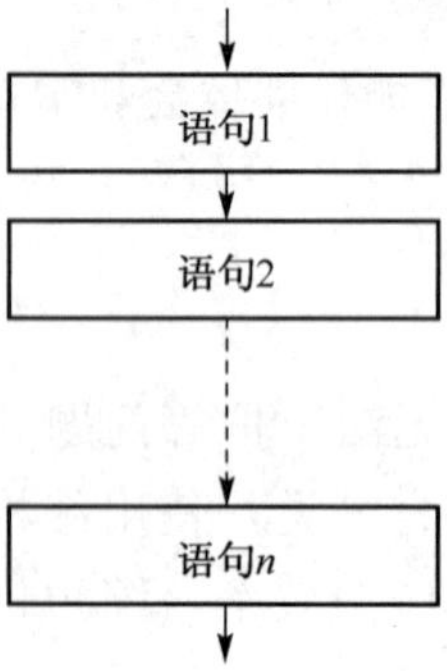

图 1-7　顺序结构的程序流程

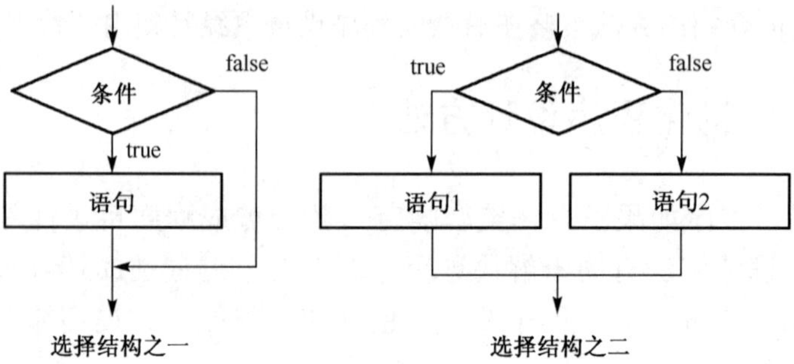

图 1-8　选择结构的程序流程

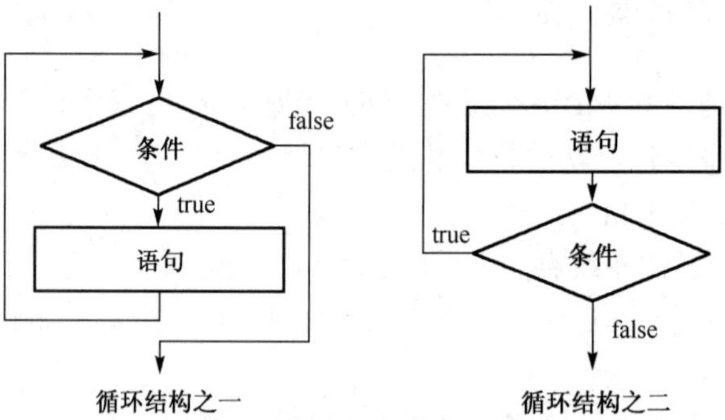

图 1-9　循环结构的程序流程

本章小结

本章主要介绍了以下内容。

(1) C 语言发展简史

简要介绍了 C 语言的发展历程，C 语言与 UNIX 操作系统的关系，C 语言的标准化。

(2) C 语言的特点

C 语言的特点主要包括：简洁性，表达式简练实用，丰富的数据类型，具有低级语言的特点，结构化的语言，可移植性强，代码效率高等。

(3) 计算机解题过程

简要介绍了计算机的解题过程，包括分析问题、设计算法、编写程序和运行验证。

(4) 算法及其表示

介绍了算法的基本概念以及 5 种算法的表示方法。这些算法的表示方法包括自然语言描述、传统流程图、N-S 流程图、伪代码和程序设计语言。

（5）常用算法策略介绍

介绍了最常用的算法策略，包括枚举法、递推法和递归法。

（6）结构化程序设计方法

简要介绍了结构化程序设计的基本思想，以及结构化程序设计中的三种基本结构。

习题一

一、简答题

1．什么是程序？什么是程序设计？

2．利用计算机解题的过程大致分为哪几个阶段？每个阶段的任务是什么？

3．什么是算法？算法有哪些特性？

4．分析图 1-6 的流程图，(a)图的输出结果是 m 的值，(b)图的输出结果是 n 的值，为什么？

5．欧几里得算法使用了哪种算法策略？

6．简述结构化程序设计的基本思想。

7．简述在计算机上运行一个 C 程序的过程。

二、设计题

1．参考图 1-6(b)流程图，试写出对应的伪代码算法。

2．参考【例 1-2】，编写一个 C 语言程序，输入三个整数，输出它们的最大值。

3．用传统流程图或 N-S 流程图表示下列各题的算法。

（1）交换两个存储单元 a 和 b 的内容。

（2）判断一个整数 n 能否同时被 3 和 7 整除。

（3）求方程：$ax^2+bx+c=0$ 的根。假设 $b^2-4ac\geqslant 0$，要区分两个不相等的根和两个相等的根。

（4）求 1+2+3+…+100。

（5）鸡兔同笼，已知鸡兔共有 30 个头，有 80 只脚，问鸡兔各有多少只(用枚举法)。

（6）菲波那契数列的前两项是 1，从第 3 项开始，每项的值是前两项的和，即该数列为 1,1,2,3,5,…，求该数列的第 20 项(用递推法)。

第 2 章　C 语言基础知识

本章主要内容

- ➢ 简单的 C 语言程序实例
- ➢ 字符集、关键字和标识符
- ➢ 数据类型
- ➢ 常量和变量
- ➢ 运算符、表达式、运算符的优先级和结合性
- ➢ 数据类型转换

在计算机系统中，字符、数字、语音、图形、图像等各种信息统称为数据。C 语言程序中的每个数据都有确定的数据类型。不同类型的数据在表示形式、取值范围、占用内存空间大小、可参与的运算等方面都有所不同。因此，作为程序设计的基础，本章主要介绍 C 语言数据类型、常量、变量、运算符和表达式等。基本类型数据的表示形式、变量的定义、运算符和表达式是本章的主要内容。

2.1　简单的 C 语言程序

学习计算机程序设计语言的目的是用这种语言编写程序，解决实际问题。掌握一种语言的最好方法除大量阅读该语言的程序之外，就是使用它编写程序。通过编写程序，熟悉语言的语法规则和语句含义，了解程序的结构，掌握编写程序的方法。首先介绍简单的 C 语言程序。

【例 2-1】 编写一个 C 语言程序，输出“Hello, world”。这是一个经典 C 语言入门程序。

```
#include <stdio.h>
void main(void)
{
    printf("Hello,world\n");
}
```

使用编辑器，将上述程序输入计算机并存储在一个文件中，再对 C 语言源程序文件进行编译和链接生成可执行程序，最后运行生成的可执行程序，结果如图 2-1 所示。

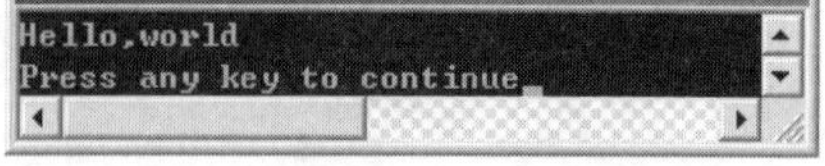

图 2-1 【例 2-1】运行结果

程序中的 main 是一个特殊的函数名，称为主

函数。花括号及其中的内容是 main()的函数体，由若干条语句组成，每个语句的最后有一个分号，表示一个语句结束。一个 C 语言程序由若干个函数组成，其中必须有唯一的 main()函数。C 语言程序从 main()函数开始运行，main()函数中的最后一个语句执行完毕后，C 语言程序的运行也就结束了。

printf()函数是 C 语言的标准库函数，该函数原型在标准库函数的头文件<stdio.h>中定义，所以需要使用#include 命令加以包含。该函数将字符串“Hello,world\n”输出到标准输出设备(屏幕)上。字符串中的“\n”代表换行符，即输出字符串“Hello,world”后换行。

【例 2-2】编写程序，计算两个整数的和并且输出结果。

```
/* 计算两个整数之和，并输出 */
#include <stdio.h>
void main(void)
{
    int value1, value2, sum;          /* 定义变量 */
    value1 = 30;                      /* 为变量赋值 */
    value2 = 45;
    sum = value1 + value2;            /* 求和并赋值给变量 sum */
    printf("sum=%d\n", sum);          /* 输出变量 sum 的值 */
}
```

上述程序编译并且运行，结果如图 2-2 所示。

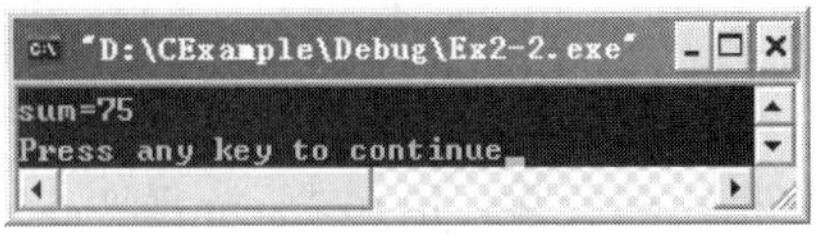

图 2-2 【例 2-2】运行结果

程序中的/*……*/称为注释，其内容用于帮助阅读理解程序，其作用是提高程序的可读性，但是没有实际的逻辑意义，不生成目标指令。该程序中的注释用来注明程序或语句的功能。程序注释也可以用来注释函数的功能、变量的用途及程序段的功能等。

main()函数体中的语句“int value1,value2,sum;”，用来定义变量 value1、value2 和 sum，变量的类型为整型(int)。C 语言程序中的所有变量使用前必须预先定义。程序设计语言中变量的本质是存储单元，这里声明了三个能够存储整型数据的存储单元，依次用 value1、value2 和 sum 命名，使用名称访问存储单元。

函数体中还有三个含有“=”的语句。C 语言中的“=”从语义上来说是赋值，即将“=”右边表达式(常量或变量是最简单的表达式)的值赋给左边的变量，也就是存储在左边变量命名的存储单元中。

最后用函数 printf()输出变量 sum 的值(两个整数之和)。

【例 2-3】 编写程序，输出两个整数中的较大值。

```
#include <stdio.h>
int max(int x, int y)            /* 定义函数 max，求两个整数中的较大者 */
{
    int z;                       /* 定义变量 */
    if(x > y)
        z = x;                   /* 将 x 和 y 中的较大者赋值给 z */
    else
```

```
        z = y;
    return z;                    /* 返回 z 的值 */
}
void main(void)
{
    int a, b, c;                 /* 定义变量 */
    printf("a,b=");              /* 输出提示信息：a,b= */
    scanf("%d,%d", &a, &b);      /* 输入两个整数,数据之间用逗号分割 */
    c = max(a, b);               /* 调用函数 max，求两个整数中的较大者 */
    printf("max=%d\n", c);       /* 输出结果 */
}
```

上述程序编译并且运行，输入“15,35 ↙”（↙代表键盘上的 Enter 键），运行结果如图 2-3 所示。

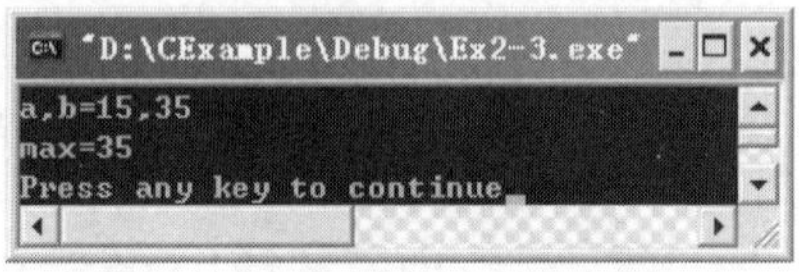

图 2-3 【例 2-3】运行结果

在【例 2-3】程序中，有两个函数：max()函数和 main()函数。一个 C 语言程序由若干函数组成，或者由一个主函数组成，或者由一个主函数和若干其他函数组成。

程序中定义的函数 max()的功能是求两个整数的较大值，其中 x 和 y 是函数 max 的形参变量(简称形参)，在此代表 2 个整数。函数体中，使用 if 语句选择 x, y 中的较大值赋值给变量 z，用 return 语句返回结果值。

函数 scanf()是 C 语言标准库函数，用于从标准输入设备(键盘)按格式要求输入数据给指定的变量。语句“scanf("%d,%d", &a, &b);”用来输入两个整数给变量 a 和 b，变量前面的运算符&是取地址运算符，&a 和&b 分别是变量 a 和 b 的地址，要想输入数据给变量 a 和 b，必须将 a 和 b 的地址传递给 scanf()函数。需要注意的是，函数 scanf()的输入格式串"%d,%d"中含有逗号，输入数据时也需要输入逗号。

主函数 main()中，语句“c = max(a, b);”的含义是，用 a 和 b 作为实际参数(简称实参)，调用函数 max()，函数 max()的返回值赋值给 c，即 a 和 b 的最大值赋值给 c。

【例 2-4】 最小的 C 语言程序(空函数体的 main()函数)。

```
    main(){  }
```

虽然这是一个没有任何逻辑功能的程序，却是合法的 C 语言程序，它什么也不做。其他空函数的一般形式为：

```
    func(){  }
```

其中，func 是空函数，该函数没有任何逻辑内容，也就是什么也不做。程序中某个地方调用这样的函数时，仅仅是一种形式上的调用。这里的函数名也可以根据程序的实际需要由程序员任意命名。

编写程序过程中，定义空函数是为了形式上临时使用这个函数，以检查所编写的程序是否存在语法错误。同时使编写的程序可以运行，这样就可以先验证空函数以外的程序逻辑是否正确，暂时不用等待那个函数的完成，可以提高编写程序的效率。等该函数实际编写完成之后再取而代之。

2.2 关键字和标识符

从语法角度来看，计算机语言程序的最小单位是字符，即程序是由字符组成的。程序是符合语法规定的字符的有序序列。这些字符除字母、数字和标点符号之外，还可以是制表符、回车符和换行符等。

计算机语言有若干语法元素，如标识符、常量、运算符和关键字等，C 语言也不例外。语法元素构成语句，语句构成程序。因此，C 语言程序包含三个层次，它们是语法元素(也称单词)、语句和程序。

2.2.1 字符集

C 语言使用 ASCII 字符集(附录 A)，包括以下内容。

(1) 字母：大写字母 A～Z、小写字母 a～z。

(2) 数字：0～9。

(3) 下画线：_ 。

(4) 标点符号：，(逗号)、；(分号)、"(双引号)、'(单引号)等。

(5) 特殊字符：+(加号)、-(减号)、*(乘号)、/(除号)、%(百分号)、=(等于号)、()(圆括号)、[](方括号)、{}(花括号)、>(大于号)、<(小于号)、!(感叹号)、\(反斜杠)、|(竖线)、Tab(制表符)、␣(空格符)等。

制表符、空格符、回车符和换行符等是单词的分隔符。标点符号和特殊字符也是单词的分隔符，同时自身也可能是运算符。C 语言的关键字是由小写字母组成的，标识符是由字母、数字和下画线组成的。

C 程序中可以出现非 ASCII 字符，比如汉字，但只能出现在注释和字符串中。

2.2.2 关键字

关键字又称保留字，是计算机语言中被赋予特定含义的单词符号。ANSI C 定义的关键字共 32 个，如表 2-1 所示。表 2-2 给出了 ANSI C 定义的关键字分类，其中，选择语句、循环语句和控制转移关键字合起来又称控制流关键字。

需要注意的是，不同版本或标准的 C 语言还会扩充相应的关键字。

表 2-1　ANSI C 定义的关键字

auto	do	goto	signed	unsigned
break	double	if	sizeof	void
case	else	int	static	volatile
char	enum	long	struct	while
const	extern	register	switch	
continue	float	return	typedef	
default	for	short	union	

表 2-2　ANSI C 定义的关键字分类

关　键　字	用　　途
int、char、float、double、long、short、signed、unsigned、struct、union、enum、void、auto、extern、register、static、typedef	类型
if、else、switch、case、default	选择语句
do、while、for	循环语句
break、continue、goto、return	控制转移
const、volatile、sizeof	其他

2.2.3　标识符

C 语言程序中，通常需要对函数、变量、符号常量、数据类型和数组等进行命名，这些名称统称为标识符。标识符是一个具有特定规则的字符序列，用来作为这些对象的名称。需要注意，C 语言中大小写字符是有区别的。

例如，2.1 节中的变量名 value1、value2、sum 和函数名 printf、max 都是标识符。而 max 和 Max 不是同一个标识符。

标识符是符合以下语法规则的字符序列。

(1) 首字符必须是字母或下画线。

(2) 只能包含字符 A～Z、a～z、0～9 及_(下画线)。

(3) 标识符不能是关键字。

(4) 标识符不能跨行书写。

例如，以下这些字符序列是合法的 C 语言标识符：

```
abc  ABC  Abc  buffer  data1  _abc  filename
```

而以下这些字符序列则是不合法的 C 语言标识符：

```
+abc $xyz 2apple %cat
```

使用标识符命名程序中各种对象时，要尽量做到“见名知意”，这样的程序具有良好的可阅读性并且易于理解其程序逻辑。通常遵循以下原则来使用标识符。

(1) 选择具有一定意义的英文单词做标识符。例如，用 day 表示日期、sum 表示和等。

(2) 适当地使用下画线。例如，用 load_num 表示调入数据等。

(3) 使用约定俗成的标识符。例如，temp 表示中间变量，x、y 和 z 表示需要计算的变量等。

(4) 标识符的长度不要过长。

(5) 用大小写区别命名。例如，loadnum 和 loadNum 是两个不同的标识符，后者则相对易于阅读。C 语言程序中，通常变量使用小写字符开头的标识符，而符号常量往往使用大写字符的标识符。

2.3　数据类型

数据类型是计算机语言对数据的分类，程序处理的数据总是属于某种类型。数据类型规定了该类型数据的存储空间大小(即字节数)、数据的表示形式及取值范围。C 语言有丰富的数据类型，这有助于针对特定的问题需求，选用最适当的数据类型，达到节省存储和加快计算速度的目的。

2.3.1　C 语言的数据类型

C 语言的数据类型可分为 4 类，分别是基本类型、构造类型、指针类型、空类型(void)。有关 C 语言数据类型的分类如表 2-3 所示。

表 2-3　C 语言的数据类型

数据类型分类			关　键　字	示　　例	介绍章节
基本类型	整数类型	整型	int	int a;	第 2 章
		短整型	short int(short)	short int a;或 short a;	
		长整型	long int(long)	long int a;或 long a;	
		无符号整型	unsigned	unsigned a; unsigned int b; unsigned short c; unsigned long d;	
	浮点类型	单精度浮点型	float	float a;	
		双精度浮点型	double	double a;	
		长双精度浮点型	long double	long double a;	
	字符类型		char	char a;	
	枚举类型		enum	enum boolean{ false, true};	第 7 章
构造类型	数组			int point[100]; char name[256];	第 4 章

	结构体		struct	struct date {
				int year;
				int month;
				int day;
				};
					第 7 章

	共用体		union	union {
				int length;
				char name[256];
				double value;
				}	

指针类型(*)				int *pint; char *pstring;	第 5 章
空类型			void	void *p; void main(void){ }	

基本类型包括：整数类型、浮点类型、字符类型和枚举类型。数值类型是整数类型和浮点类型的总称。C 语言的字符类型比较特殊，可以作为数值类型，成为算术运算的对象。

计算机程序处理的对象是数据，每一个数据有各自的数据类型。例如，123 是整数类型(int)数据，3.14 是浮点类型(double)数据，'A'是字符类型(char)数据。

数据类型决定此类数据的存储空间、表示形式及取值范围。例如，有符号整数类型的数据带有一个二进制的正负符号位，通常在最左边；负整数采用补码表示；浮点类型根据精度的不同使用不同的字节数表示，其尾数部分和指数部分有各自的编码方式。数据类型决定了存储数据所需存储空间的大小、表示形式、表示范围和可以参与的运算。需要注意的是，数据类型是一种数据的抽象描述，表示数据的种类。

2.3.2 整数类型

C 语言的整数类型包括带符号和无符号两类。从使用的存储空间字节数来看，又分为整型、短整型和长整型。C 语言本身并没有规定整型的字节数，根据计算机系统或编译器的不同，这些整型使用的存储字节数可能是不一样的，一般情况下，计算机的字长不同，整型使用的字节数也不一样。表 2-4 给出了 16 位机整型的存储字节数和表示范围。表 2-5 给出了 32 位机整型的存储字节数和表示范围。不过目前 16 位机已经几乎没有人使用。随着 64 位机的逐渐流行，与 64 位机相对应的整型也会逐步普及使用。

表 2-4 16 位机整数类型

类　型	存　储	表示范围
short int	2 字节	–32768～32767 $(-2^{15}\sim2^{15}-1)$
unsigned short int	2 字节	0～65535 $(0\sim2^{16}-1)$
int	2 字节	–32768～32767 $(-2^{15}\sim2^{15}-1)$
unsigned int	2 字节	0～65535 $(0\sim2^{16}-1)$
long int	4 字节	–2147483648～2147483647 $(-2^{31}\sim2^{31}-1)$
unsigned long int	4 字节	0～4294967295 $(0\sim2^{32}-1)$

表 2-5 32 位机整数类型

类　型	存　储	表示范围
short int	2 字节	–32768～32767 $(-2^{15}\sim2^{15}-1)$
unsigned short int	2 字节	0～65535 $(0\sim2^{16}-1)$
int	4 字节	–2147483648～2147483647 $(-2^{31}\sim2^{31}-1)$
unsigned int	4 字节	0～4294967295 $(0\sim2^{32}-1)$
long int	4 字节	–2147483648～2147483647 $(-2^{31}\sim2^{31}-1)$
unsigned long int	4 字节	0～4294967295 $(0\sim2^{32}-1)$

C 语言标准要求每一种整数类型必须有确定的数值表示范围，并且二进制位数上 int 类型不能比 short int 类型短，long int 类型不能比 int 类型短。

声明整数变量时，signed int 和 int 表示同样的类型，即整型；signed short int、short int 和 short 表示同样的类型，即短整型；signed long int、long int 和 long 表示同样的类型，即长整型。

C 语言标准库头文件 limits.h 中定义了若干符号常量，它们的值包括各种整数类型的最大值和最小值，像 SHRT_MAX、INT_MAX 和 LONG_MAX 分别是短整数、整数和长整数的最大值。编写程序时可以使用这些符号常量。

整型数据之间进行算术运算，结果还是整型，仍旧应存储在整型数据存储单元中。例如，程序段：

```
int a = 123, b = 10, c;
c = a / b;
```

运行后，变量 c 的值为 12，小数被舍去。

整型数据进行算术运算还有可能发生整数溢出的情况，运算结果如果超出了数值表示范围则产生溢出。不仅乘法运算会导致整数溢出，加法和减法运算也有可能导致整数溢出。例如，程序段：

```
short int a = 30000, b = 20000, c;
c = a + b;
```

运行后，变量 c 产生溢出，值为–15536，不是正确的结果(32 位机上的计算结果)。

这里以 16 位机的 C 语言为例，简单介绍整型数据的存储格式。带符号整型数据在存储单元中是以补码形式存储的，存储形式如下。

87 的存储形式为：

00000000	01010111

–87 的存储形式为(补码)：

11111111	10101001

–1 的存储形式为(补码)：

11111111	11111111

87L 的存储形式为：

00000000	00000000	00000000	01010111

2.3.3　浮点类型

浮点类型数据用于表示数学中带小数点的实数，在计算机中以指数形式存储，由于小数点可以浮动，因此这类数据称为浮点数。C 语言用浮点类型来表示人们概念中的实数(含有小数)，也可以说 C 语言使用浮点数来表示和处理实数。C 语言的浮点类型有单精度浮点型(float)、双精度浮点型(double)和长双精度浮点型(long double)，如表 2-6 所示。

表 2-6　浮点类型

类　型	存　储	表示范围	精度(有效位数)
float	4 字节	$\pm3.4\times10^{-38}\sim\pm3.4\times10^{38}$	7 位有效数字
double	8 字节	$\pm1.7\times10^{-308}\sim\pm1.7\times10^{308}$	16 位有效数字
long double	10 字节	$\pm3.4\times10^{-4932}\sim\pm3.4\times10^{4932}$	19 位有效数字

当精度要求不高时，一般使用单精度浮点型，如日常生活中的温度、速度、长度、面积和体积等都可以使用该类型；双精度浮点型提供了更高的精度，可以满足绝大多数的应用需求；对精度有极高的要求时，需要使用长双精度浮点型。在实际的编程中，首先要了解数据值的可能范围，然后根据浮点类型的表示范围，选择使用哪一种浮点类型。比起类型的数值表示范围，人们往往更加重视数字精度。

C 语言标准没有明确单精度浮点型、双精度浮点型和长双精度浮点型的精度，即没有明确这些类型使用的存储空间字节数。这是由于不同的计算机有可能用不同的方法存储浮点数。大多数现代计算机都遵循 IEEE754 标准(即 IEC60559)的规范。

2.3.4 字符类型

字符类型(char)主要用于文字或文本数据的处理，是 C 语言中的重要类型之一。由于不同的计算机有可能采用不同的字符集，所以字符类型的值也有可能根据计算机的不同而不同。目前，最常用的字符集是 ASCII(美国信息交换标准码)字符集，参见附录 A。它用 7 位二进制编码，表示 128 个字符。ASCII 码中，数字字符 0～9 的编码是 0110000～0111001，大写字母 A～Z 的编码是 1000001～1011010，ASCII 码常被扩展用于表示 256 个字符。

C 语言允许把字符作为整数来使用，所以字符类型与整数类型一样，也分有符号和无符号两种类型，如表 2-7 所示。C 语言标准没有明确字符类型是否有符号，不同的 C 语言编译器对字符类型的处理是不一样的，有些编译器将其当作有符号类型来处理，有些编译器将其当作无符号类型来处理。一般情况下，字符类型的数据是字符编码，所以程序员大多不关心字符类型是否有符号，只有在某些特定情况下才需要了解字符类型是否有符号。

表 2-7 字符类型

类　型	存　储	表 示 范 围
char	1 字节	−128～127(-2^7～2^7-1)
unsigned char	1 字节	0～255(0～2^8-1)

字符常量用单引号括起来，如'A'、'1' 和'$'等。这些字符是可见字符，但是还有一些字符是不可见的字符，也称为非打印字符，无法采用类似的方式显式地书写，或者无法从键盘直接输入。这些非显式的字符多用于显示、打印和通信等。为了使程序可以处理字符集中的每一个字符，C 语言提供了一种特殊的表示法——转义序列，通常称为转义符。转义符有字符转义符和数字转义符两种，字符转义符由反斜杠(\)加一个字母组成，如'\n'表示换行符，数字转义符又有八进制转义符和十六进制转义符两种。

表 2-8 C 语言转义符

转义符	ASCII 码和英文释义	描　述	转义符	ASCII 码和英文释义	描　述
'\a'	007: bell BEL	警报(响铃)符	'\\'	092:backslash	反斜杠
'\b'	008: backspace BS	退格	'\?'	063: question	问号
'\f'	012:form feed FF	走纸换页	'\''	039:single quote	单引号
'\n'	010:linefeed LF	换行	'\"'	034:double quote	双引号
'\r'	013:carriage return CR	回车	'\0'	000:null	空字符
'\t'	009:horizontal tab HT	横向制表符	'\ddd'		8 进制转义符
'\v'	011:vertical tab VT	垂直制表符	'\xhh'		16 进制转义符

表 2-8 所示为 C 语言转义符。表中'\ddd'是八进制转义符，ddd 是八进制数(由 0～7 组成)；'\xhh'是十六进制转义符，hh 是十六进制数(由 0～9、a～f 或 A～F 组成)。使用这两种转义符可以表示任意的 ASCII 字符。例如，下述语句定义了字符常量：

```
#define ESC '\33'        /* ASCII escape character */
```

字符类型的数据在内存中存储的是其 ASCII 码值。例如，字符'A'的存储形式如下：

01000001

字符类型的数据可以作为整数来处理，这样做的好处是，通过计算能够方便地进行字符转换等处理。例如，程序段：

```
char a = 'a', b, c;
b = a + 1;
c = a - ('a' - 'A');
```

运算后，变量 b 的值为'b'，变量 c 的值为'A'(小写转换为大写)。

C 语言标准库的头文件<ctype.h>中定义了若干与字符处理有关的函数(实际上是宏)，如字母大小写转换函数和字母大小写判断函数等。其中函数 toupper()可以将小写字母转换成大写字母。编写程序时可以使用这些标准库函数。

2.4　常量和变量

C 语言中的数据有常量和变量两种形式。常量是在程序运行过程中其值不能改变的量。变量是在程序运行过程中，其值可以在其类型规定的范围内变化的量。变量代表特定类型的存储空间(也称为存储单元)，在程序中是一个标识符，遵守“先定义，后使用”的原则，并且使用数据类型进行定义，一旦定义了变量就会为该变量分配相应的存储空间。

2.4.1　常量

常量类似于数学中的常数。

C 语言的常量有整数常量、浮点数常量、字符常量和字符串常量，例如，12、3.14、'A'、"Hello"依次是整数常量、浮点数常量、字符常量和字符串常量。常量可以出现在表达式中，直接参与计算。

C 语言提供预处理命令#define 定义符号常量，使用标识符作为符号常量的名称，符号常量可以像常量一样使用。以下的程序段定义了符号常量 PI，代表圆周率 3.14159，然后用 PI 计算圆的周长和面积：

```
#define PI 3.14159      /* 定义符号常量 PI */
double radius = 10, circumference, area;
circumference = 2 * PI * radius;        /* 圆的周长 */
area = PI * radius * radius;            /* 圆的面积 */
```

1. 整数常量

C 语言中，整数类型常量有十进制、八进制和十六进制三种书写形式。

(1) 十进制整数常量：由正负号(+或–)和数字 0～9 组成，首字符不能是 0。例如，128、–98、0、100。

(2) 八进制整数常量：以“0”开头，由数字 0～7 组成，首字符必须是 0。例如，0127 表示八进制数 127，即$(127)_8$，等于十进制数 87。再如，0144，等于十进制数 100。

(3) 十六进制整数常量：以“0x”或“0X”开头，由 0～9、a～f 或 A～F 组成。例如，0x1C 表示十六进制数 1C，即 $(1C)_{16}$，等于十进制数 28。再如，0x64，等于十进制数 100。

从类型上，整数常量有一般整数常量和长整数常量两种类型。整数常量即上述介绍的三种不同进制的整数。长整数常量是在整数常量后面加字母 L 或 l。例如，87 是整数常量，87L 是长整数常量。

2. 浮点数常量

浮点数常量有十进制表示法和指数表示法，浮点数常量必须包含小数点或指数部分，可以带正、负符号。

十进制表示法与数学表示没有区别，包含整数部分和小数部分，但是没有指数部分，如 987.、–123.456、.456。在小数点的前后至少一边有数字。

指数表示法包含尾数部分和指数部分，尾数部分可以是整数或十进制浮点数；指数部分是以字符 E 或 e 开头，后面跟一个带正、负符号的整数。例如，–123E3 表示-123×10^3，987.654e–10 表示 987.654×10^{-10}。字符 E 或 e 前面的数字是尾数部分。

从类型上，还可以使用后缀字符 f 或 F、l 或 L。浮点数常量又分为以下三种。

(1) float 型常量：后缀为 f 或 F。例如，123.f、987.123F、123.e+3f、123.987E–3f、12F、98f。

(2) double 型常量：没有后缀。例如，123.、987.123、123.e+3、123.987E–3。

(3) long double 型常量：后缀为 l 或 L。例如，123.l、987.123L、123.e+3l、123.987E–3L。

需要注意的是，123. 是 double 型常量，123 是 int 型常量；123.L 是 long double 型常量，123L 是 long 型常量，它们的区别就在那个小数点上。

3. 字符常量

字符常量是用单引号括起来的单个字符。例如，'A'、'g'、'?'、'6'都是字符常量。注意，其中的单引号不是字符常量的一部分，只起分隔作用，称为字符常量定界符。

另外，转义符也是字符常量的一种特殊表示形式，参见表 2-8。例如，'\101' 或'\x41' 表示字符'A'，'\010' 或'\x08'表示退格，'\0' 或'\x0'表示空字符(NULL)。实际上，用八进制转义符或十六进制转义符可以表示任何字符。

4. 字符串常量

字符串常量是用一对双引号引起来的零个或多个字符序列。例如，以下这些都是字符串常量：

```
"How␣are␣you", "123.4" , "a" , "␣", ""
```

字符串中的字符数称为字符串的长度，零个字符的字符串称为空串。

字符串"a"的存储形式为：

'a'	'\0'

字符串"How are you" 的存储形式为：

'H'	'o'	'w'	'␣'	'a'	'r'	'e'	'␣'	'y'	'o'	'u'	'\0'

字符串中的字符依次存储在一块连续的存储空间中，末尾附加一个 ASCII 码值为 0 的字符'\0'，作为字符串的结束标志。需要注意的是，计算字符串长度时，不要把'\0'计算在内；计算字符串存储字节数时，需要把'\0'计算在内。设置字符串结束标志的目的是方便程序对字符串进行处理。

同时需要注意的是，不能将双引号写成单引号，双括号内是字符串，单括号内是字符。例如，"A"是字符串常量，而'A'是字符常量，它们的存储形式不同。

2.4.2　变量

C 语言的变量代表的是一块存储空间。在程序运行过程中，如果变量的存储单元的内容被改变，则意味着变量的值改变了。

每一个变量必须在定义之后才能使用，可以使用各种数据类型来定义变量，并且用标识符作为变量名称。变量有三个要素：变量名、存储单元和变量值。例如，变量定义语句：

```
int a=10;   /* 定义整型变量 a，并设置初值为 10 */
```

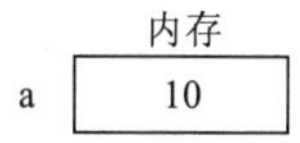

图 2-4　变量三要素

如图 2-4 所示，变量名是 a，代表存储单元(方框表示，字节数由类型确定)，变量值为 10(存储单元中的数据，称为当前值)。

1．变量定义

变量定义语句的一般形式如下：

数据类型　变量名列表;

其中，数据类型可以是表 2-3 中的类型，也可以是程序员自己定义的类型。变量名列表是由逗号(，)分隔开的若干变量或含有初始化的变量。每一个变量名必须是一个合法标识符，并且不能同名。例如：

```
int x=10, y;      /* 定义整型变量 x,y 并使 x 的初始值为 10 */
long z;           /* 定义长整型变量 z */
char ch;          /* 定义字符型变量 ch */
```

变量定义之后便有了相应的存储单元(数据类型决定了存储单元的字节数)，就能够在程序中使用定义了的变量存储数据。C 语言编译器会检查变量定义，如果变量没有定义就使用，编译源程序时会给出出错信息，并且不能生成目标代码和可执行程序。

变量定义之后，编译器只是给变量分配了存储单元，并未对存储单元赋值，变量存储单元中的值是不确定的。C 语言中静态变量的默认值是 0，自动变量的默认值是一个不确定的随机数。实践中，一般不建议程序员使用默认值，而要求程序员显式地对变量进行初始化或赋值。

2. 变量初始化

定义变量的同时可以为变量指定一个初值，称为变量的初始化。例如：

```
int a = 10;              /* 定义 a 为整型变量，初值为 10 */
float b = 10.23;         /* 定义 b 为实型变量，初值为 10.23 */
char c = 'A';            /* 定义 c 为字符型变量，初值为'A'*/
```

也可以对定义的变量名列表中的部分变量进行初始化。例如：

```
int a, b, c = 6;         /* 定义 a，b，c 为整型变量，c 初值为 6 */
```

如果对几个变量赋以同一个初值，应写成：

```
int a=6, b=6, c=6;       /* 定义 a，b，c 为整型变量，初值都为 6 */
```

而不能写成：

```
int a=b=c=6;             /*定义的多个变量之间必须用逗号隔开*/
```

【例 2-5】 编写一个大小写字符转换程序，转换后输出结果字符及其十进制值。以字符'a'和'b'为例。

```
#include <stdio.h>
int main(void)
{   char c1='a', c2='b';
    c1 = c1 - 32;
    c2 = c2 - 32;                 /*对应大小写字母的 ASCII 码的差为 32*/
    printf("%c  %c\n", c1, c2);   /*按字符格式输出*/
    printf("%d  %d\n", c1, c2);   /*按整数格式输出*/
}
```

上述程序编译并且运行，结果如图 2-5 所示。

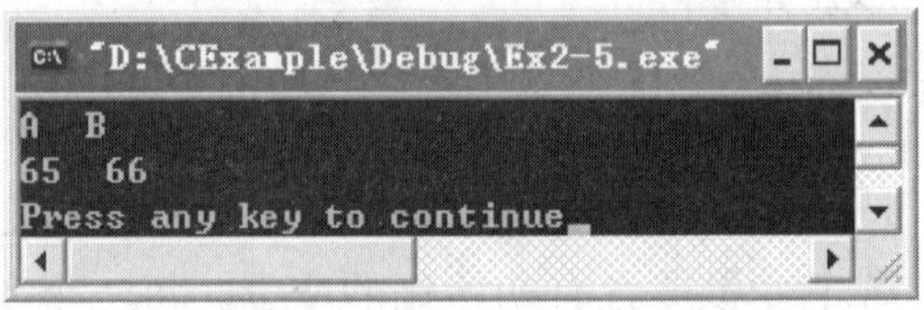

图 2-5 【例 2-5】运行结果

【例 2-6】 求一个字符的前驱字符和后继字符。要求：输入一个字符，找出它的前驱和后继字符，并按 ASCII 码值顺序输出这三个字符及其对应的 ASCII 码值。

问题分析：一个字符的前驱字符是指在 ASCII 码表中排列在该字符前面的一个字符，即比该字符的 ASCII 码值小 1 的字符。一个字符的后继字符是指在 ASCII 码表中排列在该字符后面的一个字符，即比该字符的 ASCII 码值大 1 的字符。

编写程序如下：

```
#include <stdio.h>
void main(void)
{
```

```
    char c, c1, c2;
    printf("Enter a character: ");
    c = getchar( );                    /* 从键盘上读取一个字符 */
    c1 = c - 1;                        /* 求前驱字符 */
    c2 = c + 1;                        /* 求后继字符 */
    printf("%c %c %c\n", c1, c, c2);   /* 输出三个字符 */
    printf("%d %d %d\n", c1, c, c2);   /* 输出三个字符对应的 ASCII 码值 */
}
```

上述程序编译并且运行，输入“D↙”，运行结果如图 2-6 所示。

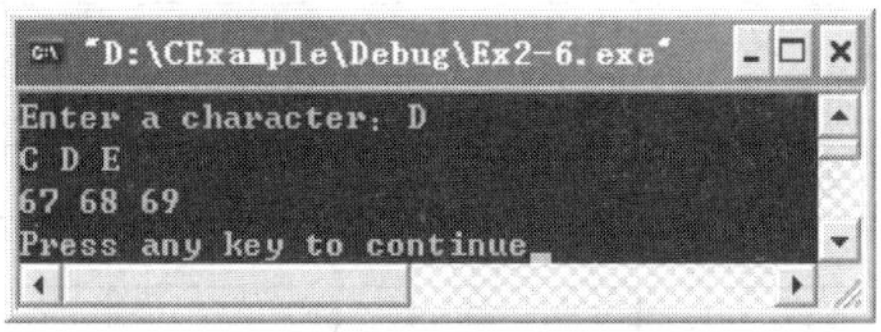

图 2-6 【例 2-6】运行结果

2.5　运算符和表达式

C 语言有丰富的运算符，有很强的表达计算能力，是 C 语言的重要组成部分。C 语言的表达式用来描述数值的计算公式，最简单的表达式是变量和常量等。

使用运算符可以完成一些简单的数据运算，而复杂的数据运算只能通过程序控制实现。除输入/输出和控制语句外，几乎所有的操作都可以使用运算符实现。

C 语言运算符按其功能分为：算术运算符、关系运算符、逻辑运算符、赋值运算符、位运算符、递增递减运算符等。按参与运算的操作数个数分为：单目运算符、双目运算符和三目运算符。

用运算符和圆括号将操作数(常量、变量和函数)按一定的语法规则连接起来就构成了表达式。表达式的种类也很多，如算术表达式、关系表达式、逻辑表达式等。任何表达式都可以按照运算符的优先级和结合性(运算方向)计算出一个值，因此，书写表达式时要注意运算符的优先等级和运算方向。

C 语言的运算符有 15 个运算级别和两种运算方向。15 个运算级别依次用 1～15 表示，数字越小，运算级别越高。两种运算方向是自左至右(左结合性)和自右至左(右结合性)。C 语言的运算符详见附录 B。

表达式的计算规则：运算级别不同时，先进行运算级别高的运算，再进行运算级别低的运算；运算级别相同时，运算顺序由结合方向决定。

与人们日常的表达式书写习惯一样，C 语言的表达式是中缀表示法，即对于双目运算符而言，运算符写在两个操作数的中间，如 a+b 和 a–b。这种运算符写在两个操作数中间的表示法称为中缀表示法。表达式中，一般的单目运算符则写在操作对象的左边，如–a、+b 和–(a+b)，只有单目的自增(++)和自减(– –)运算符既可以写在操作数的左边，也可写在操作数的右边，如 a++、++a 和 b– –、– –b。

程序中的表达式应该尽可能地一目了然，避免编写过于复杂、难以理解的表达式。

2.5.1 算术运算符

1. 算术运算符

C 语言的算术运算符用来计算数值类型数据，是应用最为广泛的一类运算符，包括加、减、乘、除和取正、取负等，如表 2-9 所示。

表 2-9 算术运算符

优先级	运 算 符	含 义	举 例	备 注
2	++	自增	++x 或 x++	单目运算符，相当于 x = x + 1
	--	自减	--x 或 x--	单目运算符，相当于 x = x - 1
	+	取正	+(x + y)	单目运算符
	-	取负	-(x - y)	单目运算符
3	*	乘法	x * y	双目运算符
	/	除法	x / z	双目运算符
	%	取模(余数)	x % y	双目运算符
4	+	加法	x + y	双目运算符
	-	减法	x - y	双目运算符

算术运算符使用说明如下。

(1) -(取负)、++、--是单目运算符，*、/、%、+、-是双目运算符。例如：

-x　　i++　　--i　　x+y

(2) +、-、*、/与数学中的运算类似。但要注意两个整数之间运算的结果还是整数，特别是除法运算符在用于两个整型数据运算时，其运算结果也是整数，余数部分被舍弃。例如：

5/2.5=2.0　　　　5/2=2

7/4=1　　-7/4=-1　　7/-4=-1

(3) 求余运算符(%)的运算对象只能是整型数据，它的作用是求整数除法的余数，余数的符号与左操作数的符号相同。例如：

8%2=0　　7%4=3　　-7%4=-3　　7%-4=3　　-7%-4=-3

(4) 自增(++)、自减(--)运算符的作用是使变量的值增 1 或减 1，运算对象必须是变量或存储单元，不能是常量或表达式，如果写成 6++或(a+b)++都是错误的。自增、自减运算符可以写在变量的前面，也可以写在变量的后面，例如：

① i++，i--;

② ++i，--i。

注意：i++、i--、++i 和--i 都是表达式。

就变量的值而言，这两种写法都是使变量的值增 1(或减 1)，而对表达式的值来说，结果是不一样的。对于第①种情况，i++表达式的值是变量 i 增 1 之前的值，i--表达式的值是变量 i 减 1 之前的值；对于第②种情况，++i 表达式的值是变量 i 增 1 之后的值，--i 表达式的值是变量 i 减 1 之后的值。

设变量 i 的值为 5，则表达式 i++的值为 5，表达式++i 的值为 6，变量 i 的值都为 6。

++、− −运算符影响两个值，变量的值和表达式的值。

一个运算符在表达式中会影响两个值的情况，称为运算符的副作用。C 语言中有副作用的运算符除自增和自减运算符之外，还有赋值运算符。其他运算符则没有副作用。运算符的副作用使表达式逻辑变得不单纯，程序员应该谨慎使用，尽量减少使用有副作用的运算符，这样可以避免由于表达式逻辑过于复杂而难以理解。

另外，使用自增、自减运算符，能够使程序中表达式的书写更加简洁。

2. 算术表达式

算术表达式由算术运算符、操作数和圆括号组成。含有算术运算符符合 C 语言表达式语法的式子称为算术表达式。这里的操作数指常量和变量等。C 语言的表达式是中缀式，也允许用圆括号改变计算优先顺序，圆括号在表达式中是成对出现的，括号内的式子必须是中缀表示的式子，圆括号括起来的式子可以作为操作数。同时，圆括号是允许嵌套的。表达式((a+b)*c−d)/e 就是一个含有多重圆括号嵌套的表达式，该表达式的计算过程如下：

((a + b)*c−d)/e

①

②

③

④

又如，数学表达式：$2x^3+3x^2+4x+5$ 的 C 语言表达式为(((2*x+3)*x)+4)*x+5。

【例 2-7】 编写程序计算圆锥的体积。假设圆锥底的半径为 5，高度为 3。

```
#include <stdio.h>
#define PI 3.1415926
void main(void)
{
    double radius = 5.0, height = 3.0, volume;
    volume = PI * radius * radius * height / 3.0;
    printf("volume=%f\n", volume);  /* 输出计算结果 */
}
```

程序解释：计算圆锥体积的公式是 1/3×底面积×高。但是如果先计算 1/3，则有可能导致计算结果的数字精度丢失。编写科学计算程序时，为了提高数字精度，有时会适当调整计算顺序，但是有可能导致程序的可阅读性降低。本程序最后才做除以 3 的运算就是为了提高数字精度。如果将程序的第 6 行改为：volume = 1/3*PI * radius * radius * height;，结果会如何？请自行验证并分析。上述程序编译、链接、运行的结果如图 2-7 所示。

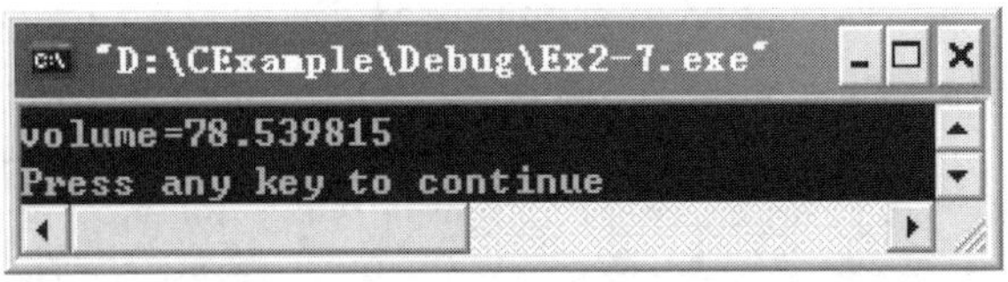

图 2-7 【例 2-7】运行结果

C语言中的表达式语句是由表达式加分号(;)组成的。【例2-7】的程序中的下述语句就是一个表达式语句，它是由分号结束的：

```
volume = PI * radius * radius * height / 3.0;
```

其中的“=”是赋值运算符，所以整个是一个表达式，加上分号称为表达式语句。

2.5.2 赋值运算符

C语言的赋值运算符比较特殊，从语法上看是一个运算符，从语义上看是赋值。

1. 赋值运算符

C语言中赋值运算符是“=”，变量通过赋值得到值，如赋值表达式：height = 8。

由赋值运算符“=”构成的赋值表达式的一般形式为：

v = e

其中，v是变量或存储单元，e是表达式。其语义是对赋值运算符右边的表达式e进行求值，将表达式e的值存储到赋值运算符左边的变量或存储单元v中。

赋值表达式也有值，赋值表达式的值就是赋值给变量的值。

有关赋值运算符的例子前面已经多次出现过，这里不再举例说明。

对变量或存储单元的操作有两种。一种是为变量赋值，变量出现在赋值运算符的左边；一种是使用变量的当前值，变量出现在第一种情况以外的地方(变量不在赋值运算符的左边)。

2. 复合赋值运算符

算术运算符(+、–、*、/、%)和位运算符(&、|、^、<<、>>)与赋值运算符组合构成复合赋值运算符。复合赋值运算符有如下10个：

+=　–=　*=　/=　%=　&=　|=　^=　<<=　>>=

由复合赋值运算符构成的表达式的一般形式为：

v op = e

它相当于：

v = (type) (v op e)

其中，type是v的类型，(type)是强制类型转换，将表达式(v op e)的值转换为v的类型的值；v是变量或存储单元；op是双目运算符，可以是算术运算符(+、–、*、/、%)和位运算符(&、|、^、<<、>>)；e是表达式。其语义是对表达式(type) (v op e)进行求值，将结果送到变量或存储单元v中。

例如，i+=2等价于i=i+2，i>>=3等价于i=i>>3。

再如，有以下程序段：

```
double PI=3.1415926, radius = 5.0, height = 3.0;
int volume = 0;
volume += PI * radius * radius * height / 3.0;
```

运行后，变量值 volume 为整数 78，这里发生了类型变换，即将运算符+=右边表达式的值转换为变量 volume 的类型(int 型)。

虽然复合赋值运算符可以用赋值运算符来替代，但是使用复合赋值运算符一方面可以使表达式更加简洁，另一方面也有可能能够加快程序的运行速度。例如，对于 x +=1 这样的语句，可以用计算机的一条累加指令来实现。而如果写成 x = x + 1 则有可能需要两条指令来完成，一条是加法指令，另一条是数据传送指令。

3．赋值运算符的结合性

赋值运算符是右结合的，即同级运算从右至左进行计算。例如，对于表达式 a=b=c=0 来说，等价于 a=(b=(c=0))，其语义是先将 0 赋值给变量 c，表达式(c=0)的值为 0，再把表达式(c=0)的值赋值给变量 b，最后把表达式(b=(c=0))的值赋值给变量 a。这样的表达式求值过程与人们对该表达式含义的理解是一致的，即把常量 0 赋值给变量 a、b 和 c。

4．赋值运算符与表达式

含有赋值运算符的表达式与一般表达式相比只是语义上略有不同，语法上并没有区别，表达式的求值过程也是相同的。

例如，程序段：

```
int i=3, j=2, k=1;
i += (j += k) - 1;
```

运行后，变量 k 的值为 1(不变)，变量 j 的值为 3，变量 i 的值为 5。

又如，程序段：

```
int i=6, j=4, k=2;
i -= j -= k;
```

由于赋值运算符是右结合的，所以上述的表达式语句等价于以下的语句：

```
i -=(j -= k);
```

运行后，变量 k 的值为 2(不变)，变量 j 的值为 2，变量 i 的值为 4。

另外，含有赋值运算符的表达式有时会变得相对难以理解。例如，表达式 c = b *= a * 2，要想理解它的含义还是稍微有些难度。

需要注意的是，赋值运算符与自增、自减运算符一样，也是有副作用的。赋值运算符会改变赋值运算符左边变量或存储单元的值，同时也会改变所在的表达式的值。

例如，程序段：

```
int i = 10, x = 20, y;
y = x + i++;
```

运行后，变量 i 被改变了，并且变成了 11，同时得到子表达 x + i++的值为 30，并且赋值给变量 y(变量 y 的值变成 30)。这里，在表达式求值的过程中，y 和 i 同时改变了。

5．左值(lvalue)

C 语言中左值是一个重要概念，赋值运算符要求它的左操作数必须是左值。而其他运算符允许它的操作数是变量、常量或表达式。左值表示计算机内存中的存储对象，即存储单元，而不是常量或计算结果。例如，有定义语句：int a, *p; 那么 a、*p 和*(p+1)都是左值。

C 语言允许赋值运算符的左操作数是一个表达式，但是该表达式的值必须是一个左值。以下是不合法的赋值表达式的例子：

```
100 += i;
i + j = 0;
-i /= j;
```

编译器会检测出这种错误，并给出像“lvalue required as left operand of assignment”这样的错误信息。

2.5.3 其他运算符

本节介绍算术运算符和赋值运算符以外的其他常用运算符，包括逗号运算符、条件运算符和求字节数运算符。此外，还有关系运算符和逻辑运算符将在第 3 章中介绍。有关位运算符的内容，参见附录 C。C 语言运算符一览参见附录 B。

1. 逗号运算符

语法上，C 语言中的逗号是一个运算符，本身没有语义。

逗号运算符的功能是将两个或多个表达式连接起来。它的结合性是左结合的，所以从左至右计算各个表达式，整个表达式的值为最右边的子表达式的值。逗号运算符是所有运算符中运算级别最低的运算符。

由逗号运算符构成的表达式的一般形式为：

表达式 1，表达式 2，表达式 3，…，表达式 n

其中 n 最小为 2。

例如，程序段：

```
int a = 3, b = 4, c = 6;
int w, x, y, z;
w = ((x = a + b), (y = b + c), (z = c + a));
```

运行后，变量 x 值为 7，变量 y 值为 10，变量 z 值为 9，变量 w 值为 9，变量 w 值与最右边子表达式的值相同。需要指出的是，如果上述语句写成如下的语句(少了一对圆括号)，则变量 w 值为 7 而不是 9。

```
w = (x = a + b), (y = b + c), (z = c + a);
```

又如，以下程序段分别给变量 a、b 和 c 赋值为 1、2 和 3。

```
int a, b, c;
a = 1, b = 2, c = 3;
```

与之相对应的一段程序如下：

```
int a, b, c;
a = 1; b = 2; c = 3;
```

二者之间的差别在于，前一段程序使用逗号作为运算符，只有一条语句；后者则是三条语句，因为每个表达式加上分号都是一个表达式语句。

2. 条件运算符

条件运算符是 C 语言中唯一的三目运算符。由于条件运算符中有一个逻辑条件，使它的功能有时能够相当于一段选择语句程序。

由条件运算符构成表达式的一般形式为：

表达式 1 ? 表达式 2 : 表达式 3

条件表达式的语义是：如果表达式 1 为真，则表达式 2 的值就是整个表达式的值，否则表达式 3 的值是整个表达式的值。条件运算符的运算优先级高于赋值运算符和逗号运算符。

例如，有以下的程序段，用来得到变量 a 和 b 中的较大值赋值给变量 x。

```
int a = 30, b = 40, x;
if(a > b)    x = a;
else    x = b;
```

以下是与之等价的程序段：

```
int a = 30, b = 40, x;
x = a > b ? a : b;
```

由以上例子可知，有时使用条件运算符，程序可以变得更加简洁。

【例 2-8】 使用条件运算符定义两个宏，用来计算两个数的最大值和最小值。

```
#include <stdio.h>
#define MAX(x, y) ((x) > (y))? (x) : (y)
#define MIN(x, y) ((x) < (y))? (x) : (y)
void main(void)
{
    int a = 30, b = 40;
    printf("max = %d\n", MAX(a,b));
    printf("min = %d\n", MIN(a,b));
}
```

上述程序编译并且运行，结果如图 2-8 所示。

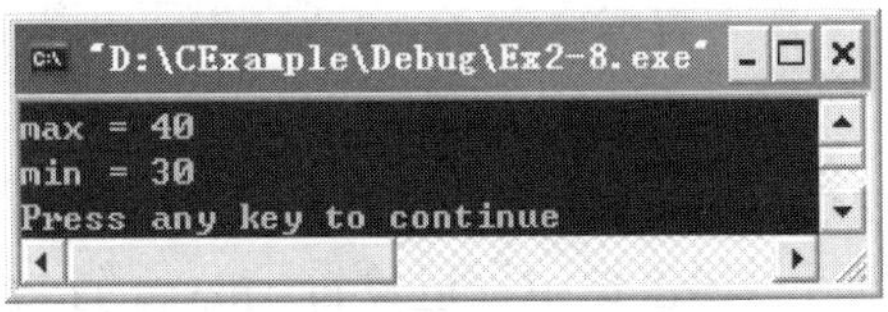

图 2-8 【例 2-8】运行结果

3. 求字节数运算符(sizeof)

求字节数运算符 sizeof 是一个单目运算符，书写形式上有点像函数。该运算符的操作数是数据类型、变量名、数组名和结构体类型等。当操作数是数据类型时，使用该运算符可以求得该类型数据的存储字节数。当操作数是变量名时，通过该运算符可以得到变量使用的存储单元字节数。

由字节数运算符 sizeof 构成表达式的一般形式为：

sizeof(类型符或变量名)

利用该运算符，可以方便地测试所使用 C 语言版本的各种数据类型的字节数。

【例 2-9】 编写程序，输出各种类型数据占用的字节数。

```
#include <stdio.h>
void main(void)
{
    printf("The  char  is %d Bytes.\n",sizeof(char));
    printf("The  short  is %d Bytes.\n",sizeof(short));
    printf("The  int  is %d Bytes.\n",sizeof(int));
    printf("The  long  is %d Bytes.\n",sizeof(long));
    printf("The  float  is %d Bytes.\n",sizeof(float));
    printf("The  double  is %d Bytes.\n",sizeof(double));
}
```

上述程序在某编译器环境下编译运行的结果如图 2-9 所示。需要注意的是，根据不同的计算机系统环境和编译器，有可能得到不同的结果。

程序中，有时使用求字节数运算符可以使程序更加具有通用性和可移植性。

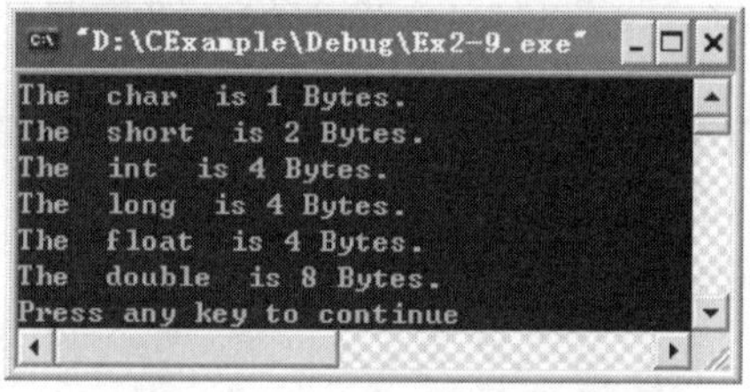

图 2-9 【例 2-9】运行结果

2.5.4 运算符的优先级和结合性

C 语言的运算符具有优先级和结合性，其优先级有 15 个级别，参见附录 B。由于运算符有优先级，书写表达式时可以省去一些圆括号，使表达式更加简洁。程序员必须了解和掌握 C 语言运算符的优先级和结合性，才能正确地理解表达式的求值过程，编写逻辑正确的程序。

算术运算是人们日常使用最多的运算，“先乘除，后加减，括号里优先”这句话人人皆知，它指的就是运算的优先顺序。

C 语言及其他计算机语言的运算符，既有优先级，又有结合性。优先级与结合性都会改变表达式的求值顺序。这是阅读和编写程序时需要注意的地方。

例如，程序段：

```
int a = 2, b = 2, c = 2, x;
x = c += b += --a;
```

运行后，变量 a 的值为 1，变量 b 的值为 3，变量 c 的值为 5，变量 x 的值为 5。

上述语句中，运算符=和+=的结合性是右结合的，表达式的求值顺序是从右至左，所以上述语句等价于以下的语句：

```
x =(c +=(b += --a));
```

再如，程序段：

```
int a = 2, b = 2, c = 2, x;
x = a += b + c / 2;
```

运行后，变量 a 的值为 5，变量 b 的值为 2，变量 c 的值为 2，变量 x 的值为 5。

上述语句中，运算符=和+=是同级的并且是右结合的，运算符+=的优先级低于运算符+，运算符+的优先级低于/，所以上述语句等价于以下的语句：

```
x = (a += (b + (c / 2)));
```

运算符有了优先级和结合性之后，书写表达式时就可以省略一些圆括号，使表达式变得简洁易懂。

好的程序员编写程序时，都会遵循程序简洁易懂的原则，书写包含运算符的表达式时也不例外。

2.6　数据类型转换

C 语言有丰富的数据类型，不同数据类型的存储字节数和数据表示方式不同，无论是常量还是变量都有类型，不同类型数据之间不能直接进行算术计算。例如，32 位整数与 64 位整数之间不能直接进行相加运算，必须转换成相同类型之后才能进行相加运算。C 语言程序中的一个表达式由常量、变量和运算符等组成，同一个运算符允许出现不同基本类型的操作数，形成混合运算表达式。

由于计算机指令只能对相同类型的数据进行计算，得到同一类型的结果，所以 C 语言的编译器在处理表达式求值时，如果运算符的两个操作数的类型不同，则先对它们的其中之一进行类型转换，使之变成同一类型后再进行计算。由于这种转换是编译器自动处理的，程序员无须介入，这种转换称为隐式转换。

对表达式进行求值时，有可能发生数据类型转换。只有了解和掌握数据类型转换的规则，才能够正确地读懂程序，编写逻辑正确的程序。

C 语言的数据类型转换方式有三种：自动类型转换、赋值类型转换和强制类型转换。前两种是隐式转换，后一种是显式转换。

下列情况下会进行隐式转换。

（1）算术表达式或逻辑表达式中操作数的类型不同（C 语言执行常用算术转换）。

（2）赋值运算符右侧表达式值的类型与左侧变量的类型不匹配。

（3）函数调用中的实参类型与其对应的形参类型不匹配。

（4）return 语句（函数返回值语句）中表达式的类型与返回值的类型不匹配。

无论哪一种类型转换都有可能发生以下 4 种情形。

（1）符号位扩展或零扩展

将字节少的整数类型转换成字节多的类型，为了保持数值不变，可能发生符号位扩展或零扩展。

符号位扩展：字节数少有符号（signed）类型数据转换为字节数多有符号类型数据时，产生符号位扩展，即增加的位全部扩展为原符号位。正数产生 0 扩展，负数产生 1 扩展。

零扩展：字节数少无符号(unsigned)类型数据转换为字节数多无符号类型数据时，增加的位全部扩展为 0。

(2) 符号位变化

无论是将无符号类型转换成有符号类型，还是将有符号类型转换成无符号类型，都有可能导致数据的符号位发生变化。

(3) 丢失精度

可能丢失精度的情况有实数转换为整数、double 类型转换为 float 类型、long 类型转换为 float 类型(有效数字从 10 位变成只有 7 位)。

(4) 失去有效数字

由于各种类型的有效数字位数是不一样的，因此有可能造成有效数字的丢失。

1. 自动类型转换

需要注意的是，C 语言中的字符型也是算术类型，可以与整数和浮点数类型的数值进行混合运算。

自动类型转换的基本原则是，将字节数少的类型转换为字节数多的类型，这种转换也称为数据类型提升。仅仅按照这个原则来理解 C 语言的自动类型转换是不够的，还需要了解更多有关自动类型转换的细节。

对于表达式中的双目运算符，包括算术运算符、关系运算符和逻辑运算符，如果它的操作数类型不同，进行运算时就会进行类型转换。

浮点类型之间的转换规则是：float→double→long double。也就是说如果有一个操作数是 long double 类型，则将另外一个操作数转换为 long double 类型。

整数类型之间的转换规则是：int→unsigned int→long int→unsigned long int。仅有一种特定的情况，即使两种类型的存储字节数相同，也会进行类型转换。例如，long int 类型和 unsigned int 类型(假设都是 32 位)，那么两个操作数都会转换为 unsigned long int 类型。

自动类型转换的规则如图 2-10 所示。

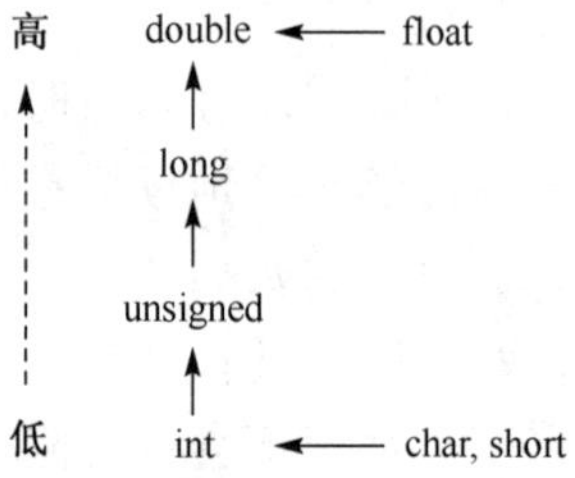

图 2-10 自动类型转换规则

2. 赋值类型转换

赋值运算时，如果赋值运算符两侧的类型不一致，编译器将右侧表达式的值自动转换成左侧变量的类型，并将值存储在左侧变量中。

因为 C 语言函数调用的参数传递都是传值的，所以函数调用的参数传递相当于赋值，其类型转换与赋值类型转换是相同的。

3. 强制类型转换

有时根据实际需求，需要将某种类型转换成另外一种类型，如取整数和四舍五入等。C 语言提供了强制类型转换，其语法形式如下：

(类型名)表达式

例如，需要对一个浮点表达式 f(f 为浮点类型)保留小数点两位并进行四舍五入时，可以用表达式(int)(100 * f + 0.5)/100.0 来实现。

强制类型转换可能发生符号位扩展和零扩展，也可能将字节数多的类型转换成字节数少的类型，导致符号位变化、丢失精度和失去有效数字，编写 C 语言程序时应该注意。

本章小结

本章主要介绍了以下内容:

(1) 简单的 C 语言程序

通过若干个简单的 C 语言程序，初步认识 C 语言程序的结构，了解 C 语言的基本语法元素，并且学习编写简单的 C 语言程序。

(2) 基本语法成分

包括字符集、关键字和标识符的概念。标识符是用来对符号常量、变量、函数和数组等进行命名的。标识符是由字母或下画线开头且由字母、数字和下画线组成的字符序列。

(3) 数据类型

包括基本类型、构造类型、指针类型和空类型。主要介绍了常用的整数类型、浮点类型和字符类型，并给出了数据类型的分类。数据类型是数据的抽象描述。

(4) 常量与变量

介绍了常量与变量的概念。常量包括整数常量、浮点数常量、字符常量和字符串常量。变量的定义及初始化。常量与变量都是数据，都有确定的数据类型。程序中的数据或者以常量形式出现，或者以变量形式出现。

(5) 运算符和表达式

主要介绍了算术运算符和赋值运算符，同时也介绍了表达式的构成，以及运算符的优先级和结合性。将一个数学表达式写成 C 语言表达式时，要注意表达式的计算顺序。

(6) 数据类型转换

介绍了三种数据类型转换方式，包括自动类型转换、赋值类型转换和强制类型转换。

习题二

一、单项选择题

1. 下列字符序列中，合法的标识符是(　　)。

   A. INT#　　B. 5ab　　C. unsigned　　D. _num2

2. 下列各组字符序列中，全部为合法标识符的一组是(　　)。

   A. S.B，sum，average，_above　　B. class，day，lotus_1，2day

   C. #MD，&12x，month，student_n1　　D. X56，y_1_2，name，stu_1

3．下列选项中，合法的 C 语言常量是(　　)。

A．5e　　B．089　　C．a　　D．'a'

4．下列选项中，不合法的 C 语言常量是(　　)。

A．.56　　B．E6　　C．12.3e-3　　D．5e6

5．若有代数式：$\frac{3ad}{bc}$，不正确的 C 语言表达式是(　　)。

A．3*a*d/b*c　　B．3*a*d/b/c　　C．(3*a*d)/(b*c)　　D．3*a*d/(b*c)

6．已知 int a=3，下列表达式中，(　　)的值等于 0。

A．5+a/6　　B．5/6　　C．5/6.0　　D．a=a%4

7．若有定义：double a,b; int w; long c;，且各变量已正确赋值，则正确的 C 语言表达式是(　　)。

A．a=a+b=b++　　B．w%((int)a+b)　　C．(c+w)%(int)a　　D．(c+w)%(a+b)

8．若有定义：int a=1; float f=5.6; double d=7.8;，则表达式 10+'a'+d*f 值的数据类型是(　　)。

A．int　　B．float　　C．double　　D．不确定

9．在 C 语言中，char 型数据在内存中的存储形式是(　　)。

A．原码　　B．反码　　C．补码　　D．ASCII 码

10．已知 int x=3，y=2;，则表达式 x*=y+8 的值是(　　)。

A．3　　B．2　　C．30　　D．10

11．已知 int a=2;，则表达式 a-=a+=a*a 求解后，变量 a 的值是(　　)。

A．0　　B．-4　　C．6　　D．4

12．下面程序运行的输出结果是(　　)。

```
#include<stdio.h>
void main(void)
{   int m=12,n=34;
    printf("%d,%d,",m++,++n);
    printf("%d,%d\n",n++,++m);
}
```

A．12,35,35,14　　B．12,35,35,13　　C．12,34,35,14　　D．12,34,35,13

二、填空题

1．指出下列 C 语言常量的类型，并将类型关键字写在其后的圆括号中。

(1) 5(　　　　)　(2) 'A'(　　　　)　(3) 12E12(　　　　)　(4) 100L(　　　　)

(5) '\007'(　　　　)　(6) '\b'(　　　　)　(7) 688(　　　　)　(8) 6000000(　　　　)

2．已知 int x=2，依据运算符的优先级和结合性，求下列表达式的值写在其后的圆括号中。

(1) x+5%6-7 (　　)　(2) x=x+1/x-x++ (　　)　(3) x+5/6 (　　)

(4) x+x%7 (　　)　(5) x+=x+=x-=1 (　　)　(6) x*2,x*3,x*4 (　　)

(7) (x>5)?x:2/x (　　)　(8) sizeof(x) (　　)

3．转义字符中，________表示换行，________表示双引号。

4．字符串："Good" 在内存中占用________字节。

5．数学表达式：sin(25°)+cos(30°)的 C 语言表达式为________。(提示：弧度=角度×π/180。)

6．已知 int x=7,y=4;，则执行 x /=y−1 之后 x 的值为________。

7．已知 int x=5;，则表达式 x+10+x*16 的值用十六进制表示为________。

8．已知 int a=1, b=2, c=3;，则表达式 a+=b−=c−5 的值为________。

三、程序阅读分析题

1．写出下面程序的输出。

```
#include <stdio.h>
void main( )
{
  int  i, j;
  i = 3;
  printf("%d\n", i);
  i *= 2 + 5;
  printf("%d\n", i);
  i /= j = 4;
  printf("%d,%d\n", i, j);
  i += (j % 2);
  printf("%d,%d\n", i, j);
}
```

2．写出下面程序的输出。

```
#include <stdio.h>
Void main( )
{
  int  a=3, b, c;
  b = (a++) + (a++) + (a++);
  printf("%d,%d\n", a, b);
  c = (++a) + (++a) + (++a);
  printf("%d,%d\n", a, c);
}
```

注意：该程序在不同的编译系统下输出结果可能不一样，实践中不要写这样的表达式。

第3章　程序控制结构

本章主要内容

- C 语言语句概述
- 关系运算和逻辑运算
- 顺序结构程序设计
- 选择结构程序设计
- 循环结构程序设计

实际问题的求解算法往往是复杂的，包括顺序的计算步骤，以及许多不同的计算路径和一些重复的计算过程。这些计算路径的选择和计算过程的重复，需要某些条件的分析判断，因此，算法的流程是重要的。算法即问题的求解过程，最终要用计算机程序语言(如 C 语言)的程序来描述，也可以说需要用程序设计语言的语句实现。编写程序的过程中，算法的流程控制映射为程序的控制结构。

在 C 语言中，程序的控制结构分为顺序结构、选择结构和循环结构，任何复杂的程序都是由这三种基本结构嵌套组合而成的。通过本章的学习，应该理解并掌握 C 语言中执行语句的种类和三种结构程序设计语句的使用方法，特别是分支控制语句和循环控制语句的控制流程，同时要理解结构的嵌套概念，并且能够熟练使用结构化程序设计方法进行程序设计。

3.1　C 语言语句概述

C 语言语句可以视为计算机系统的操作指令，编译后会生成与之功能等价的操作指令序列，用来完成规定的操作任务。C 语言语句可分为以下 5 种。

1. 表达式语句

表达式语句由表达式加上分号“;”组成。其一般形式为：

表达式;

例如：

```
x=y+z;a=520;           /*赋值语句*/
y+z;                   /*加法运算语句，但计算结果不能保留，无实际意义*/
i++;++i;               /*增 1 语句，i 值增 1*/
```

注意：分号是 C 语言中语句结束的标志，一个语句必须以分号结束，没有分号，则不是语句。

2．函数调用语句

函数调用语句由函数调用加上分号“;”组成。其一般形式为：

函数名(参数列表);

例如：

```
printf("\n");                /*调用库函数 printf()，输出换行字符*/
scanf("%f,%f", &a, &b);      /*调用库函数 scanf()，从键盘输入数据*/
```

所谓函数调用就是给出函数名并在其后的圆括号中给出数据，printf("\n")是函数调用，在其后加上分号“;”后，就成为一个函数调用语句。函数将在第 6 章介绍。

3．控制语句

C 语言有 9 个控制语句，用于完成诸如选择、重复和跳转操作等控制功能，以实现程序的各种控制结构，可分为以下三类。

（1）分支语句：if 语句、switch 语句。

（2）循环语句：for 语句、while 语句、do-while 语句。

（3）跳转语句：break 语句、continue 语句、goto 语句、return 语句。

4．复合语句

复合语句是用花括号将若干语句组合在一起，又称分程序，语法上相当于一条语句。例如：

```
{
    i++;
    printf("%d\n",i);
}
```

5．空语句

只有一个分号的语句称为空语句。它的一般形式是：

```
;
```

空语句是什么也不做的语句，可以作为循环语句中的循环体，表示循环体什么也不做。例如：

```
while(getchar()!='\n')
    ;
```

其中，循环体是空语句。该程序段的功能是从标准输入设备(如键盘)读入字符，直到换行结束循环。

复合语句和空语句主要用在分支语句和循环语句中。例如，if 语句的语法格式是：

```
if(表达式) 语句 1  else  语句 2
```

在语句 1 和语句 2 位置必须有一条语句且只能有一条语句，若在语句 1 或语句 2 位置没有具体操作，则写空语句，若需多条语句才能实现其操作，则必须是复合语句。

3.2 顺序结构

顺序结构程序相对比较简单。在这种程序中主要使用赋值语句及数据的输入和输出语句(函数调用语句)。程序运行时，按书写顺序，依次执行每一条语句。

3.2.1 赋值语句

赋值语句是一个应用十分普遍且简单的语句。赋值语句的一般形式为：

赋值表达式；

赋值语句是一种表达式语句，在赋值表达式的后面加上一个分号，就构成了赋值语句。例如：

```
c=a+b*8
i++
j+=5
```

是赋值表达式。而

```
c=a+b*8;
i++;
j+=5;
```

是赋值语句。需要注意，赋值表达式和赋值语句是两个不同的概念，在大多数高级语言中没有“赋值表达式”这一概念，赋值表达式可以被包括在其他表达式之中，例如：

```
d=(a=3)+(b=4)+(c=5)
```

是合法的，这种形式有时可以简化程序。

赋值语句由形式多样的赋值表达式构成，使用相当灵活。

3.2.2 数据输入/输出

用计算机解决问题离不开数据的输入和输出。程序运行时，从键盘(或其他输入设备)为程序提供数据，供程序处理，称为输入。把程序计算的结果在显示器上显示(或输出到其他输出设备)的操作，称为输出。

C 语言本身没有专门的输入/输出语句，输入/输出操作是通过调用库函数实现的。在 C 语言标准函数库中提供了许多输入/输出函数，如 scanf()和 printf()函数等。

注意：scanf 和 printf 是函数名，而不是关键字。

在使用库函数时，要用预处理命令“#include”将有关的“头文件”包含到用户源文件中。输入/输出函数原型在头文件“stdio.h”中。使用输入/输出函数时，需要在程序开头处写上：#include <stdio.h>。

最基本的输入/输出函数有 4 个：(1)字符输入/输出函数 getchar()和 putchar()；(2)格式输入/输出函数 scanf()和 printf()。本节介绍字符输入/输出函数，格式输入/输出函数将在下一节中介绍。

字符输入/输出函数比较简单，在此一并给出这两个函数调用的一般形式：

getchar()
putchar(字符型或整型数据)

getchar()函数的功能是从终端设备(键盘)读取(输入)一个字符，函数的值即读取的字符，可以将函数的值赋给一个字符变量，从而将这个字符保存起来，在程序中使用的一般形式为：

```
char ch;
…
ch=getchar();
```

putchar()函数的功能是向终端设备(一般是显示器屏幕)输出一个字符。要输出的字符写在其后的圆括号中，可以是字符常量、变量或表达式，也可以是转义符，还可以是整数，如果要输出单引号，应使用 putchar('\'')。

【例 3-1】 在屏幕上显示：BOY。

```
#include <stdio.h>
void main()
{
    char a,b,c;                /*定义字符变量 a、b、c*/
    a='B';b='O';c='Y';         /*为字符变量 a、b、c 赋值*/
    putchar(a);                /*输出字符变量 a 的值*/
    putchar(b);                /*输出字符变量 b 的值*/
    putchar(c);                /*输出字符变量 c 的值*/
}
```

程序运行结果如图 3-1 所示。注意字符数据输出时不输出单引号。

【例 3-2】 输出换行字符。

```
#include <stdio.h>
void main()
{
    char a,b,c;
    a='B';b='O';c='Y';
    putchar(a);putchar('\n');
    putchar(b);putchar('\n');putchar(c); putchar('\n');
}
```

程序运行结果如图 3-2 所示。

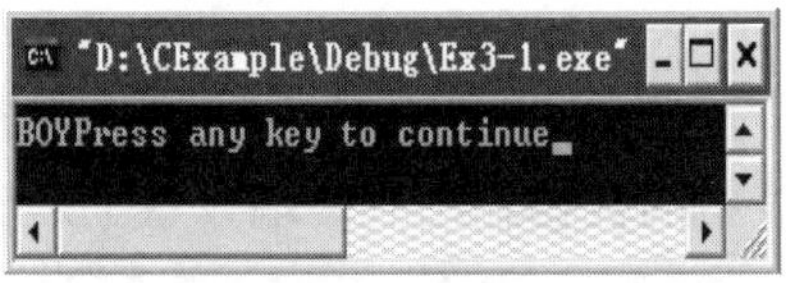

图 3-1 【例 3-1】运行结果

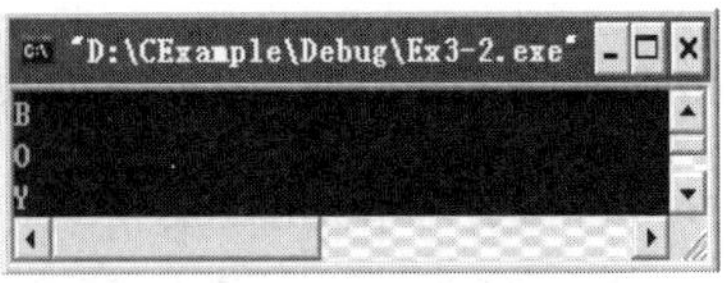

图 3-2 【例 3-2】运行结果

【例 3-3】 从键盘输入一个字符，并在屏幕上显示。

```
#include <stdio.h>
void main()
{
    char c;
    c=getchar();      /*从键盘输入一个字符*/
    putchar(c);       /*显示键盘输入的字符*/
}
```

程序运行情况如下(如图 3-8 所示)：

```
d↙ (输入字符 d 后按回车键)
d  (输出的字符)
```

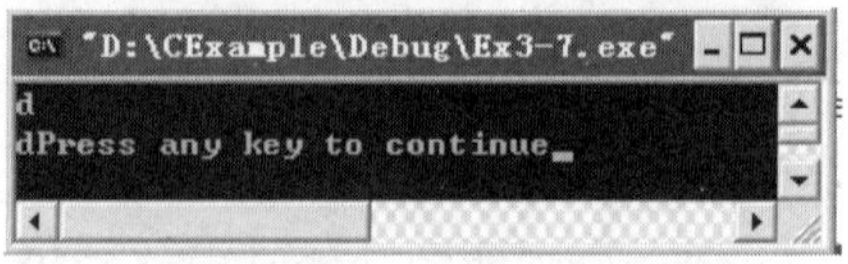

图 3-3 【例 3-3】运行结果

上述程序的第 4、第 5 行也可合并为：

```
putchar(getchar());
```

如果在语句：putchar(c); 的后面加上一条语句：putchar('\n'); 输出有何变化？

注意：getchar()函数的功能是从键盘读取一个字符，连续使用 getchar()读取多个字符时，键盘输入的所有字符都是有效字符，例如：

```
char c1,c2,c3;
c1=getchar();
c2=getchar();
c3=getchar();
```

执行上述程序段，若输入：ABC↙，则变量 c1、c2、c3 的值依次是字符'A'、'B'、'C'；若输入：A␣B␣C↙，则变量 c1、c2、c3 的值依次是字符'A'、'␣'、'B'，键盘输入了 6 个字符，只读取了前 3 个字符，如果后续还有 getchar()函数调用，则继续读取后面的字符；若输入：A↙B↙C↙，则变量 c1、c2、c3 的值依次是哪些字符呢？请读者分析。

另外，当 getchar()读取的字符不赋给任何变量时，可以在程序运行中起到暂停的作用，也可以读取键盘输入的多余字符。

3.2.3 格式输入/输出

格式输入/输出函数 scanf()和 printf()可以输入/输出整型数据、浮点型数据、字符数据和字符串数据，满足大多数场合的输入/输出要求。

1. 格式输出函数 printf()

printf()函数调用的一般形式为：

printf(格式控制串，输出项表)

功能：按格式控制串指定的格式，将输出项表中的数据输出到终端设备上。例如：

```
printf("x=%d,y=%d",x,y);
```

其中，"x=%d,y=%d"是格式控制串，%d 是格式说明，表示在该位置要输出一个十进制整数；x, y 是输出项表。假设 x=123, y=234，执行该语句将在屏幕上显示：x=123,y=234。

说明：

(1) 格式控制串是用双引号括起来的字符串，也称转换控制字符串，它包括格式说明和普通字符两方面内容。格式说明由“%”和格式字符组成，如%d、%f 等，其作用是指定输出数据的格式，实际输出时，该部分由输出项表中相应的输出项代替。普通字符是希望原封不动输出的字符，其作用是说明、标注，使输出数据的意义更明确，如 x=、y=等。

(2) 输出项表中各输出项之间用逗号分隔。输出项可以是常量、变量或表达式。格式说明的个数应和输出项的个数相同，且数据类型要对应一致，否则会导致数据输出不正确，而系统并不给出错误信息。

(3) 格式说明及其作用如表 3-1 所示。有些系统要求这些格式字符只能是小写字母，因此建议书写程序时使用小写字母，使程序具有可移植性。

表 3-1　printf( )函数格式说明及其作用

格式说明	作　用
%c	以字符形式输出，只输出一个字符
%d 或%i	以带符号的十进制格式输出整型数据
%o	以八进制无符号格式输出整型数据(不带前导 0)
%x 或%X	以十六进制无符号格式输出整型数据(不带前导 0x 或 0X)
%u	以无符号的十进制格式输出整型数据
%f	以带小数点的形式输出单、双精度浮点数据，小数位数默认为 6 位
%e 或%E	以指数形式输出单、双精度浮点数，尾数部分输出 6 位小数，1 位非 0 整数部分
%g 或%G	由系统自动选用%f 或%e 格式，不输出无意义的 0，以使输出宽度最小
%s	输出字符串中的字符，直至遇到结束标记字符'\0'
%p	输出变量的内存地址
%%	输出一个%

(4) 格式说明中还可以使用格式修饰符，如%ld、%5d、%7.2f、%#d，其中的 1、5、7.2、#就是格式修饰符。格式修饰符及其意义如表 3-2 所示。

表 3-2　printf( )函数格式修饰符及其意义

格式修饰符	意　义
字母 h	输出短整型数据，可用在格式字符 d、i、o、x、X、u 前
字母 l 或 L	输出长整型数据，可用在格式字符 d、i、o、x、X、u 前
m.n	m 和 n 均是正整数。m 表示数据输出的最小宽度，当数据实际宽度超过 m 时，则按实际宽度输出，如果实际宽度小于 m，则输出时在前面补空格。n 有两种含义，对于浮点型数据，表示输出 n 位小数；对于字符串数据，表示从左截取的字符个数。m 和.n 可独立使用
–	输出的字符或数字在 m 指定的宽度内向左对齐，即空格补在输出数据的后面
+	输出的数值数据前带有正、负号
0	输出的数据在前面多余空格处加前导 0
#	用在格式字符 o 或 x 前，使输出八进制数或十六进制数时输出前缀 0 或 0x

下面举例说明格式字符和格式修饰符的使用。

【例 3-4】 将整数 5678 分别按十进制、八进制、十六进制和无符号十进制格式输出。

```
#include <stdio.h>
void main()
{
    int a=5678;
    printf("%d,%o,%x,%u\n",a,a,a,a);
}
```

程序运行结果如图 3-4 所示。

【例 3-5】 将浮点数按小数形式和指数形式输出。

```
#include <stdio.h>
void main()
{
    double a=111111.111,b=333333.333,c;
    c=a+b;
    printf("%f\n",c);           /*以%f 格式输出，默认保留 6 位小数*/
    printf("%10.3f\n",c);       /*输出数据占 10 列，3 位小数，第 4 位四舍五入*/
    printf("%e\n",c);           /*以指数格式输出，尾数有 6 位小数，1 位整数*/
    printf("%.3e\n",c);         /*尾数部分 3 位小数*/
}
```

程序运行结果如图 3-5 所示。

图 3-4 【例 3-4】运行结果

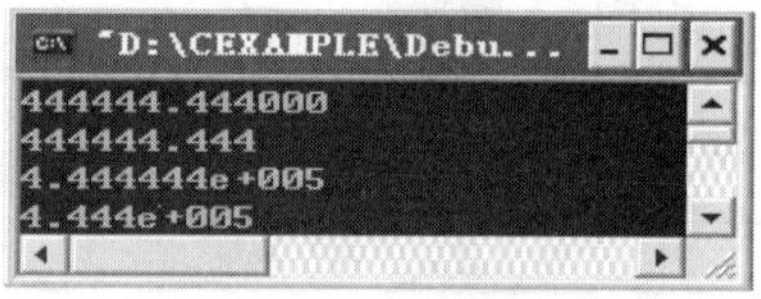

图 3-5 【例 3-5】运行结果

【例 3-6】字符串的输出。

```
#include <stdio.h>
void main()
{
    printf("%3s\n","student");       /*串长度大于指定宽度，按实际长度输出*/
    printf("%8.3s\n","student");     /*输出占 8 列，但只输出前 3 个字符*/
    printf("%.4s\n","student");      /*只输出前 4 个字符，占 4 列*/
    printf("%-8.3s\n","student");    /*输出占 8 列，输出的 3 个字符左对齐*/
}
```

程序的输出结果如下(如图 3-6 所示)。

```
student
␣␣␣␣␣stu(前面有 5 个空格，右对齐)
stud
stu␣␣␣␣␣(后面有 5 个空格，左对齐)
```

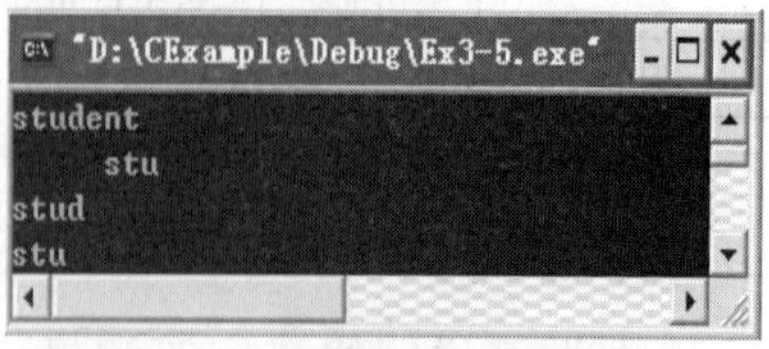

图 3-6 【例 3-6】运行结果

【例 3-7】 %f、%g 和%e 格式的比较。

```
#include <stdio.h>
void main()
{
    float a=-123.456789;
    printf("f 格式: %f\n",a);              /*输出 6 位小数*/
    printf("g 格式: %g\n",a);              /*输出 6 位有效数字*/
    printf("e 格式: %e\n",a);              /*指数格式, 6 位小数, 1 位整数*/
    printf("f 格式: %10.2f\n",a);          /*占 10 列, 输出两位小数*/
    printf("g 格式: %10.2g\n",a);          /*占 10 列, 输出两位有效数字*/
    printf("e 格式: %10.2e\n",a);          /*指数格式, 占 10 列, 两位小数*/
}
```

程序运行结果如下(如图 3-7 所示)。

```
f 格式: -123.456787
g 格式: -123.457
e 格式: -1.23457e+002
f 格式: ␣␣␣-123.46
g 格式: ␣1.2e+002
e 格式: ␣␣-1.2e+002
```

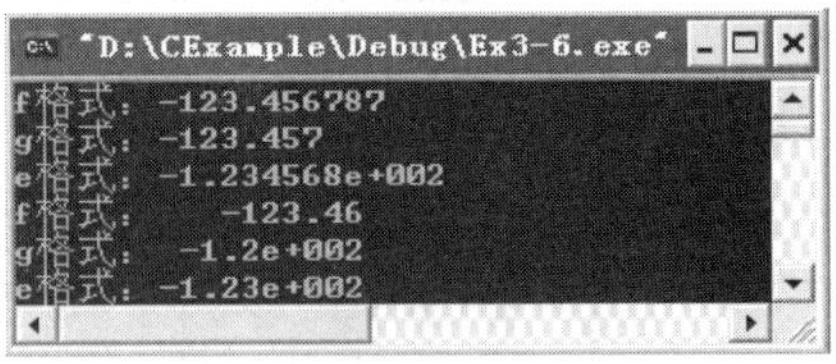

图 3-7 【例 3-7】运行结果

使用格式“10.2”输出时，输出数据右对齐(靠右输出，前面补空格)；而采用“–10.2”时，输出数据左对齐(靠左输出，后面补空格)，请读者自己上机验证。

2. 格式输入函数 scanf()

scanf()函数调用的一般形式为：

scanf(格式控制串，地址表列)

功能：从键盘上按格式控制串指定的格式输入一组数据，依次存放在地址表列所指定的存储单元中。

例如：

```
scanf("%d%d",&x,&y);
```

其中，"%d%d" 是格式控制串，&x 和&y 是变量 x 和 y 所使用存储空间的地址。该函数调用语句的作用是从键盘上输入两个整数(%d 指定整数)，将其存储在地址&x 和&y 所指定的存储区域中。此处可以理解为从键盘上输入两个整数，将其存储在变量 x 和 y 中。

【例 3-8】 输入矩形的两个边长，求矩形的面积。

```
#include <stdio.h>
void main()
{
    int x,y;
    printf("输入矩形的长和宽: ");
    scanf("%d%d",&x,&y);
    printf("area is %d\n",x*y);
}
```

程序运行结果如图 3-8 所示。

说明：

(1) 格式控制串的组成和作用与 printf()函数中格式控制串相似，只不过是用来指定输入数据的格式。可使用的格式说明和作用如表 3-3 所示。在“%”与格式字符之间同样可以使用修饰符，修饰符及其意义如表 3-4 所示。

图 3-8 【例 3-8】运行结果

表 3-3 scanf()函数格式说明及其作用

格式说明	作　用
%c	用来输入一个字符
%d	用来输入一个十进制整数
%i	用来输入整数，可以是十进制数、带前导 0 或 0x 的八进制或十六进制数
%o	以八进制形式输入整数(可以带前导 0，也可不带前导 0)
%x	以十六进制形式输入整数(可以带前导 0x 或 0X，也可不带)
%u	输入无符号的十进制整型数
%s	输入字符串，将整个字符串送到一个字符数组中。输入时以非空字符开始，以第一个空格结束，并自动在最后加一个'\0'，作为串结束标志
%e 或%f	两种格式相同，用来输入实数，可以用小数形式或指数形式输入

表 3-4 scanf()函数格式修饰符及其意义

格式修饰符	意　义
字母 l 或 L	用在格式字符 d、i、o、x、u 前，表示输入长整型数据。用在 f 或 e 前，表示输入 double 型数据
字母 h	用在格式字符 d、i、o、x、u 前，表示输入短整型数据
m(正整数)	指定输入数据所占宽度(列数)，不能用来指定实型数据的宽度
*	表示该输入项在读入后不存储，不需要为其指定地址

(2) 地址表列是用逗号分隔的若干个地址。可以是变量的地址，也可以是数组的起始地址或数组元素的地址，总之是以某种形式表示的地址。在格式控制串中有一个格式说明，其后就应该有一个对应的地址，且类型要求对应一致。例如，【例 3-8】中 scanf()函数的第 1 个%d 与其后的整型地址&x 对应。输入的数据与格式说明的要求要一致，否则，将不能正确输入数据。

(3) 程序运行时，输入数据个数少于格式说明要求的数据个数时，程序将等待继续输入，直到满足要求；否则，多余数据将留作下一个输入函数的输入数据。

(4) 在格式控制串中，如果没有格式说明以外的字符，则输入的数据之间用空格、Tab(制表键)或回车分隔。例如：

```
scanf("%d%d%d",&a,&b,&c);
```

输入的数据可以有多种形式：

```
第 1 种：10␣20␣30 ↙
第 2 种：10↙
        20␣30↙
第 3 种：10␣␣␣20(按 Tab 键)30↙
```

(5) 如果在格式控制串中含有格式说明以外的普通字符，输入数据时，这些字符不会显示到屏幕上，而是要求将这些普通字符也原样输入。例如：

```
scanf("%d,%d",&x,&y);
```

格式中有一个逗号，输入时两个数据之间也要输入一个逗号，如输入：6，8↙。又如：

```
scanf("x=%d,y=%d",&x,&y);
```

输入数据的形式应是：x=6，y=8。再如：

```
scanf("%d:%d:%d",&tt,&mm,&ss);
```

输入数据的形式应是：15:25:50 ↙。

如果需要在屏幕上显示一些与输入数据有关的提示信息，可以使用 printf()函数，例如：

```
printf("Please input a,b,c:");
scanf("%d,%d,%d",&a,&b,&c);
```

(6) 可以指定输入数据的宽度，系统自动截取所需的数据长度，但不能指定实型数据的宽度。例如：

```
scanf("%2d%3d",&a,&b);
```

当输入 12345 时，系统自动将 12 作为第 1 个数据，赋给 a，将 345 赋给 b。而

```
scanf("%6.3f",&a);
```

是错误的。

(7) 使用“%c”格式输入字符时，输入的空格或转义符都是有效的字符。例如：

```
scanf("%c%c%c",&x,&y,&z);
```

当输入 a␣b␣c 时，系统将字符 a 赋给 x，将空格字符赋给 y，将字符 b 赋给 z。

(8) scanf 函数读取从键盘输入的数据时，若遇到与格式要求不一致的字符，则认为与该格式说明对应的数据结束。例如：

```
scanf("%d%c%f",&a,&b,&c);
```

执行该函数调用时，若输入：

```
1234a1234.5 ↙
```

格式控制串中的%d 要求输入连续的数字，在读取 1234 后遇字母 a，整数读取结束，将 1234 保存在变量 a 中；%c 要求读取一个字符，将字符 a 保存在变量 b 中；其后的 1234.5 按%f 格式读取，保存在变量 c 中。若在 1234 和字母 a 之间有一个空格，则读取并存储在变量 a,b,c 的数据依次是：1234、空格、0。

3.2.4 程序举例

【例 3-9】 计算等差数列前 n 项的和。

分析：已知等差数列的第 1 项为 a_1，公差为 d，前 n 项和的计算公式为

$$s_n = na_1 + \frac{n(n-1)d}{2}$$

根据题目要求和计算公式，程序设计如下：

```
#include <stdio.h>
void main()
{
    int a1,n,d,sn;                          /*定义变量*/
    printf("Input a1,n,d: ");               /*输出提示信息*/
    scanf("%d,%d,%d",&a1,&n,&d);            /*输入等差数列的第 1 项值、项数及公差*/
    sn=a1*n+n*(n-1)*d/2;                    /*计算指定项数的和*/
    printf("Sum is %d\n",sn);               /*输出计算结果*/
}
```

图 3-9 中计算的是 1+3+5+…+59，共 30 项等差数列的和。

【例 3-10】 求 $ax^2+bx+c=0$ 方程的根。a、b、c 由键盘输入(设 $b^2-4ac>0$)。

```
#include <stdio.h>
#include <math.h>              /*math.h 是数学函数声明原型头文件*/
void main()
{
    float a,b,c,disc,x1,x2,p,q;
    printf("Input a,b,c: ");                    /*输出提示信息*/
    scanf("%f,%f,%f",&a,&b,&c);                 /*输入方程的系数*/
    disc=b*b-4*a*c;
    p=-b/(2*a);
    q=sqrt(disc)/(2*a);
    x1=p+q;
    x2=p-q;
    printf("x1=%5.2f\nx2=%5.2f\n",x1,x2);  /*输出方程的根*/
}
```

程序运行结果如图 3-10 所示。

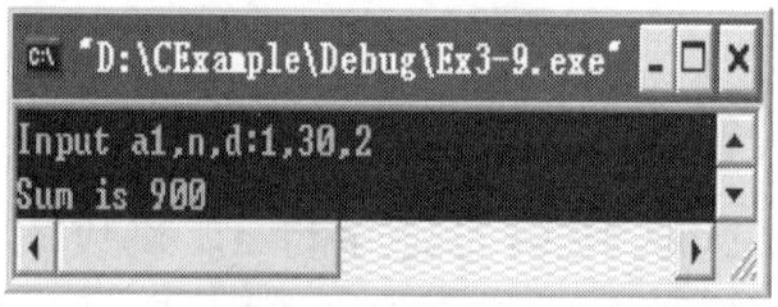

图 3-9 【例 3-9】运行结果

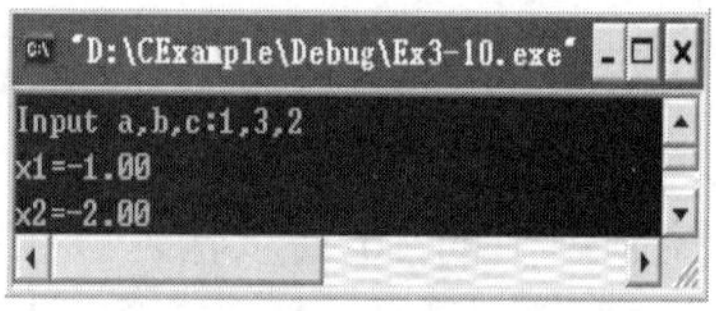

图 3-10 例 3-10 运行结果

3.3 选择结构

选择结构又称分支结构，用于根据不同的条件进行相应处理的情形。C 语言的选择语句有条件语句(if 语句)和开关语句(switch 语句)两种，都是根据条件执行相应的语句。这两种语句各有其特点，前者较适用于两个分支的选择，后者则适合于多分支选择。

无论是 if 语句，还是后续章节介绍的循环语句，都要使用控制条件，在此先介绍用于描述条件的关系表达式和逻辑表达式。

3.3.1 关系运算符与关系表达式

1. 关系运算符

在程序中经常需要比较两个量的大小关系，根据比较结果决定程序下一步的工作。比较两个量的运算符称为关系运算符。C 语言中有以下 6 个关系运算符：

<	小于
<=	小于或等于
>	大于
>=	大于或等于
==	等于
!=	不等于

关系运算符都是双目运算符，其结合性均为左结合。关系运算符的优先级低于算术运算符，高于赋值运算符。在 6 个关系运算符中，<、<=、>、>=的优先级相同，= =和!=的优先级相同，前 4 个优先级高于后 2 个。

2. 关系表达式

关系表达式的一般形式为：

表达式 1 关系运算符 表达式 2

表达式 1 和表达式 2 可以是算术表达式、关系表达式、逻辑表达式、赋值表达式、字符表达式、逗号表达式等。

例如，a+b>c–d、x>3/2、'a'+1<c、–i–5*j==k+1 都是合法的关系表达式。由于表达式也可以是关系表达式，因此允许出现嵌套的情况，如 a>(b>c)、a!= (c= =d)等。

关系表达式的值只有两个，即“真”和“假”，这样的数据称为逻辑值，C 语言中没有逻辑类型数据，是用整数“1”和“0”表示的。如果表达式所描述的关系成立，则值为“真”，表达式的值为 1，否则值为“假”，表达式的值为 0。例如，5>0 的值为“真”，即为 1；(a=3)>(b=5)的值为假，即为 0。

注意：如果是两个数值量的比较，则直接比较大小；如果是两个字符量比较，则是比较字符的 ASCII 码值。C 语言中基本类型数据和指针数据可用关系运算符直接比较，其他类型的数据则不可。

3.3.2 逻辑运算符与逻辑表达式

1. 逻辑运算符

用关系表达式可以表示简单条件，如 a>b、disc>0、x!=y 等；若要表示复杂的条件，就要用到逻辑运算，如要表示三个边长 a、b、c 能构成三角形的条件“任意两边之和大于第三边”，如何表示呢？可以表示为：a+b>c 并且 a+c>b 并且 b+c>a，其中的“并且”就是一种逻辑运算，C 语言中对应的运算符是&&。

C 语言提供了三种逻辑运算符，分别是：

&&	逻辑与
||	逻辑或
!	逻辑非

其中，与运算符(&&)和或运算符(||)均为双目运算符，具有左结合性。非运算符(!)为单目运算符，具有右结合性。

非运算符(!)和单目的算术运算符同级，高于双目的算术运算符。与运算符(&&)优先级高于或运算符(||)，它们均低于关系运算符。

按照运算符的优先顺序可以得出：

a>b && c>d	等价于	(a>b) && (c>d)
!b==c||d<a	等价于	((!b)==c)||(d<a)
a+b>c && x+y<b	等价于	((a+b)>c) && ((x+y)<b)

逻辑运算的值也只有“真”和“假”两种，也用“1”和“0”来表示。其求值规则如下。

(1) 与运算符(&&)：参与运算的两个量都为真时，结果才为真，否则为假。

例如：5>0 && 4>2，由于 5>0 为真，4>2 也为真，逻辑与的结果也为真。

(2) 或运算符(||)：参与运算的两个量只要有一个为真，结果就为真。两个量都为假时，结果为假。

例如：5>0||5>8，由于 5>0 为真，逻辑或的结果也就为真。

(3) 非运算符(!)：参与运算的量为真时，结果为假；参与运算的量为假时，结果为真。

例如：!(5>0)的结果为假。

虽然 C 语言程序在给出逻辑运算值时，以“1”代表“真”，“0 ”代表“假”。但反过来在判断一个量是“真”还是“假”时，以“0”代表“假”，以“非 0”代表“真”。

例如：由于 5 和 3 均为“非 0”因此 5&&3 的值为“真”，即为 1。

又如：5||0 的值为“真”，即为 1。

2. 逻辑表达式

逻辑表达式的一般形式为：

表达式 1 逻辑运算符 表达式 2

具体有如下 3 种情况：

! 表达式 1
表达式 1 && 表达式 2
表达式 1 || 表达式 2

其中表达式 1 和表达式 2 的值是逻辑值，即“真”和“假”，也就是“非 0”和“0”。表达式又可以是逻辑表达式，从而组成了嵌套的情形。例如：(a&&b)&&c。根据逻辑运算符的左结合性，上式也可写为：a&&b&&c。逻辑表达式的值是式中各种逻辑运算的最后值，以“1”和“0”分别代表“真”和“假”。

分析下面程序段的运行结果：

```
#include <stdio.h>
void main()
{
    int a=14,b=15,x,y,z;
    char c='A';
    x=(a&&b)&&(c<'B');
    y=(c>'B') &&(b=12);
    z=(a&&b)||(c>'B');
    printf("a=%d,b=%d\n",a,b);
    printf("x=%d ,y=%d,z=%d\n",x,y,z);
}
```

其中，a=14，b=15，a、b 为非“0”的数值，表达式 a&&b 的值为真，表达式 c<'B'的值为真，逻辑运算符&&两边均为真，则整个表达式(a&&b)&&(c<'B')为真。由于运算符的左结合性及运算的特点，对于表达式(c>'B')&&(b=12)，若&&运算符左边的表达式的值为假，则其右边的表达式将不再运算，表达式的值为假。对于表达式(a&&b)||(c>'B')，若||运算符左边的表达式为真，则其右边的表达式将不再运算，整个表达式的值为真。上述程序的输出结果为：

```
a=14,b=15
x=1,y=0,z=1
```

在程序中，逻辑表达式主要用来表示复杂条件。例如：

(1)“x 是非负偶数”的条件可表示为：

```
x>=0&&x%2==0
```

(2)“某年 y 是闰年”的条件可表示为：

```
y%4==0&&y%100!=0||y%400==0
```

注意：逻辑表达式求值时，若前面的操作数(左操作数)能够确定表达式的值，则后面的操作数将不再求值。对于逻辑与(&&)运算，若左操作数为假，则结果为假，右面的操作数不再求值。对于逻辑或(||)运算，若左操作数为真，则结果为真，右面的操作数不再求值。

设 x=1，y=2，z=3，则逻辑表达式 (x>=y)&&(z++)的值为 0(假)，且 z 的值不变。这是因为关系表达式 x>=y 的值为 0，根据逻辑与的运算特点将不再对表达式 z++求值。若将表达式中的逻辑与(&&)改为逻辑或(||)，请分析逻辑表达式的值和变量 z 的值。

3.3.3　if 语句

if 语句的基本格式是：

if(表达式) 语句 1　else 语句 2

在具体使用时，“else 语句 2”部分可以省略；“语句 2”也可以是 if 语句本身。因此，实践中有如下三种使用形式。

1．else 部分省略时的使用形式

if(表达式) 语句

其中，括号中的表达式通常称为条件表达式，可以是任意表达式，一般是关系表达式或逻辑表达式；括号后的语句可以是一条单一语句，也可以是用花括号{}括起来的一条复合语句。控制流程如图 3-11 所示，如果表达式的值非 0(真)，则执行圆括号后的语句，否则不执行。

【例 3-11】 输入一个整数，输出其绝对值。

```
#include <stdio.h>
void main()
{
    int x;
    scanf("%d",&x);
    if(x<0)  x=-x;
    printf("%d\n",x);
}
```

程序运行结果如图 3-12 所示。

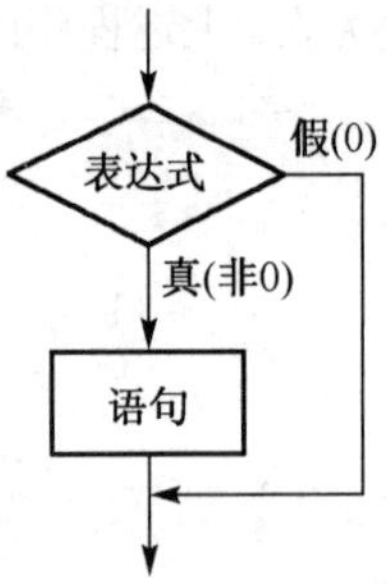

图 3-11 if 语句控制流程

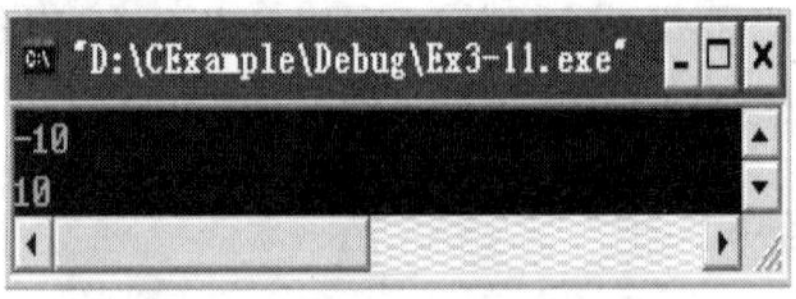

图 3-12 【例 3-11】运行结果

下面程序的功能是输入两个整数，存储在变量 a 和 b 中，若 a<b，则交换 a 和 b 的值。

```
#include <stdio.h>
void main()
{   int a,b,temp;
    scanf("%d%d",&a,&b);
    if(a<b){temp=a;a=b;b=temp;}
    printf("%d,%d\n",a,b);
}
```

运行上述程序，输入数据：10 20 ↙，分析程序的执行流程。再次运行上述程序，输入数据：20 10 ↙，程序的执行流程有何变化？若将语句：if(a<b){temp=a;a=b;b=temp;} 中的花括号去掉，程序的执行流程又是怎样的？

2．if 语句的基本格式

if(表达式)
    语句 1

else

　　语句 2

这种形式的 if 语句的控制过程如图 3-13 所示，如果表达式的值非 0，执行语句 1，否则执行语句 2。

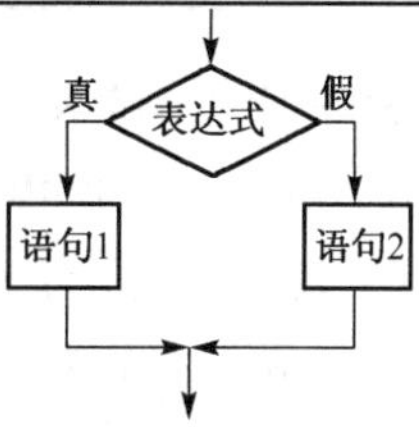

图 3-13　if-else 控制过程

【例 3-12】 输入一个百分制成绩，若大于等于 60，输出“Pass”,否则输出“Fail”。

```
#include <stdio.h>
void main()
{
    float score;
    scanf("%f",&score);
    if (score>=60.0)
        printf("Pass\n");
    else
        printf("Fail\n");
}
```

运行上述程序，输入数据：50 ↙ ，程序运行结果如图 3-14 所示。若输入的数据是 85，程序的输出结果是什么？分析输入 50 和 85 时程序的执行流程。

图 3-14 【例 3-12】运行结果

3. if 语句的嵌套形式

if 语句的嵌套是指在 if 或 else 的分支下又包含了另一个 if 语句。if 语句的嵌套位置是灵活的，既可以在 if 分支下嵌套另一个 if 语句，也可以在 else 分支下嵌套另一个 if 语句。嵌套的层次原则上可以是任意的。

if 语句常用的嵌套形式有两种：规则嵌套和任意嵌套。

(1) if 语句的规则嵌套形式

规则嵌套是指嵌套的位置是规则地固定在 else 分支下，即在每一层的 else 分支下嵌套着另一个 if-else 语句。一般形式如下：

if(表达式 1)　语句 1
else　if(表达式 2)　语句 2
else　if(表达式 3)　语句 3
…
else　if(表达式 n)　语句 n
else　语句 n+1

这种有规则的多层嵌套，又称 if 语句的 else-if 结构，控制流程如图 3-15 所示。

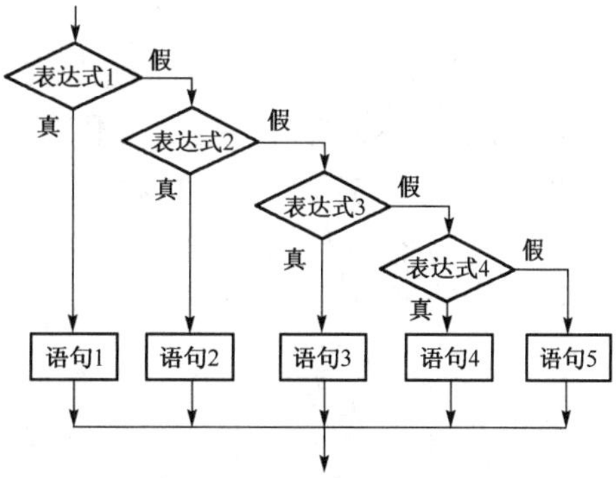

图 3-15　if 语句的 else-if 控制过程

可以看出，这种结构可以实现多分支处理，即在多个分支中仅执行表达式非 0 的那个 if 后面的语句；若所有的表达式都为 0，则执行最后一个 else 后面的语句。最后一个 else 及其后面的语句可以省略。任何时候，只执行其中的一条语句，整个结构一个入口，一个出口。

【例3-13】 输入一个四则运算符，即 +、–、*、/ 中的任意一个，输出对应的英文单词：plus、minus、multiply、divide，若输入了其他字符，则输出三个问号。

```
#include <stdio.h>
void main()
{
    char c;
    printf("Enter a character:");
    c=getchar();                                /*读入一个运算符*/
    if(c=='+')  printf("\nPlus!\n");            /*是“+”，输出“Plus”*/
    else if(c=='-')  printf("\nMinus!\n");      /*是“-”，输出“Minus”*/
    else if(c=='*')  printf("\nMultiply!\n");   /*是“*”，输出“Multiply”*/
    else if(c=='/')  printf("\nDivide!\n");     /*是“/”，输出“Divide”*/
    else  printf("\n???\n");                    /*是其他字符，输出“???”*/
}
```

程序运行结果如图3-16所示。

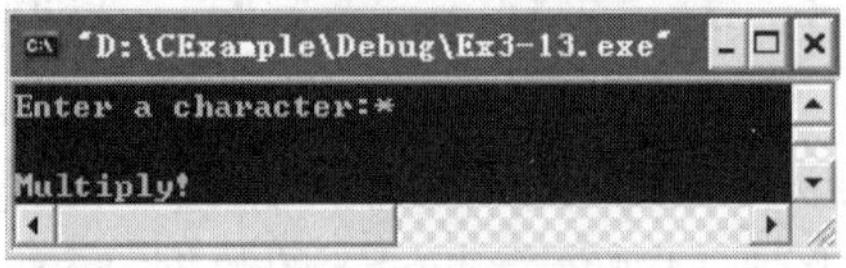

图3-16 【例3-13】运行结果

(2) if语句的任意嵌套形式

这种嵌套形式的嵌套位置是任意的、不固定的，所以它没有固定的格式。

需要注意的是，在有多个if和else的嵌套中，else和if的配对关系不能弄错。这也是if嵌套中容易混淆的问题。C语言提供了一个简单的配对规则来解决这个问题，即：一个else总是与前面最近的一个且没有与其他else配对的if组成配对关系，这种配对关系可以用图3-17来表示。若希望else和if的配对关系不是完全按照上述的配对原则来组织，则应增加必要的大括号。例如下面一段程序：

```
if(a<b)
   if(b<c)
     c=a;
else
   c=b;
```

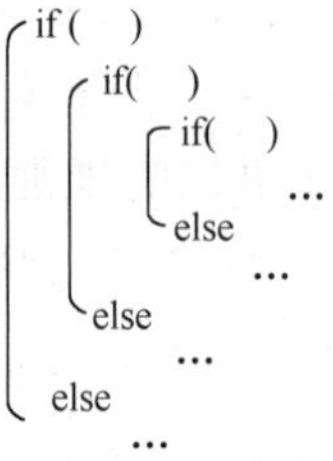

图3-17 else与if配对示意图

从书写格式上看，编程者的意图是让else与第一个if配对，组成if-else结构。但是，根据上述的配对原则，C编译程序把else与第二个if配对。与编程者的设想不符，正确的格式应该是：

```
if(a<b)
   {if(b<c)
       c=a;
   }
else
   c=b;
```

如果某一个if分支下嵌套的另一个if语句没有else分支，为了防止同一个层次的else与其配对，内层的if语句就应该用大括号括起来。同时，为了使嵌套的层次清晰，建议把程序写成如上例所示的锯齿状层次格式。

【例 3-14】 输入一个字符，判断是否是 A(Abort)、R(Retry)或 F(Fail)，输出相应的信息。

```
#include <stdio.h>
void main()
{   char c;
    printf("Abort, Retry, Fail?");
    c=getchar();                              /*输入一个字符*/
    if(c>='A'&&c<='Z'||c>='a'&&c<='z')        /*判断是否为英文字母*/
      if(c=='a'||c=='A') printf("Abort!\n");  /*是'a'或'A', 输出Abort*/
      else if(c=='r'||c=='R')  printf("Retry!\n");
                                              /*是'r'或'R', 输出Retry*/
      else if(c=='f'||c=='F')  printf("Fail!\n");
                                              /*是'f'或'F', 输出Fail*/
      else printf("Other letter!\n");         /*是其他英文字母，输出相应信息*/
    else printf("%c is not a letter!\n",c);  /*不是英文字母，输出相应信息*/
}
```

程序运行结果如图 3-18 所示。

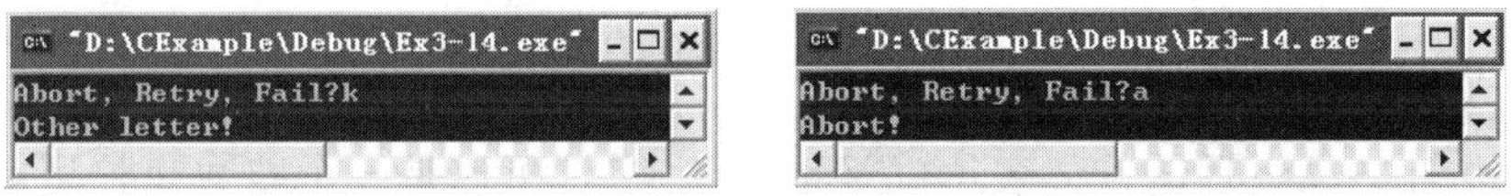

图 3-18　【例 3-14】运行结果

3.3.4　switch 语句

用 if 语句的规则嵌套可以实现多分支的选择，但不够直观、简洁。特别是在分支较多的情况下，if 语句的嵌套层次也会更深，增加了理解的难度，也不便于修改和扩充。针对这一问题，C 语言还提供了一个用于多分支选择的 switch 语句，用它来解决多分支选择问题更加方便有效。

switch 语句又称开关分支语句，它的一般格式如下：

```
switch(整型或字符表达式){
case 常量表达式 1:
        语句组 1
        break;
case 常量表达式 2:
        语句组 2
        break;
         …
case 常量表达式 n:
        语句组 n
        break;
default:
```

语句组 n+1

}

图 3-19 是 switch 语句的流程控制图。它的控制流程是：首先计算表达式的值，然后依次与每一个 case 后的常量值进行比较，一旦相等，就执行该 case 后面所有的语句组，直到遇到 break 语句为止。如果表达式的值与所有 case 后的常量值都不相等，则执行 default 后面的语句组。可以看出，switch 语句所实现的正是多分支选择结构。

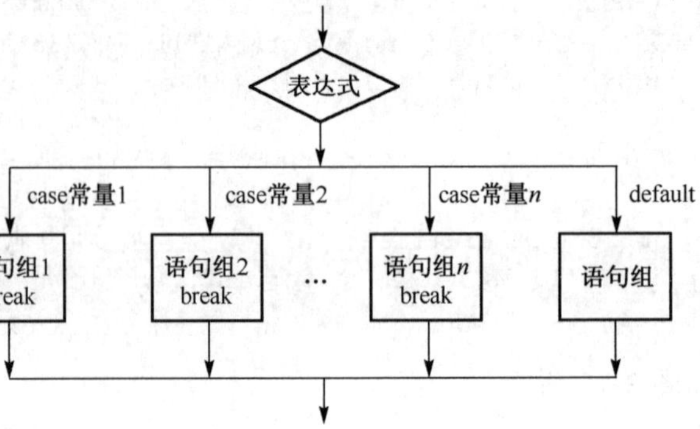

图 3-19　switch 语句控制流程

switch 语句中 case 后的常量表达式又称开关常量，可以是一个整数或整型常量表达式，也可以是一个字符常量，但每个常量表达式的值必须互不相同。

switch 语句中的 break 语句起着退出多分支结构的作用。也就是说，在执行完某一分支的语句组时，必须通过 break 语句才能退出 switch 结构。如果被选择执行的某一分支的语句组之后没有 break 语句，则在执行完这一个语句组后，程序流程会进入下一个 case 的语句组去继续执行，直到遇到一个 break 语句或后续的 case 语句组均被执行完为止。这说明 case 后的常量值只起一个语句标号的作用。switch 语句中的 default 分支是一个可选项，如果 switch 语句中没有 default 分支，则当所有的匹配都失败时，将不执行任何动作。

在书写格式上需要说明的是：

(1) switch 后的一对花括号不能省略，它将多分支结构作为一个不可分隔的整体；

(2) 每个 case 的出现次序无关紧要，不会影响 switch 语句的执行结果。

(3) 每个 case 后面的语句组不需要用大括号括起来，程序流程会自动顺序地执行该 case 后面的所有可执行语句。

【例 3-15】 计算下面分段函数的值：

$$y=\begin{cases} x^2+1 & x>1 \\ x^2 & -1\leqslant x\leqslant 1 \\ x^2-1 & x<-1 \end{cases}$$

分析：该分段函数可以使用 if 语句实现，也可以使用 switch 语句实现。使用 switch 语句实现时，需构造一个控制变量 i。

```
#include <stdio.h>
void main()
```

```
{
    float x,y; int i;
    printf("x=");
    scanf("%f",&x);
    if(x>1) i=0;
    else if(x<-1) i=1;
    else i=2;
    switch(i){
    case 0:
        y=x*x+1;break;
    case 1:
        y=x*x-1;break;
    case 2:
        y=x*x;break;
    }
    printf("y=%f\n",y);
}
```

程序运行结果如图 3-20 所示。该程序可以不使用 switch 语句，使用 if 语句更简单，在此只说明 switch 语句的使用。

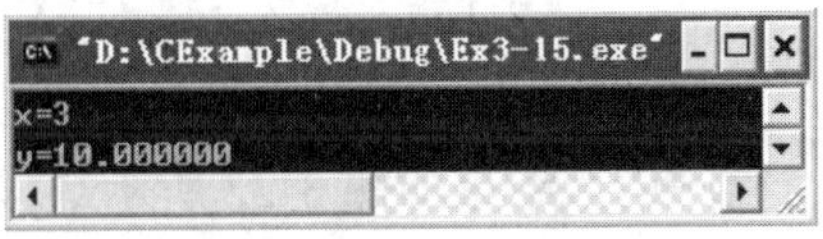

图 3-20　【例 3-15】运行结果

在实际问题中，有时会出现这样一种情况：多个不同的表达式值希望执行相同的语句组。针对这一要求，switch 语句允许多个 case 重叠，共同使用一个语句组。

【例 3-16】 输入一个字符，判断是否是 A(Abort)、R(Retry) 或 F(Fail)，并输出相应信息，用 switch 语句实现。

```
#include <stdio.h>
void main()
{
    char c;
    printf("Abort, Retry, Fail?");
    c=getchar();                /*输入一个字符*/
    switch(c){
    case 'a':
    case 'A':printf("Abort!\n");break;      /*是 A 或 a，输出 Abort*/
    case 'r':
    case 'R':printf("Retry!\n");break;      /*是 R 或 r，输出 Retry*/
    case 'f':
    case 'F':printf("Fail!\n");break;       /*是 F 或 f，输出 Fail*/
    default:
    printf("Other character!\n");           /*是其他字符，输出错误信息*/
    }
}
```

程序运行结果如图 3-21 所示。

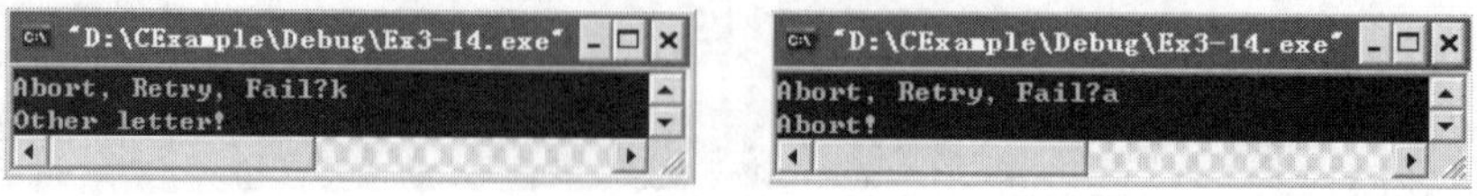

图 3-21 【例 3-16】运行结果

3.3.5 程序举例

【例 3-17】 输入三个数 a, b, c，要求按从小到大的顺序输出。

```
#include <stdio.h>
void main()
{
    float a,b,c,t;
    scanf("%f,%f,%f",&a,&b,&c);
    if(a>b) {t=a;a=b;b=t;}       /*若 a>b，则交换 a,b 的值*/
    if(a>c) {t=a;a=c;c=t;}       /*若 a>c，则交换 a,c 的值，a 的值最小*/
    if(b>c) {t=b;b=c;c=t;}       /*若 b>c，则交换 b,c 的值，b 的值为次小值*/
    printf("%.2f,%.2f,%.2f\n",a,b,c);
}
```

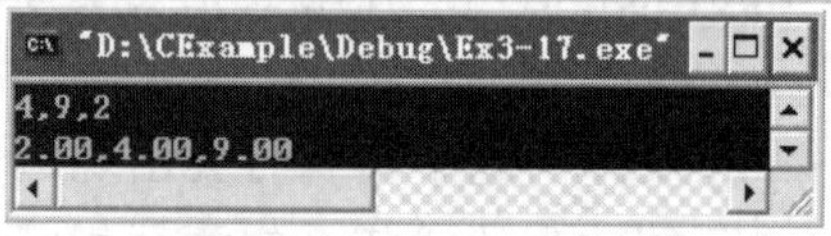

图 3-22 【例 3-17】运行结果

程序运行结果如图 3-22 所示。程序中使用三个 if 语句，使变量 a 中的数据最小，b 中的数据次之，c 中的数据最大，最后依次输出 a、b、c 的值。

【例 3-18】 已知银行整存整取存款不同期限的月息利率如下：

$$\text{月息利率}=\begin{cases}0.63\% & \text{期限一年}\\ 0.66\% & \text{期限二年}\\ 0.69\% & \text{期限三年}\\ 0.75\% & \text{期限五年}\\ 0.84\% & \text{期限八年}\end{cases}$$

要求输入存钱的本金和期限，求到期能从银行得到的利息与本金的合计。

```
#include <stdio.h>
void main()
{   int year;
    float money,rate,total;    /*money 本金，rate 月利率，total 本利合计*/
    printf("Input money and year=?");  /*输出提示信息*/
    scanf("%f%d",&money,&year);        /*输入本金和存款年限*/
    if (year==1) rate=0.0063;          /*根据年限确定利率*/
    else if (year==2) rate=0.0066;
    else if (year==3) rate=0.0069;
    else if (year==5) rate=0.0075;
    else if (year==8) rate=0.0084;
```

```
        else  rate=0.0;
        total=money+money*rate*12*year;
        printf("Total=%.2f\n",total);
    }
```

程序运行结果如图 3-23 所示。将上述程序改写，用 switch 语句替换 if 语句。

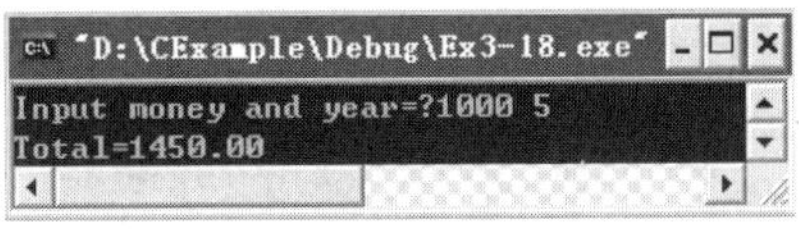

图 3-23 【例 3-18】运行结果

【例 3-19】 某自动加油站有 a、b、c 三种汽油，单价分别为 1.50、1.35、1.18(元 / 千克)，提供了“自己加”或“协助加”两个服务等级，这样用户可以得到 5%或 10%的优惠。根据用户所需的加油量 x、汽油品种 y 和服务类型 z(f—自动，m—自己，e—协助)，求用户的应付款 m。

汽油品种 y 和服务类型 z 的值是字符数据，y 的值是字符 a、b 或 c，z 的值是字符 f、m 或 e。运行程序时，输入数据：50ae↙，表示加 50 升 a 种汽油，协助加油。

```
#include <stdio.h>
void main()
{   float x,r1,r2,m;
    char y,z;
    scanf("%f%c%c",&x,&y,&z);
    switch(y){                  /*按照汽油种类选择单价*/
    case 'a': r1=1.5;break;
    case 'b': r1=1.35;break;
    case 'c': r1=1.18;break;
    }
    switch(z){                  /*按照服务类型选择优惠*/
    case 'f': r2=0;break;
    case 'm': r2=0.05;break;
    case 'e': r2=0.1;break;
    }
    m=x*r1*(1-r2);              /*求用户的应付款*/
    printf("%f\n",m);
}
```

程序运行结果如图 3-24 所示。

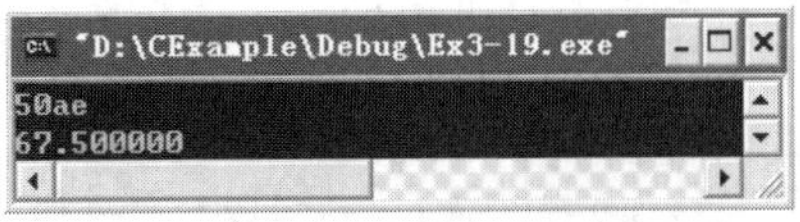

图 3-24 【例 3-19】运行结果

3.4 循环结构

在实际问题中，常常会遇到许多有规律的重复计算或操作，这类问题采用循环结构最为有效。C 语言提供了三种用于实现循环结构的控制语句，分别是 while 语句、do-while 语句和 for 语句。它们作用相同，但是存在微妙的差异，使用时需要注意。

3.4.1 while 循环语句

while 语句的一般形式为：

while(表达式)　语句

其中的表达式是循环控制条件，通常是关系表达式或逻辑表达式，但也可以是其他表达式；圆括号后面的语句通常称为循环体，可以是简单语句、复合语句或空语句。

while 语句的控制流程如图 3-25 所示，先计算表达式的值，若表达式值非 0，则执行循环体语句；然后再次计算表达式的值，若表达式值非 0，再次执行循环体语句，如此重复，直到表达式的值为零，结束循环，程序继续执行 while 循环之后的语句。

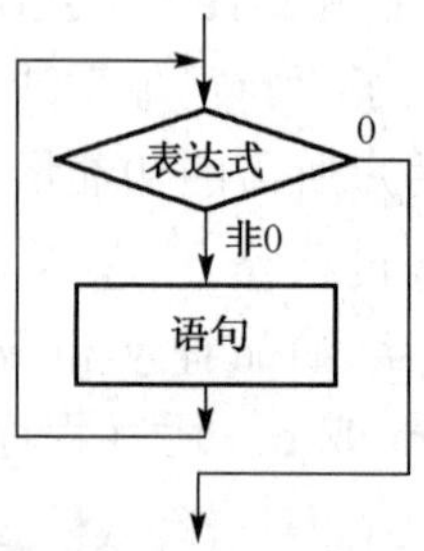

图 3-25　while 控制流程

需要注意的是，在循环体中应包含一些改变表达式值的语句，使循环进行若干次后，表达式的值为 0，从而结束循环，否则，将造成无限循环。也可以在循环体中使用 break 语句，当执行 break 语句时，将强行结束循环。如下面的 while 语句：

```
while(1)
{
    语句组 1;
    if(表达式)  break;
    语句组 2
}
```

上述语句中，由于表达式的值恒为 1，永远为真，表面上看是无限循环，但是在循环体的执行中，如果 if 语句的表达式非 0，将执行 break 语句，从而退出循环。

如果循环结构中的表达式仅用来表示等于零或不等于零的关系时，则表达式可以简化，例如：

while(x!=0)　　可以写成　　while(x)
while(x==0)　　可以写成　　while(!x)

这是一种比较简洁的表达方式，在下面的例子中会见到这种用法。

【例 3-20】 显示输入的一行字符，直到按下回车键。

```
#include <stdio.h>
void main()
{   char c;
```

```
    c=getchar();          /*先读入一个字符，使 while 中的表达式可计算*/
    while(c!='\n')        /*若读入的字符不是换行符，就执行循环体*/
    {
        putchar(c);       /*输出字符*/
        c=getchar();      /*读入下一个字符*/
    }
    putchar('\n');
}
```

程序运行结果如图 3-26 所示。

上述程序中的字符读入和输出过程可简化为：

```
while((c=getchar())!='\n')
    putchar(c);
```

或简化为：

```
while(putchar(getchar())!='\n');
```

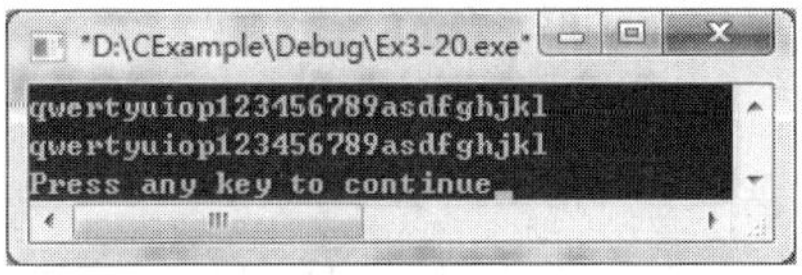

图 3-26 【例 3-20】运行结果

【例 3-21】 输入一行字符，统计其中字母、数字和其他字符的个数。

分析：可设置三个计数器变量 letter,digit,other 分别记录字母、数字和其他字符的个数。流程图如图 3-27 所示。

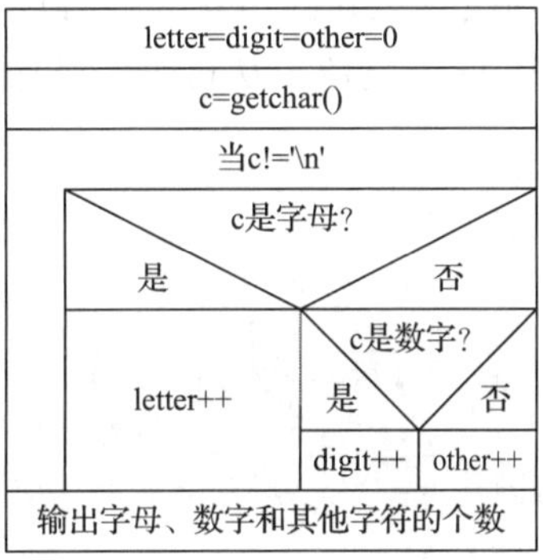

图 3-27 【例 3-21】流程图

```
#include <stdio.h>
void main()
{
    int c,letter,digit,other;
    letter=digit=other=0;
    printf("Enter characters:\n");
    while((c=getchar())!='\n')
        if(c>='A'&&c<='Z'||c>='a'&&c<='z')
            letter++;
        else if(c>='0'&&c<='9')
            digit++;
        else  other++;
    printf("Letters:%d,Digits:%d,Others:%d\n",letter,digit,other);
}
```

程序运行结果如图 3-28 所示。程序中的循环条件是：(c=getchar())!='\n' ，包含了两个操作，首先用 getchar()从键盘读一个字符赋值给变量 c ，然后用表达式 c=getchar()的值和字符'\n'比较。

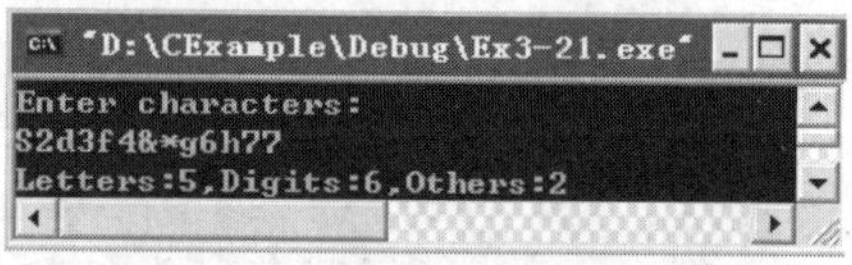

图 3-28　【例 3-21】运行结果

3.4.2　do-while 循环语句

do-while 语句的一般形式为：

do{

　　语句

}while(表达式)；

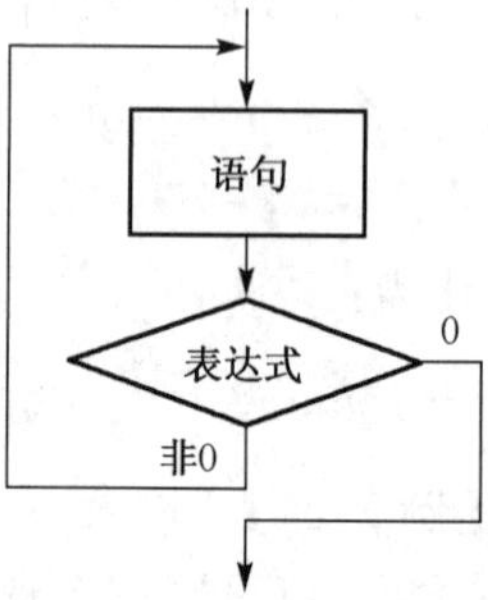

图 3-29　do-while 控制流程

do-while 循环的控制流程如图 3-29 所示，先执行循环体中的语句，再计算表达式的值，若表达式的值非 0，则重复执行循环体，直到表达式的值为 0，结束循环。

do-while 循环与 while 循环的不同之处是：do-while 循环先执行循环体，后判断循环条件，循环体至少执行一次；而 while 循环先判断循环条件，后执行循环体，所以循环体有可能一次也不执行(当第一次判断表达式的值就为零时)。

【例 3-22】 输入任一小于 30 的正整数，从这个数开始按自然数顺序输出到 30 为止。

```
#include <stdio.h>
void main()
{
    int x;
    printf("Please input x(0<x<30):");
    do{                                  /*确保输入的数是小于 30 的正整数*/
        scanf("%d",&x);
    }while(x<=0||x>30);
    do{                                  /*输出 x 至 30 的整数*/
        printf("%5d\n",x);
        x++;
    }while(x<=30);
}
```

程序运行结果如图 3-30 所示。程序中使用了两个 do-while 循环语句，前一个循环是为了确保输入的数据是小于 30 的正整数，后一个循环是输出 x～30 之间的整数。

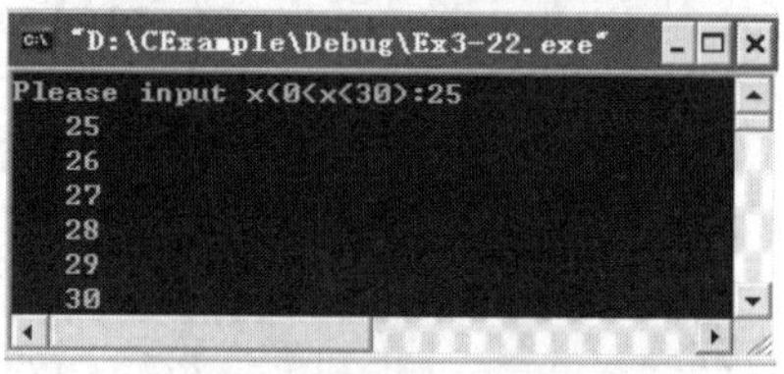

图 3-30 【例 3-22】运行结果

使用 do-while 循环语句时要注意，do-while 的循环条件圆括号后有分号，不要丢掉。

【例 3-23】 将输入的整数的各位逆序输出，如输入 23456，输出 65432。

分析：要将一个整数的各位逆序输出，可从个位开始将其逐位分离出来，方法是求除以 10 的余数，分离出个位数，之后，整除 10，整数商就少了一位数(个位数)，再求除以 10 的余数，分离出十位数，再整除 10，如此重复，直到商为 0 为止。图 3-31 所示是程序流程图。

```
#include <stdio.h>
void main()
{
    int a1,a2;
    printf("请输入一个整数：");
    scanf("%d",&a1);
    do{
        a2=a1%10;               /*将最低一位数(通过整除取余得到)赋值给 a2*/
        printf("%d",a2);        /*输出低位数，相当于逆转输出*/
        a1=a1/10;               /*截掉个位数后，再赋值给 a1，a1 的值减少 1 位*/
    }while(a1>0);               /*只要有效位数未处理完，就继续*/
    printf("\n");
}
```

程序运行结果如图 3-32 所示。程序中，do-while 循环的循环体第一次执行时，变量 a2 的值就是输入整数的个位数，变量 a1 的值是原来整数少了个位数的整数。请读者自己分析循环体第二次执行时，变量 a2 和 a1 的值的含义，并注意循环结束的条件。

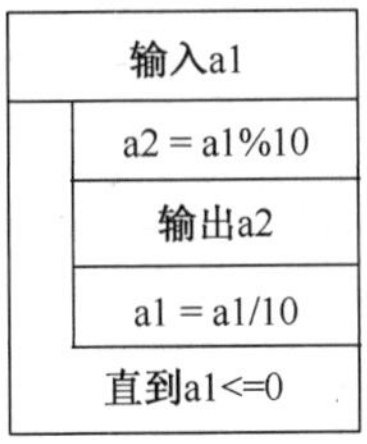

图 3-31 【例 3-23】流程

图 3-32 【例 3-23】运行结果

思考：修改上述程序，在程序中构造出一个整数，该整数是由输入数据的各位数字逆序组成的，如输入整数 23456，构造出整数 65432。

3.4.3　for 循环语句

for 语句是 C 语言中最常用的一种循环语句，它不仅能用于循环次数已知的情况，还能用于循环次数预先不能确定、只给出循环条件的情况，使用灵活方便。

for 语句的一般形式为：

for(表达式 1；表达式 2；表达式 3) 语句

图 3-33 是 for 循环的控制流程，先计算表达式 1 的值，接着计算表达式 2 的值，若表达式 2 的值非 0，则执行循环体，再计算表达式 3 的值；然后再次计算表达式 2 的值，若表达式 2 的值非 0，再次执行循环体，如此反复，直到某次(也可能是第一次)表达式 2 的值为零，结束循环，程序继续执行下一个语句。

for 循环结构中的表达式一般都包含一个能够控制循环次数的变量，称为循环控制变量。for 语句中的三个表达式必须用分号隔开，其作用是：表达式 1 用于为循环控制变量赋初值，通常为赋值表达式；表达式 2 是循环的控制条件，其作用与前两种循环语句中的表达式完全一样，用法也基本相同；表达式 3 用于修改循环控制变量的值，通常也是赋值表达式，表示循环变量的增量或减量，常用自增或自减运算。

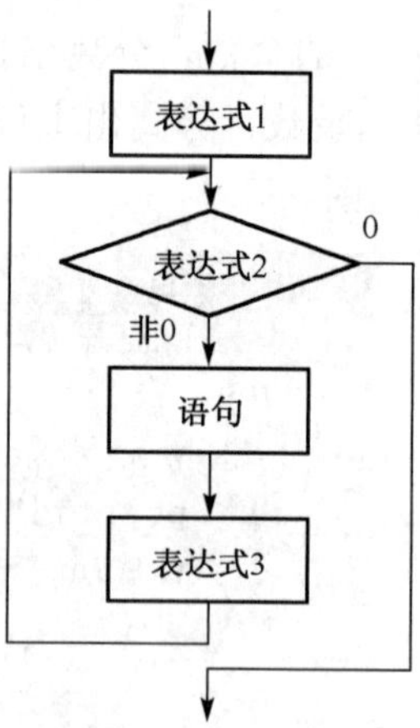

图 3-33 for 控制流程

for 语句中的表达式 1 和表达式 3 可以是逗号表达式，此时可一次完成对多个变量赋初值和修改多个变量值的功能，下面的例子可以说明这一点。

【例 3-24】 输出 1～100 之间的所有偶数。

分析：整型变量 x，y 从 1 开始，每次递增 1，若 x+y 为偶数，输出之。再将 x 视为是计数器，每输出 10 个数后执行换行操作。

```
#include <stdio.h>
void main()
{
    int x,y;
    for(x=1,y=1;x+y<=100;x++,y++)
    {
        printf("%4d",x+y);          /*输出偶数*/
        if (x%10==0)                /*每行输出 10 个数后，换行*/
            printf("\n");
    }
}
```

程序运行结果如图 3-34 所示。

【例 3-25】 编写一个程序，输出 0°～360° 每增加 90° 的弧度转换表。

```
#include <stdio.h>
#define PI 3.1415926
void main()
{
    int degree;
    double radians;
    for(degree=0;degree<=360;degree+=90)   /*从 0°～360°，每增加 90° */
    {
        radians=(double)degree*PI/180.0;   /*求弧度*/
        printf("%d\t,%f\n",degree,radians); /*输出角度和对应的弧度*/
    }
}
```

程序运行结果如图 3-35 所示。

从语法上讲，for 语句中的三个表达式均可以省略或部分省略，但作为分隔符的两个分号绝不能省略。当表达式 1 省略时，应在 for 循环之前对循环控制变量赋初值；当表达式 2 省略时，系统会认为表达式 2 的值为真，for 循环将成为无限循环，为了使无限循环终止，

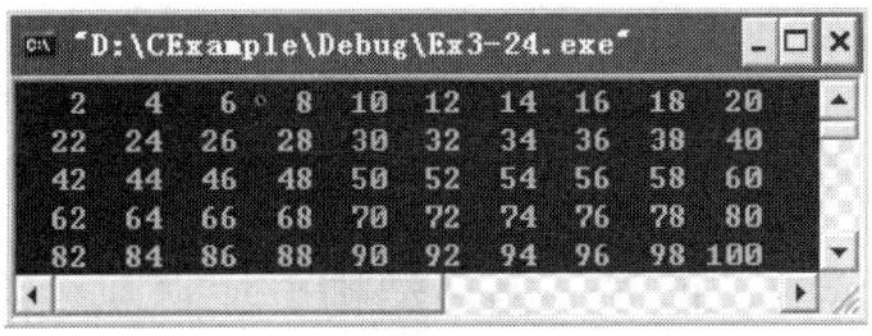

图 3-34　【例 3-24】运行结果

图 3-35　【例 3-25】运行结果

可以在循环体的适当位置使用 break 语句；当表达式 3 省略时，应在 for 循环体中修改循环控制变量。省略三个表达式的 for 循环较少使用，了解即可。例如：

```
(1)  i=1;s=0;
     for( ; i<=100;i++)          /*表达式 1 省略*/
       s+=i;
(2)  i=1;s=0;
     for( ; i<=100; )            /*表达式 1,3 省略*/
       {s+=i; i++;}
(3)  i=1;s=0;
     for( ;  ; )                 /*表达式 1,2,3 省略*/
      {if(i>100)  break;
        s+=i; i++;
      }
```

for 语句在循环控制上等价于下面的程序段：

```
表达式 1;
while(表达式 2)
{
    语句
    表达式 3;
}
```

例如，求 100 以内整数的累加和，可用两种不同的循环结构来实现，程序如下。

（1）用 for 循环语句实现

```
void main()
{
     int n,sum;
     for(sum=0,n=1;n<=100;n++)
          sum=sum+n;
}
```

（2）用 while 循环语句实现

```
void main()
{
     int n=1,sum=0;
     while(n<=100)
     {
          sum=sum+n;
```

```
        n++;
    }
}
```

比较两个程序可以看出，二者在功能上是等价的，但 for 循环结构更加直观、简洁、紧凑和灵活。在实际应用中，究竟是使用 while 循环还是使用 for 循环，应视具体情况而定。一般来说，如果不用赋初值或重新赋值，那么用 while 循环比较自然；反之，则用 for 循环较好。尤其是在处理数组中的一连串元素时，使用 for 循环更加方便。

3.4.4 循环的嵌套

当一个循环结构中包含了另一个循环结构时，称为循环嵌套或多重循环。

C 程序中的三种循环语句(while 循环、do-while 循环和 for 循环)可以相互嵌套。使用循环嵌套时应注意嵌套的层次，不能交叉。图 3-36 所示的三段程序都是合法的嵌套形式：

```
for(; ; )              for(; ; )              while( )
{                      {                      {
    …                      …                      …
    for(; ; )              while( )               do{…
    {…}                    {…}                    }while( );
    …                      …                      …
}                      }                      }
```

图 3-36 循环的嵌套形式

在循环嵌套中，有时需要确定内层循环体的执行次数，以帮助我们判断循环嵌套的逻辑结构是否正确。一般来说，内层循环体的执行次数等于该循环嵌套结构中每层循环重复次数的乘积。例如，在一个三层嵌套的循环结构中，最外层重复执行次数为 6；若最外层每重复执行一次，第二层就重复执行 4 次，那么第二层循环体总的重复执行次数就是 6×4=24 次；而第二层每重复执行一次，最内层循环体就重复执行 3 次，则最内层循环体总的重复执行次数应该是 24×3=72 次，即 6×4×3=72 次。注意，嵌套结构的内外层循环不能使用同名的循环控制变量。

【例 3-26】 输出九九乘法表。

```
#include <stdio.h>
void main()
{
    int i,j,k;
    printf("\t");                    /*输出表头(1～9)*/
    for(i=1;i<10;i++)
        printf("%5d",i);
    printf("\n\t---------------------------------------------\n");
    for(i=1;i<10;i++)                /*对每个被乘数做从 1 到 9 的乘法，并输出*/
    {
        printf("%d\t",i);
        for(j=1;j<10;j++)
```

```
            {
                k=i*j;
                printf("%5d",i*j);
            }
            printf("\n");              /*换行*/
        }
    }
```

程序运行结果如图 3-37 所示。

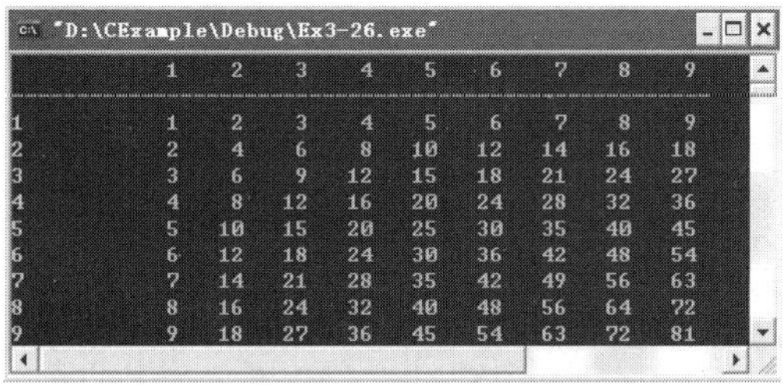

图 3-37　【例 3-26】运行结果

【例 3-27】 求 $i^3+j^3-k^3=3$ 的整数解，其中 1≤i≤6，1≤j≤8，1≤k≤6。

分析：由于 i,j,k 的取值范围确定，所有可能的解是已知的，是指定范围内整数的组合。因此，可以使用枚举法。

```
#include <stdio.h>
void main()
{
    int i,j,k;
    for(i=1;i<=6;i++)                       /*i 取 1～6 的整数*/
        for(j=1;j<=8;j++)                   /*i 每取一个值，j 取 1～8 的整数*/
            for(k=1;k<=6;k++)               /*j 每取一个值，k 取 1～6 的整数*/
                if(i*i*i+j*j*j-k*k*k==3) /*若条件成立，输出当前 i,j,k 的值*/
                    printf("%d,%d,%d\n",i,j,k);
  }
```

程序运行结果如图 3-38 所示。

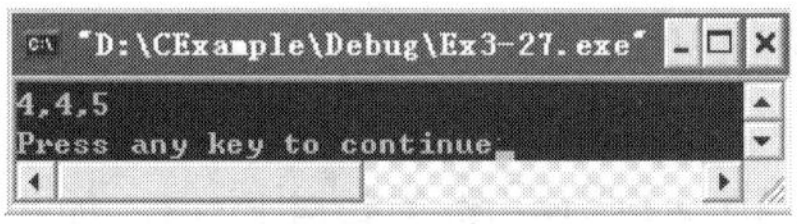

图 3-38 【例 3-27】运行结果

3.4.5　goto、break 和 continue 语句

程序在循环处理过程中，有时根据条件需要中断循环或进入下一次循环，这时就需要转移语句来控制程序流程。转移语句有 goto 语句、break 语句和 continue 语句。

1. goto 语句

goto 语句又称无条件转移语句，和 if 语句一起使用，可以构成循环。一般形式为：

goto 标号;

其中，标号是一个合法的标识符，goto 语句的作用是跳转至标号指定的语句执行。例如：

```
#include <stdio.h>
void main()
{
    int i=1,sum=0;
loop: sum+=i;                    /*此行的 loop 是标号，标号的后面有冒号*/
    i++;
    if(i<=100)  goto loop;  /*如果 i<=100，跳转标号 loop 后面的语句执行*/
    printf("sum=%d\n",sum);
}
```

上述程序的功能是求 1～100 的整数累加和。由于 goto 语句不符合结构化原则，因此，C 语言程序设计时，不提倡使用 goto 语句。但在某些特殊的场合，如从多重循环的某一层次跳转到循环外面的任何层次时可以考虑使用 goto 语句。

2. break 语句

在前面的学习中，已经多次使用过 break 语句。break 语句的功能是中断 switch 或循环的执行，从其所在的 switch 或循环中跳出，执行后续语句。break 语句只能使用在 switch 语句和循环语句中，在其他地方使用都是错误的。

break 语句的一般形式为：

break;

break 语句和 goto 语句的区别是 goto 语句可以从多重循环的内层跳转到任何外层，而 break 语句是从内向外跳转一层，跳出并结束本层循环。

break 语句在循环体中的使用位置应视程序流程的需要而定，一般都用在循环体内某个 if 语句中，用于实现在循环过程中当某个条件成立时结束循环。break 语句特别适用于循环次数预先确定不了的情况。进入循环后，可在循环体中使用 break 语句，并用该语句控制程序流程，在指定条件下结束循环。

【例 3-28】 判断正整数 m 是否是素数。

分析：素数的判定算法是用 2 到 $\sqrt{m}$ 的整数除以 m，如果 m 不能被 2 到 $\sqrt{m}$ 间所有整数整除，则 m 是素数，否则不是素数。算法如图 3-39 所示。

```
#include <stdio.h>
#include <math.h>
void main()
{
    int m,i,k;
    scanf("%d",&m);
```

```
    k=(int)sqrt(m);             /*sqrt(m)是求√m 库函数*/
    for(i=2;i<=k;i++)           /*用 2 到√m 的整数去除 m*/
        if(m%i==0) break;       /*若 m 被 2 到√m 中的某个数整除,结束循环*/
    if(i>k)                     /*若执行 break 语句结束循环,则 i<=k,不是素数*/
        printf("%d is a prime number\n",m);
    else
        printf("%d is not a prime number\n",m);
}
```

程序运行结果如图 3-40 所示。

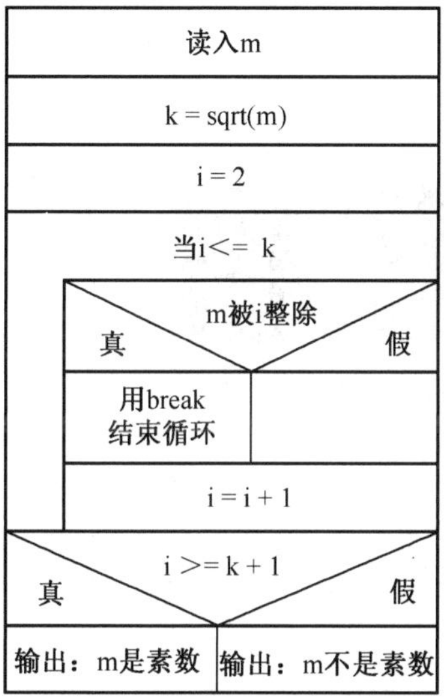

图 3-39 【例 3-28】流程图

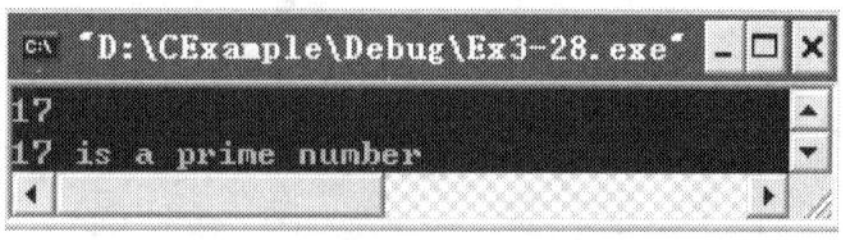

图 3-40 【例 3-28】运行结果

3．continue 语句

continue 语句的一般形式为：

continue;

continue 语句是专用于循环结构中改变某一次循环流程的语句。它的作用是提前结束本次循环体的执行，从而开始下一次循环。continue 语句与 break 语句的作用虽然有相似之处，却也有着根本区别：前者只是结束本次循环体的执行，还要进行下一次循环，而不是要结束整个层次的循环；后者则是结束整个层次的循环流程，转到循环体外面去。

在循环结构中，continue 语句的使用与 break 语句类似，一般都是在循环体内某一个 if 语句中，用于实现在某次循环过程中条件成立时提前结束这次循环体的执行，进入下一轮循环。

使用 continue 语句时，要注意它使本次循环中止后，程序控制将转移到何处，以免程序在逻辑上产生错误。一般来说，程序中应尽量少用 continue 语句，因为从程序逻辑上看，只要改变 if 语句中所使用的条件，就可以不用 continue 语句。请看下面的例子。

【例 3-29】 输出 100～200 之间所有不能被 3 整除的数。

```
#include <stdio.h>
void main()
{
    int n;
    for(n=100;n<=200;n++)
    {
        if(n%3==0)  continue;    /*若 n 能被 3 整除，结束本次循环体的执行*/
        printf("%5d",n);
    }
}
```

程序运行结果如图 3-41 所示。

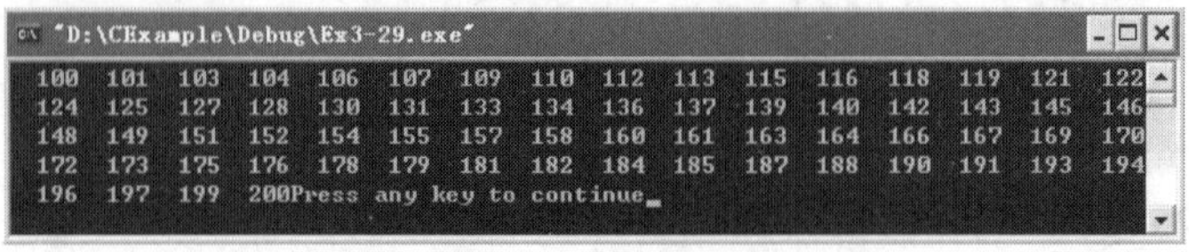

图 3-41 【例 3-29】运行结果

将上例 for 循环中的 if 语句改变一下条件，就可以不用 continue 语句。程序如下：

```
#include <stdio.h>
void main()
{
    int n;
    for(n=100;n<=200;n++)
        if(n%3!=0)
            printf("%5d",n);
}
```

由此可见，程序中 continue 语句的使用是可以避免的，break 语句也有类似的情况。

3.4.6 程序举例

以上详细介绍了 C 语言中的流程控制语句，这些语句都是编制各种复杂程序不可缺少的。下面给出几个程序实例，在编制上各有特点，希望能对读者起到一些启发和帮助作用。

【例 3-30】 设计一个猜数游戏，如果猜对了，游戏结束。否则提示猜得太大或太小，直到猜对为止，并记录所猜的次数。

```
#include <stdio.h>
#include <stdlib.h>      /*使用随机数函数时，要写此行*/
#include <time.h>        /*time.h是C/C++中的日期和时间头文件*/
void main()
{   int magic,guess,n=0;    /* magic 存储被猜测的数，guess 存储猜测的数*/
    srand(time(NULL));   /*初始化随机数发生器，在 WinTC 环境下使用 randomize()*/
    magic=rand();        /*函数 rand()的作用是产生一个 0～32767 之间的随机数*/
```

```
        guess=magic-1;      /*假设一个猜测结果，用于 while 中条件表达式的计算*/
        while(magic!=guess) /*若猜错，则循环，继续猜*/
        {
            printf("Please guess the magic number: ");
            scanf("%d",&guess);          /*输入所猜数据*/
            n++;                         /*猜测次数增 1*/
            if(guess>magic)
                printf("Wrong!Too hight!Try again!\n");
            else  if(guess<magic)
                printf("Wrong!Too low!Try again!\n");
        }
        printf("OK!\n");
        printf("The guess counter is %d.\n",n);
    }
```

程序运行结果如图 3-42 所示。程序中函数 srand()的功能是初始化随机数发生器，即设置随机数种子(括号中的整数)，若随机数种子相同，则程序每次运行时函数 rand()产生的随机数是一样的，通常用 time(NULL)的返回值作为随机数种子。time(NULL)的功能是返回从 1970 年 1 月 1 日零点到此刻的秒数。函数 rand()的功能是返回一个范围在 0 到 32767 之间的随机整数，如要产生[m,n]范围内的随机整数，可用表达式 rand()%(n-m+1)+m 求得，比如产生 10～30 随机整数的表达式是 rand()%(21)+10。将程序中的语句 magic=rand();改为 magic=rand()%100+1; 则所猜的数据在 1～100 之间。

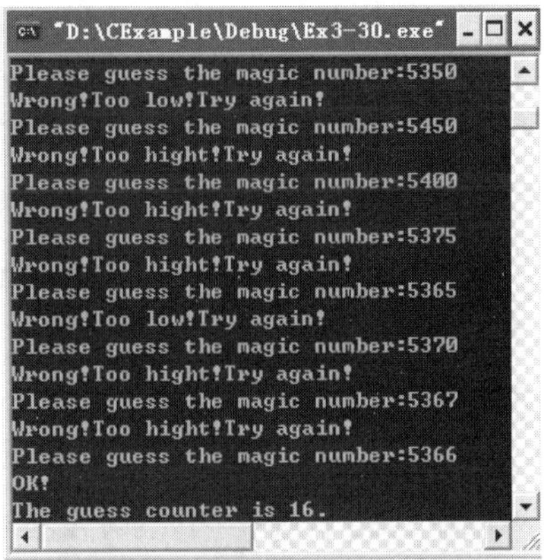

图 3-42 【例 3-30】运行结果

试将上述程序中的 while 循环改为 do-while 循环，就该程序而言，使用哪个循环语句更合适？为什么？

【例 3-31】 编制一个完成两个数的四则运算程序，并且可以运算任意次。

分析：设输入的运算式为 x op y，如 10+20。程序中可用“%f%c%f”格式读取运算式。用 if 语句或 switch 语句测试运算符，从而完成相应的运算。

```
#include <stdio.h>
void main()
{
    float x=1,y=1;
    char op;
    while(x!=0||y!=0)          /*两数中，只要有一个不为 0，就进入或继续循环*/
    {
        printf("\nIf want to quit,Enter 0.0+0.0\n");
        printf("\nEnter a calculation(x?y):");
        scanf("%f%c%f",&x,&op,&y);
        if(x||y)               /* x||y 相当于 x!=0||y!=0 */
            switch(op)
            {
```

```
            case '+': printf(" %.2f%c%.2f=%.4f\n",x,op,y,x+y);break;
            case '-': printf(" %.2f%c%.2f=%.4f\n",x,op,y,x-y);break;
            case '*': printf(" %.2f%c%.2f=%.4f\n",x,op,y,x*y);break;
            case '/': if(y==0.0) printf(" Error!\n");  /*除数不能为 0*/
                      else  printf(" %.2f%c%.2f=%.4f\n",x,op,y,x/y);
                      break;
            default: printf("%.2f%c%.2f is not a calculation!\n",x,op,y);
            }
    }
    printf("\n!!! It is over !!!\n");
}
```

程序运行结果如下(如图 3-43 所示):

```
If want to quit,Enter 0.0+0.0
Enter a calculation(x?y):56*2↙
56.00*2.00=112.0000
If want to quit,Enter 0.0+0.0
Enter a calculation(x?y):50+22.5↙
50.00+22.50=72.5000
If want to quit,Enter 0.0+0.0
Enter a calculation(x?y):0+0↙
!!! It is over !!!
```

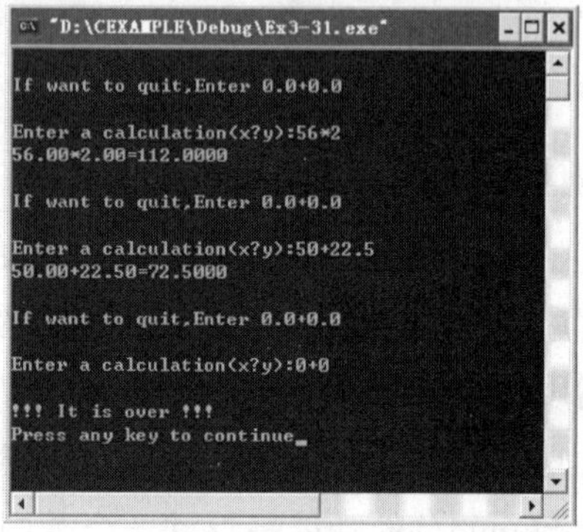

图 3-43 【例 3-31】运行结果

注意:如果循环体包含一个以上的语句,应当用{}括起来,以复合语句形式出现,否则 while 语句只反复执行其后面的第一条语句,结果就会出错。

【例 3-32】 使用牛顿切线法求三次方程 $x^3-2x-5=0$ 的根,初值与迭代公式如下(允许迭代误差为 10^{-6}):

$$x_0 = 2$$

$$x_{n+1} = x_n - \frac{f(x_n)}{f'(x_n)} = x_n - \frac{x_n^3 - 2x_n - 5}{3x_n^2 - 2} = \frac{2x_n^3 + 5}{3x_n^2 - 2}$$

分析:使用迭代算法策略,设置两个变量:x0 和 x1,开始 x0=2,计算 x1,然后将 x1 的值赋值给 x0,再算下一个 x,赋值给 x1,如此重复,直到满足精度要求为止。

```
#include <stdio.h>
#include <math.h>
void main()
{
    double x0,x1;
    x0=2;
    x1=(2*x0*x0*x0+5)/(3*x0*x0-2);
    while(fabs(x1-x0)>=1E-6){
        x0=x1;
        x1=(2*x0*x0*x0+5)/(3*x0*x0-2);
    }
```

```
    printf("The root is %f\n",x1);
}
```

程序中的循环用 while 语句实现，当然也可以使用 do-while 语句实现。

```
#include <stdio.h>
#include <math.h>
void main()
{
    double x0,x1;
    x1=2;           /* 思考：为什么是 x1=2 */
    do{
        x0=x1;
        x1=(2*x0*x0*x0+5)/(3*x0*x0-2);
    }while(fabs(x1-x0)>=1E-6);
    printf("The root is %f\n",x1);
}
```

程序运行结果如图 3-44 所示。

图 3-44 【例 3-32】运行结果

【例 3-33】 我国古代著名的孙子定理，也称中国余数定理，又称韩信点兵。用现代语言讲是：有一个整数，用 3 除余 2，用 5 除余 3，用 7 除余 2，求该数。

分析：从 0 开始不断增加变量的值，同时进行测试，直到满足条件为止。

```
#include <stdio.h>
void main()
{
    int i=0,m=0;
    do{
        i++;
        if(i%3==2&&i%5==3&&i%7==2)
            m=1;            /*找到满足条件的数时，使 m 的值为 1*/
    }while(m!=1);           /*没有找到满足条件的数，继续测试下一个数*/
    printf("i=%d\n",i);
}
```

程序中的变量 m 起标记作用，找到满足条件的数时，m 的值为 1，否则为 0。如果不使用标记变量 m，还可以用 break 语句在找到满足条件的数时跳出循环。

```
#include <stdio.h>
void main()
{
    int i=0;
```

```
    do{
        i++;
    }while(!(i%3==2&&i%5==3&&i%7==2));  /*注意理解循环条件*/
    printf("i=%d\n",i);
}
```

程序运行结果如图 3-45 所示。注意两个程序中的循环条件，特别是后一个程序中的循环条件，要仔细体会。试将程序中的循环用 while 循环语句实现。

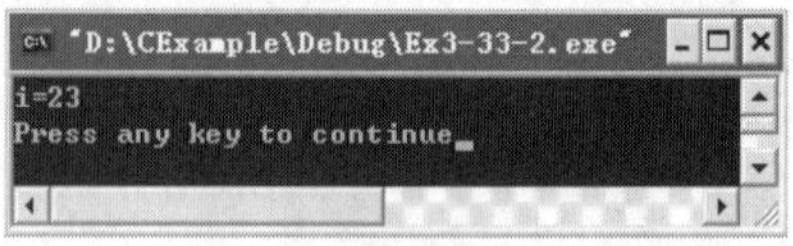

图 3-45 【例 3-33】运行结果

【例 3-34】 找出 1000 以内的所有“完数”，并输出其因子。所谓“完数”是一个自然数，除它本身之外的各因子之和等于它本身。例如，6 的因子为 1、2、3，而 6=1+2+3，因此 6 是“完数”。

```
#include <stdio.h>
void main()
{
    int m,s,i;
    for(m=2;m<=1000;m++)                /*穷举 1000 以内的所有数*/
    {
        s=1;          /*存储因子之和,1 是所有数的因子，1 作为和变量的初值*/
        for(i=2;i<=m/2;i++)             /*m 的因子只能是 1~m/2 的整数*/
            if((m%i)==0) s=s+i;         /*求 m 的因子之和*/
        if(m==s)      /*若 m 与其因子之和相等，m 是完数，输出完数*/
        {
            printf("%d Its factors are ",m);    /*输出是完数的信息*/
            for(i=1;i<=m/2;i++)                 /*输出完数的因子*/
                if(m%i==0) printf("%d ",i);
            printf("\n");
        }
    }
}
```

程序运行结果如图 3-46 所示，程序中使用穷举策略求 m 的因子之和。

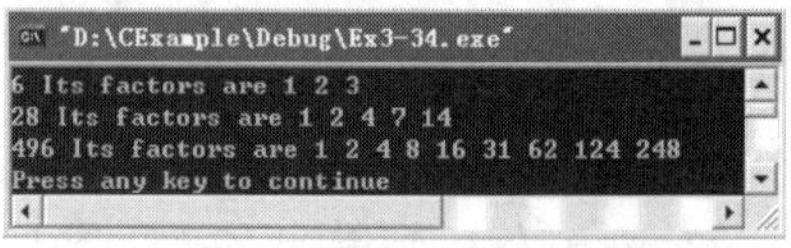

图 3-46 【例 3-34】运行结果

【例 3-35】 百鸡问题。这是我国古代一道有名的难题：“鸡翁一，值钱五，鸡母一，值钱三，鸡雏三，值钱一。百钱买百鸡，问鸡翁、鸡母、鸡雏各几何”。

分析：这是一个典型的组合问题，也可看成是一个三元一次方程，可以用枚举法求解。设鸡翁 x 只，鸡母 y 只，鸡雏 z 只。则 x,y,z 的取值范围如下：

x：0～20（最多能买 20 只鸡翁）

y：0～33（最多能买 33 只鸡母）

z：0～100（最多能买 100 只鸡雏）

```
#include <stdio.h>
void main()
{
    int x,y,z;
    for(x=0;x<=20;x++)
        for(y=0;y<=33;y++)
            for(z=0;z<=100;z+=3)
                if((x+y+z==100)&&(5*x+3*y+z/3==100))
                    printf("%d,%d,%d\n",x,y,z);
}
```

程序运行结果如图 3-47 所示。

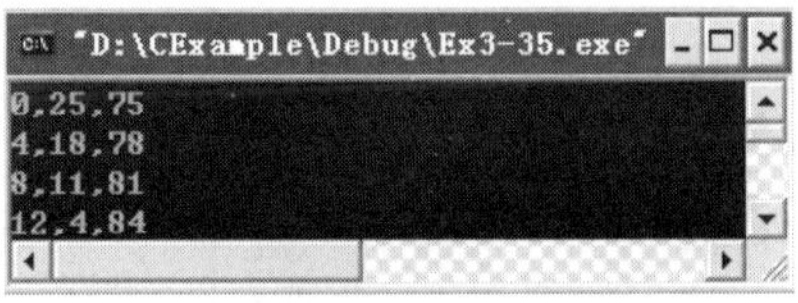

图 3-47 【例 3-35】运行结果

本章小结

本章介绍了 C 语言的基本语句和三种基本结构的程序设计。主要介绍了以下内容：

（1）C 语言的执行语句的分类

① 表达式语句；②函数调用语句；③控制语句；④复合语句；⑤空语句。

（2）赋值语句和数据的输入/输出函数（其后加分号构成语句）

① 赋值语句：赋值表达式；

② 字符输入函数：getchar()

③ 字符输出函数：putchar(字符型或整型数据)

④ 格式输入函数：scanf(格式控制串，地址表列)

⑤ 格式输出函数：printf(格式控制串，输出项表)

（3）关系运算和逻辑运算

① 关系运算符：>、>=、<、<=、==、!=

② 逻辑运算符：!、&&、||

（4）分支控制语句

① 条件语句：if(表达式) 语句 1 else 语句 2

② 开关语句：

switch(字符或整数表达式) {
case 常量 1：语句序列 1
case 常量 2：语句序列 2
… …
case 常量 n：语句序列 n
default ：语句序列 n+1

(5) 循环控制语句

① while 语句：while(表达式) 语句

② do-while 语句：do{语句}while(表达式);

③ for 语句：for(表达式 1;表达式 2;表达式 1) 语句

(6) 跳转语句

① goto 语句：goto 标号;

② break 语句：break;

③ continue 语句：continue;

习题三

一、单项选择题

1. 以下合法的 C 语言赋值语句是(　　)。

A. a=1,b=5　　B. a=b=58　　C. k=a+b　　D. i++;

2. 有变量说明：int x,y,z;，要给 x、y、z 输入数据，以下正确的输入语句是(　　)。

A. scanf("%D%D%D",&x,&y,&z);　　B. scanf("%d%d%d",&x,&y,&z);

C. scanf("%d%d%d",x,y,z);　　D. scanf("%d%d%d",&x;&y;&z);

3. 有变量说明：float x,y,z;，执行语句：scanf("%f %f %f",&x,&y,&z); 使 x 为 10，y 为 20，z 为 30，则以下不正确的输入形式为(　　)。

A. 10 20 30　　B. 10.0 20.0 30.0　　C. 10.0 20 30.0　　D. 10,20,30

4. 执行下面的程序，从键盘上输入：123456789a↙ ，则输出结果是(　　)。

```
#include <stdio.h>
void main()
{   int a;
    float b,c;
    scanf("%2d%3f%4f",&a,&b,&c);
    printf("a=%d,b=%.1f,c=%.1f\n",a,b,c);
}
```

A. a=12,b=345,c=6789　　B. a=12,b=123,c=1234

C. a=12,b=345.0,c=6789.0　　D. a=12.0,b=345.0,c=6789.0

5. 下面程序的输出结果是(　　)。

```
#include <stdio.h>
void main()
{   int a=0,b=9;
    printf("a=%%d,b=%%d\n",a,b);
}
```

A. a=%0,b=%9　　B. a=%d,b=%d　　C. a=%%d,b=%%d　D. a=0,b=9

6. 下面程序的输出结果是(　　)。

```
#include <stdio.h>
void main()
{   short int a=-1;     /*短整型数-1 的存储格式是：1111111111111111*/
    printf("%hd,%ho,%hu\n",a,a,a);
}
```

A. –1,–1,–1　　B. –1,77777,32768　C. –1,177777,65535　D. –1,177777,32768

7. 下列运算符中优先级最高的是(　　)。

A. <　　B. +　　C. &&　　D. !=

8. 能正确表示“当 x 的取值在[1,10]或[200,210]范围内为真，否则为假”的表达式是(　　)。

A. (x>=1)&&(x<=10)&&(x>=200)&&(x<=210)

B. (x>=1)||(x<=10)||(x>=200)||(x<=210)

C. (x>=1)&&(x<=10)||(x>=200)&&(x<=210)

D. (x>=1)||(x<=10)&&(x>=200)||(x<=210)

9. 判断 char 型变量 ch 的值是大写字母的正确表达式是(　　)。

A. 'A'<=ch<='Z'　　B. (ch>='A')&(ch<='Z')

C. (ch>='A')&&(ch<='Z')　　D. ('A'<=ch)AND('Z'>=ch)

10. 有变量说明：x=3,y=4,z=5;，则下面表达式中值为 0 的是(　　)。

A. 'x'&&'y'　　B. x<=y　　C. x||y+z&&!y　　D. !((x<y)&&!z||1)

11. 若希望当 A 的值为奇数时，表达式的值为“真”，当 A 的值为偶数时，表达式的值为“假”，则以下不能满足要求的表达式是(　　)。

A. A%2==1　　B. !(A%2==0)　　C. !(A%2)　　D. A%2

12. if 语句的控制条件(即圆括号中的表达式)是(　　)。

A. 只能用关系表达式　　B. 只能用关系表达式或逻辑表达式

C. 只能用逻辑表达式　　D. 可以用任何表达式

13. 有变量说明：int x=2,y=1;，则表达式(x||y– –)的值是(　　)。

A. 0　　B. 1　　C. 2　　D. ˉ-1

14. 运行以下程序后，输出的结果是(　　)。

```
#include <stdio.h>
void main()
{   int k = -3;
    if(k <= 0)
```

```
        printf("****\n");
    else
        printf("&&&&\n");
}
```

A. ****　　B. &&&&　　C. ****&&&&　　D. 不能通过编译

15. 运行以下程序后，输出的结果是(　　)。

```
#include <stdio.h>
void main()
{   int x=1,a=0,b=0;
    switch(x){
    case 0: b++;
    case 1: a++;
    case 2: a++;b++;
    }
    printf("a=%d,b=%d\n",a,b);
}
```

A. a=2,b=1　　B. a=1,b=1　　C. a=1,b=0　　D. a=2,b=2

16. 运行以下程序后，输出的结果是(　　)。

```
#include <stdio.h>
void main()
{
    int a=5,b=4,c=3,d=2;
    if(a>b>c)
        printf("%d\n",d);
    else if((c-1>=d)==1)
        printf("%d\n",d+1);
    else  printf("%d\n",d+2);
}
```

A. 2　　B. 3　　C. 4　　D. 编译时出错

17. 运行以下程序后，输出的结果是(　　)。

```
#include <stdio.h>
void main()
{
    int i=1,j=1,k=2;
    if((j++||k++)&&i++)
        printf("%d,%d,%d\n",i,j,k);
}
```

A. 1,1,2　　B. 2,2,1　　C. 2,2,2　　D. 2,2,3

18. 运行以下程序后，输出的结果是(　　)。

```
#include <stdio.h>
void main()
{
```

```
    float x=2.0,y;
    if(x<0.0) y=0.0;
    else if(x<10.0) y=1.0/x;
    else  y=1.0;
    printf("%f\n",y);
}
```

A．0.000000　　B．0.250000　　C．0.500000　　D．1.000000

19．执行以下程序时，从键盘上输入 3 和 4，则输出结果是(　　)。

```
#include <stdio.h>
void main()
{   int  a,b,s;
    scanf("%d%d",&a,&b);
    s=a;
    if(a<b)
        s=b;
    s*=s;
    printf("%d\n",s);
}
```

A．14　　B．16　　C．18　　D．20

20．运行以下程序后，输出的结果是(　　)。

```
#include <stdio.h>
void main()
{
    int x=16,y=20,z=0;
    switch(x%3){
    case 0: z++;break;
    case 1: z++;
            switch(y%2){
            default:z++;
            case 0:z++;break;
            }
    }
    printf("%d\n",z);
}
```

A．1　　B．2　　C．3　　D．4

21．运行以下程序后，输出的结果是(　　)。

```
#include <stdio.h>
void main()
{   int n='c';
    switch(n++){
    case 'a':case 'A':case 'b':case 'B':printf("good");break;
    case 'c':case 'C':printf("pass");
    case 'd':case 'D':printf("warn");break;
```

```
        default:printf("error");break;
        }
}
```

A. good　　B. pass　　C. warn　　D. passwarn

22. 语句：for(i=0;i<=10;i++); 执行结束后，i 的值是(　　)。

A. 9　　B. 10　　C. 11　　D. 12

23. 有以下程序，其运行结果是(　　)。

```
#include <stdio.h>
void main()
{   int s,i;
    s=0;
    for(i=1;i<=10;i=i+3)
        s=s+i;
    printf("s=%d\n",s);
}
```

A. 18　　B. 20　　C. 22　　D. 24

24. 要使下面的程序段输出 5 个整数，在画线处应填入的正确的数是(　　)。

```
for(k=0;k<_____;)
    printf("%d\n",k+=3);
```

A. 11　　B. 12　　C. 13　　D. 16

25. 运行下面的程序，其运行结果是(　　)。

```
#include <stdio.h>
void main()
{   int i=10,j=0;
    do{
        j=j+i;
        i--;
    }while(i>5);
    printf("%d\n",j);
}
```

A. 34　　B. 45　　C. 40　　D. 55

26. 运行下面的程序，其运行结果是(　　)。

```
#include <stdio.h>
void main()
{
    int x=5;
    do
    {
        printf("%d",x--);
    }while(!x);
}
```

A．5 4 3 2 1　　B．4 3 2 1 0　　C．5　　D．4

27．以下叙述正确的是(　　)。

A．do-while 语句构成的循环不能用其他语句构成的循环来代替

B．do-while 语句构成的循环只能用 break 语句退出

C．用 do-while 语句构成的循环，在 while 后的表达式为非 0 时结束循环

D．用 do-while 语句构成的循环，在 while 后的表达式为 0 时结束循环

28．下面有关 for 循环的正确描述是(　　)。

A．for 循环只能用于循环次数已经确定的情况

B．for 循环是先执行循环体语句，后判断循环条件表达式

C．在 for 循环中，不能用 break 语句跳出循环体

D．for 循环的循环体语句中，可以包含多条语句，但必须用花括号括起来

29．对 for(表达式 1; ;表达式 3)，可理解为(　　)。

A．for(表达式 1;0;表达式 3)　　B．for(表达式 1;1;表达式 3)

C．for(表达式 1;表达式 1;表达式 3)　　D．for(表达式 1;表达式 2;表达式 3)

30．以下程序运行的输出结果是(　　)。

```
#include <stdio.h>
void main()
{   int x,y;
    for(x=1,y=1;x<=100;x++)
    {
        if(y>=10)
            break;
        if(y%3==1)
        {
            y+=3;
            continue;
        }
    }
    printf("%d,%d\n",x,y);
}
```

A．4,10　　B．5,11　　C．3,9　　D．101,10

二、填空题

1．在一个表达式的后面加________构成表达式语句，在一个函数调用的后面加________构成函数调用语句。

2．函数 getchar()的功能是________，函数 putchar()的功能是________。程序中使用这两个函数时，都必须在程序开始处写上________。

3．在 scanf()函数中，格式串"%d"表示________，"%3d"表示________，"%*3d"表示________，"%c"表示________；在 printf()函数中，格式控制串"%d"表示________，"%x"表示________，"%7.2f"表示________，"%c"表示________。

4. 复合语句在语法上被认为是________。空语句的形式是________。C 语言中，语句的标志是________。

5. 运行以下程序后的输出结果是________。

```
#include <stdio.h>
void main()
{
    char x=0xFFFF; printf("%d\n",x--);
}
```

6. if 语句控制表达式的值为________时表示逻辑“真”，其值为________时表示逻辑“假”。

7. 输入一个正整数，若其既是 7 的倍数又是 8 的倍数，则输出“yes”，否则输出“no”，请在画线处填入合适的内容。

```
#include <stdio.h>
void main()
{
    int n;
    printf("please input a number:");
    scanf ("%d",&n);
    if ____________________
        printf ("yes\n");
    ____________________
        printf ("no\n");
}
```

8. 设 x 和 y 均为 int 型变量，则以下 for 循环中的 scanf( )语句执行的次数是________。

```
for(x=0,y=0;y!=123&&x<3;x++)
    scanf("%d",&y);
```

9. 运行以下程序后的输出结果是________。

```
#include <stdio.h>
void main()
{
    int a=2,b=-1,c=2;
    if(a<b)
    if(b<0) c=0;
    else c++;            /*注意 else 与哪个 if 配对*/
    printf("%d\n",c);
}
```

10. C 语言的三个循环控制语句分别是________、________和________。

11. ________语句可提前结束本次循环体的执行，然后进行下一次循环的判断，如果满足循环条件，继续循环，否则退出循环。

12. 以下程序运行后的输出结果是________。

```
#include <stdio.h>
void main()
{
```

```
    int a=10,y=0;
    do{
        a+=2;y+=a;
        if(y>50) break;
    }while(a<16);
    printf("a=%d,y=%d\n",a,y);
}
```

13. 下面的程序运行时，循环体语句“a++;”的执行次数是________。

```
#include <stdio.h>
void main()
{
    int i,j,a=0;
    for(i=0;i<2;i++)
        for(j=4;j>=0;j--)
            a++;
}
```

14. 以下程序运行后的输出结果是________。

```
#include <stdio.h>
void main()
{
    int a=10,y=0;
    for(;--a;)
    if(a%3==0)
        y+=a;
    y++;
    printf("y=%d\n", y);
}
```

15. 以下程序运行后的输出结果是________。

```
#include <stdio.h>
void main()
{
    int a=2,n=5,s;
    s=a;
    for(;--n;)
        s=s*10+a;
    printf("%d\n",s);
}
```

16. 以下程序运行后的输出结果是________。

```
#include <stdio.h>
void main()
{
    int x,y,z=0;
    for(x=1,y=5;x<y;x++,y--)
        z+=x*10+y;
    printf("%d\n",z);
}
```

17. 以下程序运行后的输出结果是________。

```
#include <stdio.h>
void main()
{
    int i,j,a=0;
    for(i=0;i<2;i++) a++;
    for(j=4;j>=0;j--) a++;
    printf("%d\n",a);
}
```

18. 运行以下程序时，从键盘输入 china#<回车>，程序的输出结果是________。

```
#include <stdio.h>
void main()
{
    int x=0,y=0;
    char c;
    while((c=getchar())!='#')
    {
        switch(c){
        case 'a':
        case 'h':
        default:x++;
        case 'o':y++;
        }
    }
    printf("%d,%d\n",x,y);
}
```

19. 以下程序的功能是，输出 100 以内(不含 100)能被 3 整除且个位数为 6 的所有整数，请填空。

```
#include <stdio.h>
void main()
{
    int i,j;
    for(i=0;________;i++)
    {
        j=i*10+6;
        if(________) continue;
        printf("%d  ",j);
    }
}
```

20. 以下程序运行后的输出结果是________。

```
#include <stdio.h>
void main()
{
    int i,n=0;
    for( i=2;i<5;i++)
    {
        do{
            if(i%3) continue;
            n++;
```

```
            }while(!i);
            n++;
        }
        printf("n=%d\n",n);
    }
```

21．有以下程序：

```
    #include <stdio.h>
    void main()
    {
        int s=0,a=1,n;
        scanf("%d",&n);
        do{
            s+=1; a=a-2;
        }while(a!=n);
        printf("%d\n",s);
    }
```

若要使程序的输出值为 2，则应该从键盘输入的 n 值是________。

22．以下程序运行后的输出结果是________。

```
    #include <stdio.h>
    void main()
    {
        int x=1,y=3;
        do{
            y+=x++;
            if(y%7==0) continue;
            else ++x;
        }while(y<15);
        printf("%d\n",x);
    }
```

三、程序阅读分析题

1．写出以下程序的输出。

```
    #include <stdio.h>
    void main()
    {
        int i,j;
        for(i=1;i<=5;i++)
        {
            for(j=1;j<=i;j++)
                putchar('*');
            putchar('\n');
        }
    }
```

2．写出以下程序的输出。

```
    #include <stdio.h>
    #define  AXIS  20
```

```
void main()
{
    int i,j;
    for(i=0;i<5;i++)
    {
        for(j=1;j<=AXIS-i;j++) putchar(' ');  /*空格*/
        for(j=1;j<=i;j++) putchar('*');
        putchar('*');
        for(j=1;j<=i;j++) putchar('*');
        putchar('\n');
    }
}
```

3. 写出以下程序的输出。

```
#include <stdio.h>
void main()
{
    int s=52,t,m;
    t=(int)(s/10);
    switch(t){
    case 10:m=5;
    case 9:m=4;
    case 8:m=3;break;
    case 7:m=2;break;
    case 6:m=1;break;
    default:m=0;
    }
    printf("%d \n",m);
}
```

4. 写出以下程序的输出。

```
#include <stdio.h>
void main()
{
    int x=5,y=7,z=6,t;
    printf("%d,%d,%d\n",x,y,z);
    if(x>y) {t=x;x=y;y=t;}
    if(x>z) {t=z;z=x;x=t;}
    if(y>z) {t=y;y=z;z=t;}
    printf("%d,%d,%d\n",x,y,z);
}
```

5. 写出以下程序的输出。

```
#include <stdio.h>
void main( )
```

```
{
    long ge,shi,qian,wan,x=12321;
    wan=x/10000;
    qian=x%10000/1000;
    shi=x%100/10;
    ge=x%10;
    if (ge==wan&&shi==qian)
        printf("this number is a huiwen\n");
    else
        printf("this number is not a huiwen\n");
}
```

四、程序设计题

1．设计程序，输入华氏温度 f，输出对应的摄氏温度 c。转换公式如下：

$$c=\frac{5}{9}(f-32)$$

程序中温度数据使用 float 类型，输出数据格式满足：f=xxxx.xx,c=xxxx.xx。

2．设计程序，输入一个圆柱体的半径 r 和高 h，求圆柱体的底周长 c、底面积 s、侧面积 $s1$、表面积 $s2$ 和体积 v。相关公式如下：

$$c=2\cdot\pi\cdot r \qquad s=\pi\cdot r^2 \qquad s1=c\cdot h \qquad s2=2\cdot s+s1 \qquad v=s\cdot h$$

3．编写程序，输入一个字母，输出该字母的前驱字母和后继字母。提示：字母的 ASCII 码值是连续的整数，字母的 ASCII 码值−1 就是前驱字母的 ASCII 码值，+1 就是后继字母的 ASCII 码值。

4．编写程序，输入两个整数，判定其中一个是否能整除另一个，若能，输出“Yes”，否则输出“No”。

5．编写程序，输入一个整数，判断它能否被 3, 5, 7 整除，并输出以下信息之一：

（1）能同时被 3, 5, 7 整除；

（2）能被其中两个数(要指出哪两个)整除；

（3）能被其中一个数(要指出哪一个)整除；

（4）不能被 3, 5, 7 任一个数整除。

6．编写一个程序，输入 a, b, c 三个边长，判断它能否构成三角形。若能构成三角形，则计算三角形面积，否则输出“不能构成三角形”。提示：已知三角形三个边长，可用海伦公式求三角形面积，公式如下：

$$\text{area}=\sqrt{s(s-a)(s-b)(s-c)}$$

其中，$s=\dfrac{a+b+c}{2}$。

7．编写程序，求解一元二次方程 $ax^2+bx+c=0$。考虑 4 种情况：①$a=0$；②$b^2-4ac=0$；③$b^2-4ac>0$；④$b^2-4ac<0$。输出的结果要符合数学习惯。

8．编写程序，查询英文月份单词缩写。输入一个 1～12 之间的数，输出该月份对应的英文单词缩写，输入的数据若不在 1～12 之间，应给出错误信息。1～12 月英文单词的缩写依次是：Jan、Feb、Mar、Apr、May、Jun、Jul、Aug、Sep、Oct、Nov、Dec。

9．编写程序，求 $s=1+2+4+8+\cdots+64$ 的值。

10．编写程序，输入正整数 m 和 n，求 m 和 n 的最大公约数和最小公倍数。提示：用欧几里得算法求最大公约数，m 和 n 的乘积除以最大公约数就是最小公倍数。

11．编写程序，输入一个整数，输出整数各位数字的和。例如，输入 135，则输出 8。

12．有一个分数序列：$\frac{2}{1},\frac{3}{2},\frac{5}{3},\frac{8}{5},\frac{13}{8},\frac{21}{13},\cdots$，编写程序，求该数列前 20 项的和(递推法)。

13．一个数列的前两个数是 1，从第 3 个数开始每个数都是前两个数的和，即：1,1,2,3,5,8,13,…，这个数列称为斐波那契数列(Fibonacci)。编写程序，输出斐波那契数列的前 20 项(递推法)。

14．用迭代法求 $x=\sqrt{a}$。求平方根的迭代公式是：$x_0=a$，$x_{n+1}=\frac{1}{2}\left(x_n+\frac{a}{x_n}\right)$，要求前后两次求出的 x 的差的绝对值小于 10^{-5}。

15．编写程序，求 1+2+3+…+n，直到累加和第一次大于或等于 100，输出和值和 n 的值。

16．计算机的一个有趣应用是绘制图形和条形图(也称直方图)。编写一个程序，读取 5 个数(1 到 30 之间)，每读取一个数，输出相应数目的星号，然后换行。例如，读取数字 7，输出 7 个星号*******。

17．编写程序，按下面的格式输出九九乘法表。

```
1*1=1
1*2=2    2*2=4
1*3=3    2*3=6    3*3=0
         …
1*9=9    2*9=18   3*9=27   …   9*9=81
```

18．打印出所有“水仙花数”。所谓“水仙花数”是指一个三位数，其各位数字的立方和等于该数本身。例如，153 是一个“水仙花数”，因为 $153=1^3+5^3+3^3$。(穷举法)

19．编写程序，输出前 100 个素数。(第一个素数是 2)(穷举法)

20．编写程序，求个位数是 6，且能被 3 整除的五位数共有多少个？(穷举法)

21．编写一个程序，在屏幕上显示如下图形(图形的层数读者自行设定)：

```
      *
    * * *
  * * * * *
* * * * * * *
  * * * * *
    * * *
      *
```

22．整钱换零钱问题。把 1 元兑换成 1 分、2 分、5 分的硬币，共有多少种不同的换法？(穷举法)

23．编写程序，输入一系列整数，直到输入 0 为止。求出其中正数之和及负数之和。

24．小学生一位数加法练习程序。由计算机自动生成 10 道题，每道是两个 1 位数的加法，由键盘输入答案，计算机给出正确或错误提示，最后给出回答正确的题数。下面是部分程序，请补充完善。

```c
#include <stdio.h>
#include <stdlib.h>
#include <time.h>
void main()
```

```
{
    int i,a,b,result,answer,n=0;
    srand(time(NULL));          /*初始化随机数序列*/
    for(i=0;i<10;i++)
    {
        a=rand()%10+1;          /*随机产生一个 0～9 的整数*/
        b=rand()%10+1;
        result=a+b;
        printf("%d+%d=",a,b);
        scanf("%d",&answer);
            …
    }
        …
}
```

第 4 章　数组和字符串

本章主要内容

- 数组的概念
- 一维数组和二维数组的定义、初始化
- 数组元素的引用
- 字符数组和字符串
- 常用的字符串处理函数

数组是一组相同类型变量的有序集合，用于存放一组相同类型的数据。这一组变量用数组名和从 0 开始的下标标识，使用内存中一块连续的存储空间。数组中的变量带有下标，所以称为下标变量，又称元素。依据数组中元素下标的个数，分为一维数组、二维数组和多维数组。字符串是 0 个或多个字符组成的字符序列，并使用字符“\0”作为结束标记。C 语言中没有提供字符串类型，字符串存储在字符数组或系统动态分配的一块连续内存中。

4.1　一维数组

一维数组是其元素只有一个下标的数组，主要用于存储一个相同类型的数据序列。数组也必须“先定义，后使用”。定义数组实际上就是定义一组相同类型的变量。

4.1.1　一维数组的定义

一维数组定义的一般形式为：

类型　数组名[常量或常量表达式];

其中：类型指明数组中元素的数据类型，数组名必须是一个合法的标识符，常量或常量表达式的值则规定了数组中元素的个数，即数组长度。

数组一经定义，其长度就不可改变，或者说，数组中元素的个数是固定的。程序编译或运行时，将为数组分配一块固定大小的、连续的存储空间。例如：

```
int array[10];
```

定义一维数组 array，数据元素的类型为 int，数组中有 10 个元素。这 10 个元素依次是：array[0]，array[1]，array[2]，array[3]，array[4]，array[5]，array[6]，array[7]，array[8]，array[9]。用这 10 个元素最多可以存储 10 个 int 型数据。

要特别注意，上述说明语句方括号中的 10，是指数组的长度，指明数组 array 有 10 个元素。其他语句(执行语句)方括号中的整数，是数组元素的下标，是指数组中的某一个元素。数组下标是从 0 开始的整数，所以 array 数组的下标是 0～9，没有元素 array[10]。

为 array 数组分配的内存如图 4-1 所示。

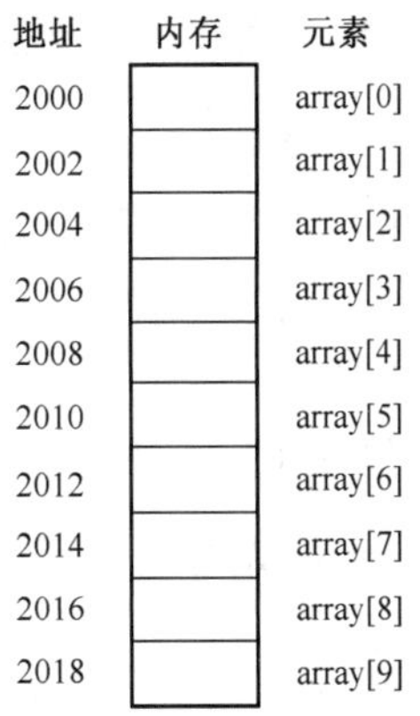

图 4-1　为 array 数组分配的内存

每个整型元素使用 2(或 4)个字节存储单元，整个数组使用了 20(或 40)个字节的存储空间。左边的整数是存储单元的地址，元素 array[0]使用 2000 和 2001 两个单元，array[1]使用 2002 和 2003 两个单元，以此类推。数组名代表了数组所使用内存空间的起始地址。

再看下面数组定义的例子：

```
int a[100];      /*定义数组 a 有 100 个 int 元素，最多可存储 100 个 int 型数据*/
float y[20];     /*定义数组 y 有 20 个 float 元素，最多可存储 20 个 float 型数据*/
double z[15];    /*定义数组 z 有 15 个 double 元素*/
```

下面的数组定义是错误的：

```
int n=10;
int a[n];              /*n 是变量，不是常量，所以错误*/
```

而下面的定义是正确的：

```
#define N 10
void main()
{
    int a[N];          /*N 是符号常量*/
    …
}
```

4.1.2　一维数组的初始化

在定义变量时，可以赋予其一个初值，称为变量的初始化。同样，定义数组时，也可以为数组的元素赋初值，称为数组的初始化。一维数组初始化的一般形式为：

类型　数组名[常量或常量表达式]={常量 1,常量 2,常量 3 ……};

常量的个数不能超过数组的长度，常量类型应与元素类型一致。常量 1 是数组 0 元素的初值，常量 2 是数组 1 元素的初值，以此类推，具体使用时，有以下三种情况。

(1) 为数组的全部元素赋初值。例如：

```
int a[10]={1,2,3,4,5,6,7,8,9,10};
```

数组元素 a[0]的初值为 1，a[1]的初值为 2，……，a[9]的初值为 10。

(2) 对数组全部元素初始化。数组的长度省略，初值的个数就是数组的长度。例如：

```
int a[ ]={1,2,3,4,5,6,7,8,9,10};
```

有 10 个初值，所以 a 数组有 10 个元素，该说明语句与(1)中的语句等价。

(3) 为数组的部分元素赋初值。例如：

```
int a[10]={1,2,3,4,5};
```

只对数组的前 5 个元素赋初值，a[0]的初值为 1，……，a[4]的初值为 5，其余元素的初值为 0。如果没有对数组初始化，则数组元素的初值是一个不确定的值。

注意：初始化数组时，花括号中至少有 1 个初值数据，至多不能超过元素个数。

【例 4-1】 定义数组并初始化，输出数组元素的值。

```
#include <stdio.h>
void main()
{
    int a[5]={11,13,15,17,19},i;
    for(i=0;i<5;i++)
        printf("a[%d]=%d\n",i,a[i]);
}
```

程序运行结果如图 4-2 所示。

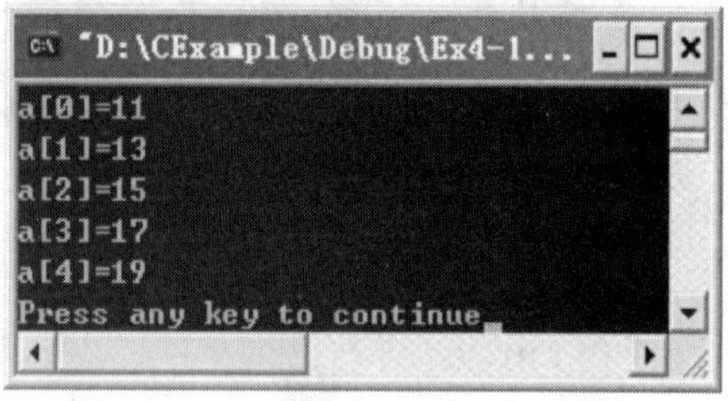

图 4-2 【例 4-1】运行结果

4.1.3 一维数组元素的引用

定义数组的目的是要用数组中的元素存储一批相同类型的数据。C 语言规定数组不能整体引用，只能引用数组的元素。定义数组，本质上就是定义一组相同类型的变量。数组元素引用的一般形式为：

数组名[下标]

数组名和下标唯一确定数组中的一个元素。下标可以是一个整型常量、变量或表达式。例如：

```
array[0]=10;            /*给数组元素 array[0]赋值*/
x=5;
y=3;
arr[x+y]+=2;            /*数组元素 arr[8]的值增 2*/
arr[x++]=10;            /*对数组元素 arr[x]赋值，x 的值增 1 */
```

提醒：C 语言对数组下标的值不做合法性检查，要注意下标的取值范围。

【例 4-2】 从键盘输入 10 个浮点数，求其平均值和大于平均值数据的个数。

分析：求平均值和大于平均值数据的个数，这 10 个数据要使用两次，第一次是求 10 个数据的和及平均值，第二次是这 10 个数据与平均值逐个进行比较求出大于平均值数据的个数。从键盘输入两次数据显然不合适，可以将输入的 10 个数据保存在一个数组中，这样数据就可以多次使用了。

```
#include <stdio.h>
void main()
{   int i,count=0;
    float array[10],sum,average;   /*定义数组和变量*/
```

```
    for(i=0;i<10;i++)                    /*输入 10 个整数，存放在数组中*/
        scanf("%f",&array[i]);
    sum=0;                               /*用 sum 变量保存和值，初值为 0*/
    for(i=0;i<10;i++)                    /*求数组中 10 个元素的和*/
        sum+=array[i];
    average=sum/10;                      /*求平均值*/
    for(i=0;i<10;i++)                    /*求大于平均值数据的个数*/
        if(array[i]>average)
            count++;
    printf("average=%.2f,count=%d\n",average,count);
}
```

程序中用数组 array 存储键盘输入的 10 个浮点数，变量 sum 存储 10 个数据的和，变量 average 存储平均值，变量 count 记录大于平均值数据的个数，i 用于控制循环。程序运行结果如图 4-3 所示，第一行是键盘输入的 10 个数据。

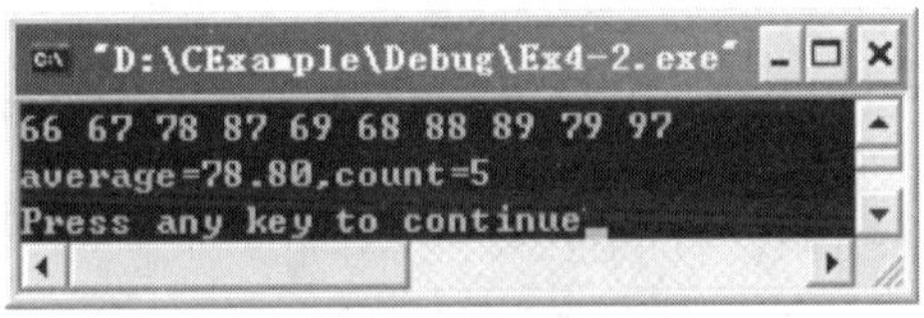

图 4-3 【例 4-2】运行结果

【例 4-3】 数组下标越界。

```
#include <stdio.h>
void main()
{
    int array[5]={1,2,3,4,5},i;      /*定义变量和数组并初始化*/
    for(i=0;i<10;i++)
        printf("%d ",array[i]);
    printf("\n");
}
```

程序运行结果如图 4-4 所示。

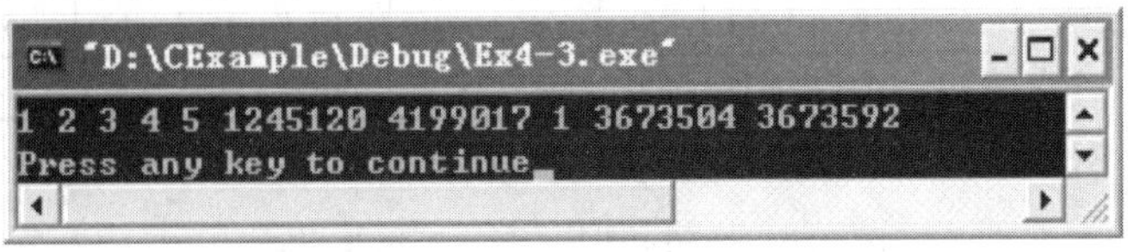

图 4-4 【例 4-3】运行结果

程序能够正常编译、链接和运行，但输出的后 5 个数据是一些随机数。程序中定义的数组 array 只有 5 个元素，下标从 0～4，for 循环中 i 的值为 0～9，循环了 10 次，输出的后 5 个数据已不是数组中的数据，而是数组所使用空间之后存储单元中的数据。如果为这样的存储单元赋值，可能产生不可预料的后果。

4.1.4 一维数组应用举例

【例 4-4】 输入一个班 30 名学生的某科成绩，找出最高分，并统计每个等级(优 90～100，良 80～90，中 70～80，及格 60～70，不及格 60 分以下)的人数。

分析：将 30 名学生的成绩存放在数组 score 中，从中找出最大值存放在变量 max 中，并分别将 5 个等级的人数存放在变量 s0, s1, s2, s3, s4 中。

```
#include<stdio.h>
#define  N  30                        /*定义常量 N，表示学生人数*/
void main()
{
    int i,n,s0=0,s1=0,s2=0,s3=0,s4=0;
    float score[N],max;
    for(i=0 ;i<N ;i++ )               /*输入学生成绩，存放在数组中*/
        scanf("%f",&score[i]);
    max=0;
    for(i=0;i<N;i++);                 /*找最大值，同时统计各等级人数*/
    {
        if(max<score[i])  max=score[i];
        if(score[i]>=90)  s0++;
        else if (score[i]>=80) s1++;
        else if (score[i]>=70) s2++;
        else if (score[i]>=60) s3++;
        else  s4++;
    }
    printf("最高分数为%5.2f\n",max);
    printf("优:%d\n 良:%d\n 中:%d\n 及格:%d\n 不及格:%d\n",s0,s1,s2,s3,s4);
}
```

【例 4-5】 将数组中的数据逆序存放后输出(不得另外开辟数组存储空间)。

分析：本题不是要求按颠倒的次序打印出数组各元素的值，而是要求按逆序重新放置数组中的数据，如图 4-5 所示。

	a[0]	a[1]	a[2]	a[3]	a[4]	a[5]	a[6]	a[7]	a[8]	a[9]
逆序前	6	8	9	3	7	0	1	2	4	5
	a[0]	a[1]	a[2]	a[3]	a[4]	a[5]	a[6]	a[7]	a[8]	a[9]
逆序后	5	4	2	1	0	7	3	9	8	6

图 4-5 数组数据逆序前后数据状态

从图 4-5 可以看出，数组中的第一个元素和最后一个元素内容交换，第二个元素和倒数第二个元素交换，以此类推，交换 5 次数据即可实现数组中数据的逆序。因此，只需将图 4-6 中箭头所指的两个元素的内容交换即可。

交换过程有两种控制方式。

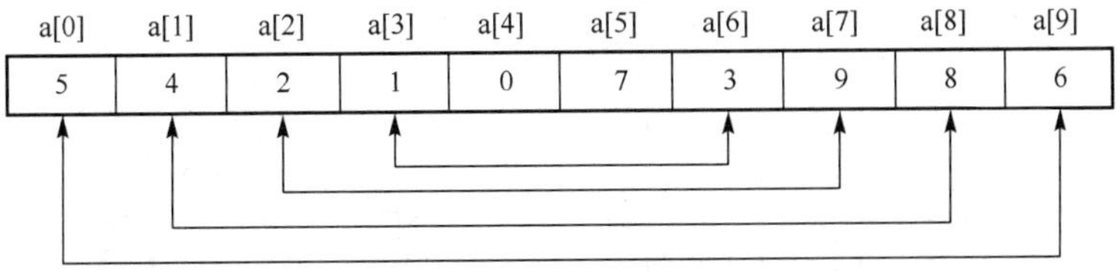

图 4-6　数组数据逆序过程

方法一：设数组中有 N 个元素，分别为 a[0],a[1],…,a[N−1]，使 a[0]和 a[N−1]交换，a[1]和 a[N−2]交换，……，a[i]和 a[N−i−1]交换，共要交换 N/2 次。

```
#include <stdio.h>
#define  N  10
void main()
{
    int i,t,a[N];
    for(i=0;i<N;i++)                        /*输入 N 个数据存储在数组 a 中*/
        scanf("%d",&a[i]);
    printf("交换前的数组元素\n");
    for(i=0;i<N;i++)                        /*输出逆序前数组的元素*/
        printf("%6d",a[i]);
    for(i=0;i<N/2;i++)                      /*数组中 N 个数据逆序*/
    {
        t=a[i];
        a[i]=a[N-i-1];
        a[N-i-1]=t;
    }
    printf("\n 交换后的数组元素\n");
    for(i=0;i<N;i++)                        /*输出逆序后数组元素*/
        printf("%6d",a[i]);
    printf("\n");
}
```

方法二：用 i 作为第一个元素的下标，j 作为最后一个元素的下标，交换元素 a[i]和 a[j]的值，然后 i 的值增 1，作为第二个元素的下标，j 的值减 1，作为倒数第二个元素的下标，再将元素 a[i]和 a[j]的值交换，……，直至 i,j 相等或 i 大于 j 时停止交换。

```
#include <stdio.h>
#define  N  10
void main()
{
    int i,j,t,a[N];
    for(i=0;i<N;i++)                        /*输入 N 个数据存储在数组 a 中*/
        scanf("%d",&a[i]);
    printf("交换前的数组元素\n");
    for(i=0;i<N;i++)                        /*输出逆序前数组的元素*/
        printf("%6d",a[i]);
    for(i=0,j=N-1;i<j;i++,j--)              /*数组中 N 个数据逆序*/
    {
```

```
        t=a[i];
        a[i]=a[j];
        a[j]=t;
    }
    printf("\n 交换后的数组元素\n");
    for(i=0;i<N;i++)                    /*输出逆序后数组元素*/
        printf("%6d",a[i]);
    printf("\n");
}
```

【例 4-6】 排序是将一个无序的数据序列排列成一个有序的序列(假设从小到大排列)，如图 4-7 所示。

排序前：	75	68	88	97	70	69	66	79	85	77
排序后：	66	68	69	70	75	77	79	85	88	97

图 4-7　排序前后数据顺序的变化

排序方法有很多种，在此介绍两种简单的排序方法：冒泡排序和选择排序。

1．冒泡排序

冒泡排序的基本思想是：将第一个元素和第二个元素比较，若不满足顺序要求，则交换两个元素的值，然后，比较第二个元素和第三个元素，以此类推，直到第 N–1 个元素和第 N 个元素比较，这个过程称为一趟冒泡，其作用是将最大值换至最后一个位置。再对前 N–1 个元素重复上述过程，将次大值换至倒数第二个位置。如此重复，最多需 N–1 趟冒泡。图 4-8(a)所示为每一趟冒泡后的状态，图 4-8(b)所示为第一趟冒泡过程。

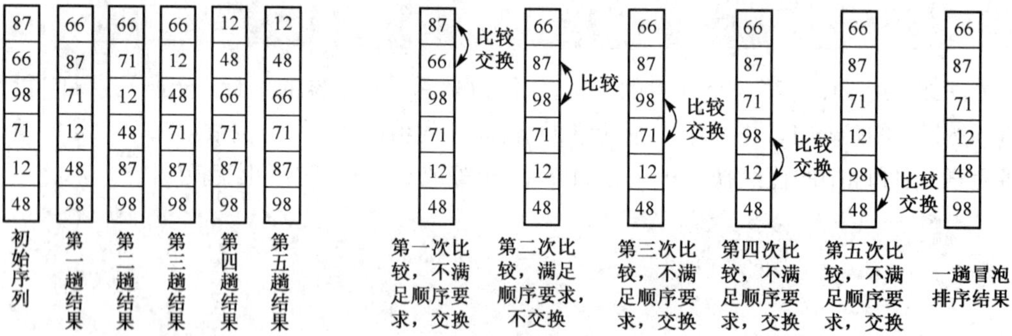

(a) 冒泡排序过程　　(b) 第一趟冒泡过程

图 4-8　冒泡排序示意图

图中有 6 个数据，要经过 5 趟冒泡。如果有 N 个数据，则要经过 N–1 趟冒泡。每趟冒泡相邻两数比较，大数下沉，小数上升，就像水中的气泡一样，故将这种排序方法称为冒泡排序。从图 4-8 中可以看到，6 个数进行排序，第一趟要比较 5 次；第二趟要比较 4 次……如果有 N 个数据，则第一趟冒泡要比较 N–1 次，第二趟冒泡要比较 N–2 次，第 i 趟冒泡要比较 N–i 次。据此可以画出如图 4-9 所示的冒泡排序流程图。

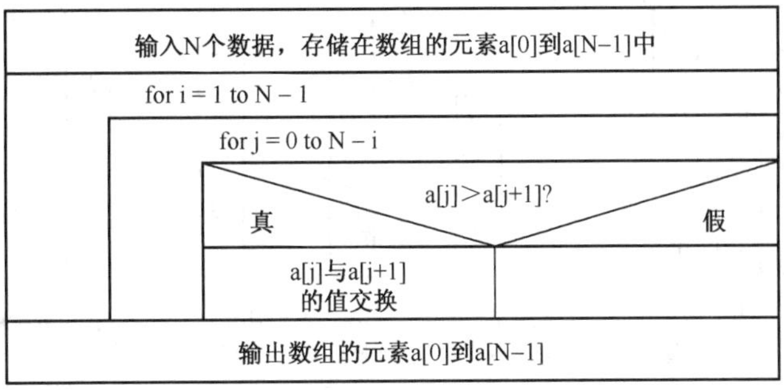

图 4-9　冒泡排序流程图

根据上述设计思想和流程图，设计程序如下：

```
#include <stdio.h>
#define N 10
void main()
{   int a[N],i,j,t;
    printf("Input %d numbers: \n",N);
    for(i=0;i<N;i++)                          /*输入 N 个数据*/
        scanf("%d",&a[i]);
    printf("\n");
    for(i=1;i<N;i++)                          /*N-1 趟冒泡排序*/
        for(j=0;j<N-i;j++)
            if(a[j]>a[j+1])                   /*相邻两元素比较*/
            {
                t=a[j];a[j]=a[j+1];a[j+1]=t;
            }
    printf("The sorted numbers: \n");
    for(i=0;i<N;i++)                          /*输出排序后的数据*/
        printf("%5d",a[i]);
    printf("\n");
}
```

程序运行结果如图 4-10 所示。

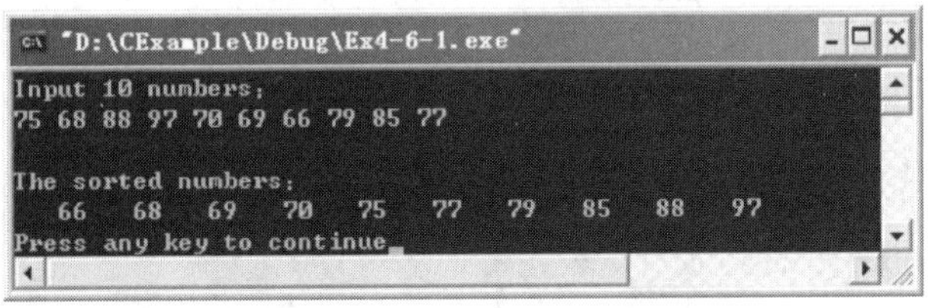

图 4-10　冒泡排序结果

2. 选择排序

选择排序的基本思想是：先从 N 个元素中找出最小的元素，与第一个元素交换，再从剩下的 N–1 个元素中找出次小的元素，与第二个元素交换，以此类推，直到剩下 1 个数据，排序完成。图 4-11(a)所示为每趟选择后的状态，图 4-11(b)所示为一趟选择排序过程。

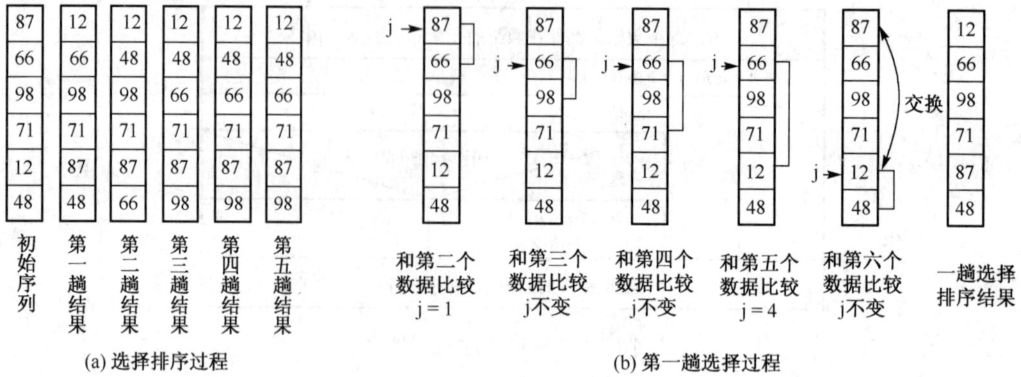

图 4-11　选择排序示意图

第一趟排序开始时，j 为第一个元素的下标，即假定第一个元素最小，剩余的 N–1 个元素都与 j 元素进行比较。比较中，如果有比 j 元素更小的数据，则用 j 记录这个元素的下标，与剩余的所有元素比较后，j 的值就是最小元素的下标，j 元素与第一个元素交换。第 i 趟排序，则 j 为第 i 个元素的下标，从数组中第 i+1 个元素起到数组末尾所有元素都与 j 元素比较，并做与第一趟排序类似的操作，一趟排序后，即找到第 i 个小的数据，与数组中第 i 个元素交换。据此画出的流程图如图 4-12 所示。

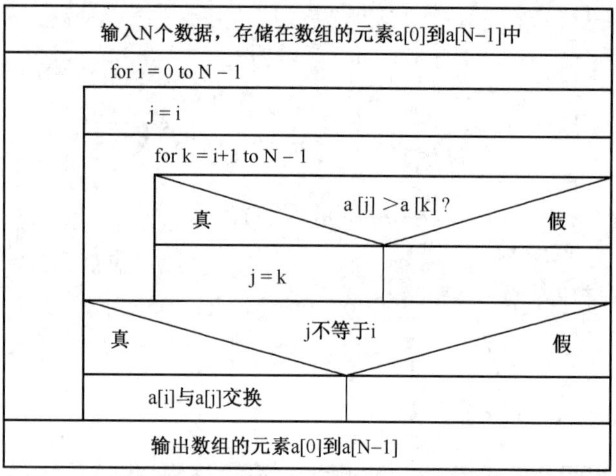

图 4-12　选择排序流程图

根据上述设计思想和流程图，设计程序如下：

```
#include <stdio.h>
#define N 10
void main()
{
    int a[N],i,j,k,t;
    printf("Input %d numbers: \n",N);
    for(i=0;i<N;i++)                        /*输入 N 个数据*/
        scanf("%d",&a[i]);
    for(i=0;i<N-1;i++)                      /*直接选择排序*/
```

```
        {
            j=i;
            for(k=i+1;k<N;k++)
                if(a[k]<a[j]) j=k;
            if(j!=i)
            {
                t=a[j];
                a[j]=a[i];
                a[i]=t;}
            }
        printf("The sorted numbers: \n");
        for(i=0;i<N;i++)
            printf("%5d ",a[i]);
        printf("\n");
    }
```

4.2　二维数组及多维数组

二维数组是其元素有两个下标的数组，主要用于存储具有行列特点的数据序列，如存储矩阵。C 语言还允许使用三维及三维以上的数组，即多维数组。

4.2.1　二维数组的定义

二维数组定义的一般形式为：

类型　数组名[常量表达式 1][常量表达式 2];

两个方括号中的常量表达式 1 和常量表达式 2 分别规定了数组第一维的长度和第二维的长度，也称为行数和列数。两个常量表达式的乘积是数组元素的个数。

例如：

```
int a[4][5];
```

定义了一个二维数组 a，第一维长度为 4，第二维长度为 5，或者说数组有 4 行 5 列，共有 4×5=20 个元素，元素类型为 int。行下标为 0～3，共 4 行；列下标为 0～4，共 5 列。具体如下：

	第 0 列	第 1 列	第 2 列	第 3 列	第 4 列
第 0 行	a[0][0]	a[0][1]	a[0][2]	a[0][3]	a[0][4]
第 1 行	a[1][0]	a[1][1]	a[1][2]	a[1][3]	a[1][4]
第 2 行	a[2][0]	a[2][1]	a[2][2]	a[2][3]	a[2][4]
第 3 行	a[3][0]	a[3][1]	a[3][2]	a[3][3]	a[3][4]

实际使用时，可以把上述二维数组视为一个 4 行 5 列的矩阵，是一个平面的二维结构。那么编译程序是如何用一维的存储空间给这样一个二维结构分配连续的存储单元的呢？C 语言采用按行存放的方法，即在内存中先存放第 0 行元素，再存放第 1 行、第 2 行、……直到存放最后一行的元素，每行中先存放第 0 列，接着存放第 1 列、第 2 列、……直到最后一列的元素。例如：

```
int a[2][3];
```

定义了 int 型数组 a，有 2 行 3 列 6 个元素，在内存中的排列顺序如图 4-13 所示。

	第 0 行			第 1 行		
a 数组	a[0][0]	a[0][1]	a[0][2]	a[1][0]	a[1][1]	a[1][2]
地址	2000	2002	2004	2006	2008	2010

图 4-13　二维数组内存分配

事实上，二维数组是由一维数组扩展而来的。若一维数组的元素本身还是一个一维数组，则构成二维数组。同样的方法，可构成三维数组，以至多维数组。

4.2.2　二维数组的初始化

二维数组的初始化是一维数组初始化的扩展。二维数组初始化的一般形式为：

类型　数组名[行数][列数]={{0 行初值列表},{1 行初值列表},……};

实际使用时，主要有以下几种情况。

(1) 按行为二维数组元素赋初值。例如：

```
int a[3][5]={{0,1,2,3,4},{1,2,3,4,5},{2,3,4,5,6}};
```

这种初始化方法规定了数组的行、列数。用第一对花括弧内的数据初始化第 0 行的元素，第二对花括弧内的数据初始化第 1 行的元素，以此类推。

(2) 使用一维数据对二维数组元素赋初值。例如：

```
int a[3][5]={0,1,2,3,4,1,2,3,4,5,2,3,4,5,6};
```

初始化结果同(1)，用写在一对花括弧内的数据依次按行初始化。

(3) 按行为二维数组部分元素赋初值。例如：

```
int a[4][5]={{1,3},{2},{0},{0,2,4}};
```

这种初始化方法对数组中的部分元素初始化。第 0 行的前两个元素初值为 1 和 3，第 1 行的 0 元素初值为 2，第 3 行的前三个元素初值依次为 0,2,4，其他元素的初值均为 0。

(4) 当对全部元素初始化或按行初始化时，第一维的长度可以省略，但第二维的长度必须指明。例如：

```
int a[][4]={1,2,3,4,5,6,7,8};
int b[][4]={{1,2,3},{1,2,3}};
```

编译系统根据初值情况自动确定第一维的大小，上述数组 a 和 b 都是两行。

4.2.3　二维数组元素的引用

二维数组元素引用的一般形式为：

数组名[下标 1][下标 2]

两个下标都可以是整型常量、变量或表达式。

【例 4-7】 定义 3 行 4 列的 int 型数组 a 并初始化，按行列格式输出数组 a 的数据。

```
#include<stdio.h>
void main()
{
    int a[3][4]={{1,2,3,4},{5,6,7,8},{9,10,11,12}};
    int i,j;
    for(i=0;i<3;i++)                        /*输出数组数据*/
    {
        for(j=0;j<4;j++)                    /*输出第 i 行的 4 个数据*/
            printf("%3d",a[i][j]);
        printf("\n");                       /*输出第 i 行数据后换行*/
    }
}
```

程序运行结果如图 4-14 所示。

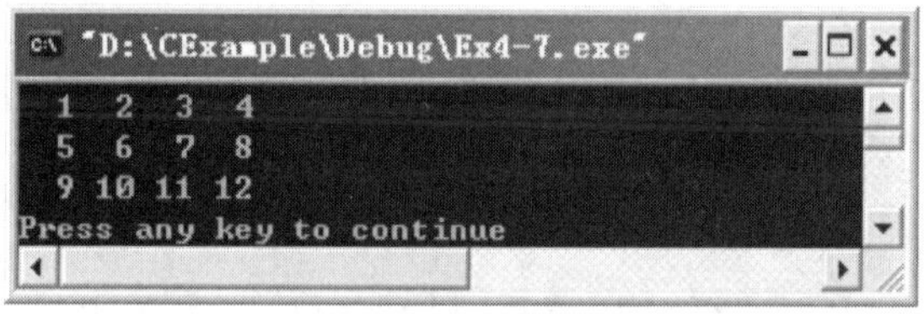

图 4-14 【例 4-7】运行结果

4.2.4 二维数组应用举例

【例 4-8】 键盘输入两个 3×4 矩阵的数据，求这两个矩阵的和。

分析：使用二维数组 a 和 b 存储键盘输入的矩阵数据，将 a 和 b 两矩阵的对应元素相加存放到另外一个矩阵(数组)c 中。

```
#include<stdio.h>
void main()
{
    int a[3][4],b[3][4],c[3][4];
    int i,j;
    printf("输入 a 矩阵数据:\n");
    for(i=0;i<3;i++)                        /*按行输入 a 矩阵数据*/
        for(j=0;j<4;j++)
            scanf("%d",&a[i][j]);
    printf("输入 b 矩阵数据:\n");
    for(i=0;i<3;i++)                        /*按行输入 b 矩阵数据*/
        for(j=0;j<4;j++)
            scanf("%d",&b[i][j]);
    for(i=0;i<3;i++)                        /*矩阵 c=a+b*/
        for(j=0;j<4;j++)
            c[i][j]=a[i][j]+b[i][j];
    printf("矩阵 c=a+b\n");
```

```
    for(i=0;i<3;i++)                    /*输出 c 矩阵数据*/
    {
        for(j=0;j<4;j++)
            printf("%5d",c[i][j]);
        printf("\n");
    }
}
```

【例 4-9】 对 5×5 的矩阵编程。①求出主对角线元素的和；②求出矩阵下三角元素的和；③找出主对角线上最大值元素和它的位置。矩阵数据从键盘输入。

分析：矩阵为 5 阶方阵，主对角线元素的特点是行下标等于列下标，下三角元素的特点是列下标小于等于行下标。

定义数组 square 存放矩阵数据，变量 sum1 存放主对角线元素之和，变量 sum2 存放矩阵下三角元素之和，变量 max 存放对角线最大元素，m 为对角线最大元素的下标。

```
#include<stdio.h>
void main()
{
    int square[5][5],sum1,sum2,max,m;
    int i,j;
    for(i=0;i<5;i++)                    /*输入矩阵数据*/
        for(j=0;j<5;j++)
            scanf("%d",&square[i][j]);
    sum1=0;sum2=0;
    for(i=0;i<5;i++)                    /*求主对角线元素之和*/
        sum1+=square[i][i];
    printf("对主角线元素之和为:%d\n",sum1);
    for(i=0;i<5;i++)                    /*求下三角元素之和*/
        for(j=0;j<=i;j++)
            sum2+=square[i][j];
    printf ("下三角元素之和为:%d\n",sum2);
    max=square[0][0];m=0;
    for(i=1;i<5;i++)                    /*求主对角线元素的最大值*/
        if(max<square[i][i])
        {
            max=square[i][i];
            m=i;
        }
    printf("主对角线上最大值为:%d,是第%d 行第%d 列元素\n",max,m,m);
}
```

4.2.5 多维数组

C 语言中，二维或二维以上的数组都称为多维数组。多维数组说明的一般形式为：

类型 数组名[常量表达式 1][常量表达式 2]…[常量表达式 n];

多维数组的使用和初始化方法与二维数组类似，这里不再赘述。实际上，二维以上的数组是很少用的，因为这些数组要占用大量的存储空间。例如：

```
int a[10][8][9][7];
```

定义了一个四维数组，能存放 10×8×9×7 = 5040 个整型数据，要使用 10080 个字节的存储空间。随着维数的增加，对存储空间的要求是成指数增加的，并且对多维数组的操作常需多重循环实现。

4.3　字符数组和字符串

字符数组就是元素类型为字符型的数组。在字符数组中可以存放多个字符，但更多的是存放字符串。例如：

```
char ch='A',str[10]={'C','H','I','N','A','\0'};
```

在字符数组 str 中，存储的就是字符串："CHINA"。注意最后一个初始化值是字符'\0'。

在 C 语言中没有专门的字符串变量，如果要存储一个字符串，可以使用字符数组。此时，数组的每一个元素存放一个字符。

4.3.1　用字符数组存放字符序列

将若干字符存放在字符数组中。例如，存储字符 'b'、'o'、'y' 到字符数组 c 的前三个元素中，其他元素没有确定的值。

```
char c[10];
c[0]='b'; c[1]='o'; c[2]='y';
```

也可以在定义字符数组时，对字符数组初始化：

```
char a[10]={'I', '␣', 'a', 'm', '␣', 'a', '␣', 'b', 'o', 'y'};
char b[] = {'T', 'o', 'd', 'a', 'y'};
```

注意：此时数组中存放的是字符序列，而不是字符串。

字符数组元素的引用方法与前面数值数组元素的引用方法一样。

【例 4-10】 使用字符数组存储若干字符。

```
#include<stdio.h>
void main()
{
    char a[26]={'a','b','c','d','e','f','g','h','i','j','k','l',
               'm','n','o','p','q','r','s','t','u','v','w','x','y','z'};
    int i;
    for(i=0;i<26;i++)
        printf("%c ",a[i]);
    printf("\n");
}
```

程序运行结果如图 4-15 所示。

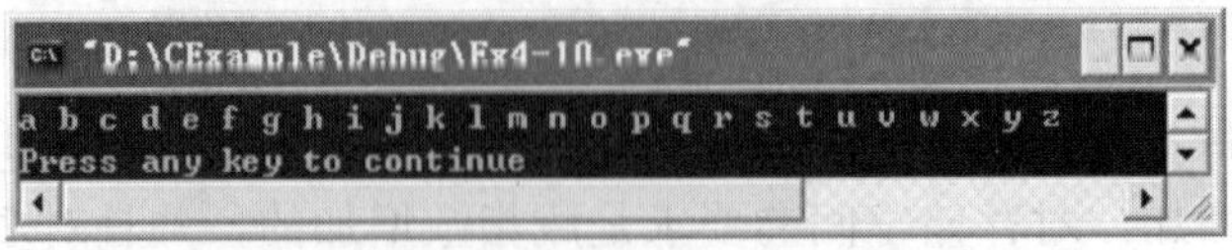

图 4-15 【例 4-10】运行结果

4.3.2 用字符数组存放字符串

字符串是由 0 个或多个字符组成的字符序列，存储时系统自动在字符序列的后面加一个 ASCII 码值为 0 的字符'\0'作为字符串结束标记。存储字符串的数组空间也许很大，但只有字符'\0'以前的字符是字符串的实际内容。在程序中，对字符串的操作不是以字符数组的实际长度来进行的，而是通过检测字符'\0'来判断字符串是否结束。

在字符数组存放的字符中，若没有明确的字符串结束标记，则不能认为字符数组中存放的是字符串。

在字符串处理过程中，经常需要由程序员显式地为字符串添加结束标记。例如，将两个字符串连接，就需要在连接好的字符串后显式地添加结束标记。

1. 用字符串初始化字符数组

用字符串初始化字符数组有下面两种方式：

(1) 用单个字符的方式初始化字符数组，此时，必须有一个字符是'\0'。例如：

```
char day[6]={'T', 'o', 'd', 'a', 'y', '\0'};
```

(2) 用字符串常量对字符数组初始化。例如：

```
char ch[]={"I␣am␣a␣boy"};
```

或写成：

```
char ch[]="I␣am␣a␣boy";
```

注意：这种初始化方法，字符数组 ch 的长度不是 10，而是 11。因为字符串的后面还有一个字符'\0'作为结束标志，这是系统自动加上的。初始化后，字符数组 ch 的存储情况如图 4-16 所示。

ch[0]	ch[1]	ch[2]	ch[3]	ch[4]	ch[5]	ch[6]	ch[7]	ch[8]	ch[9]	ch[10]
I	␣	a	m	␣	a	␣	b	o	y	\0

图 4-16 字符数组中字符串的存储

定义用于存放字符串的字符数组时，一定要注意，数组要有足够的长度容纳字符串及结束标记'\0'。实际应用时，定义字符数组的长度应大于要存储字符串的长度。C 语言中允许存储任意长的字符串，如果字符串的长度比用于存储它的字符数组长，则超过数组尾部的字符在内存中的数组后继续存放，但这样可能会覆盖掉有用的信息。如果对一个不包含结束标记'\0'的字符串进行处理或输出，则会产生无法预料的输出结果。

2．字符数组的输入/输出

字符数组用于存放字符串时，有下面几种输入/输出方法。

（1）逐个字符输入/输出。用字符输入函数 getchar()、字符输出函数 putchar()或格式化输入/输出函数的"%c"格式逐个字符输入/输出。

【例 4-11】 从键盘输入一行字符存放在字符数组中，然后原样输出。

```
#include<stdio.h>
void main()
{    char c[81]; int i;
     for(i=0;i<80&&(c[i]=getchar())!='\n';i++);  /*输入若干字符，直到回车换行*/
     c[i]='\0';                                   /*显式加字符串结束标记*/
     for(i=0;c[i]!='\0';i++)                      /*逐个字符输出数组 c 中的字符*/
         printf("%c",c[i]);
     printf("\n");
}
```

程序中第一个 for 语句的循环体是空语句，循环从键盘读取字符赋值给数组元素 c[i]，并判断若不是换行符则继续读取下一个字符，直到读取的字符是换行符，循环结束。然后，将最后读取的换行字符修改为字符串结束标记'\0'。第二个 for 语句逐个字符输出数组 c 中的字符元素，直到遇到结束标记。程序运行结果如图 4-17 所示，第一行是键盘输入的数据，第二行是输出的字符。

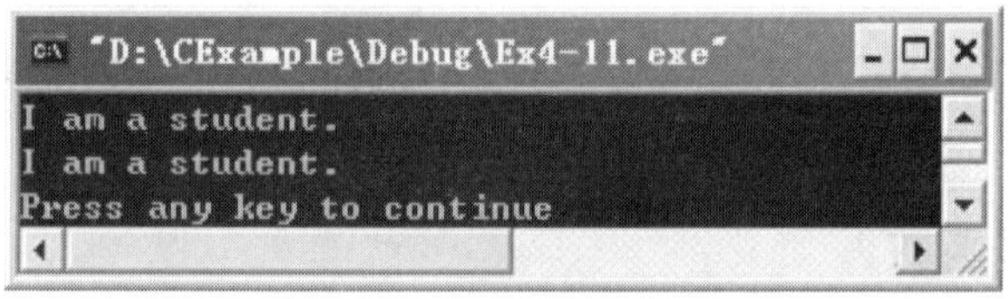

图 4-17 【例 4-11】运行结果

（2）使用格式说明"%s"输入/输出字符串。例如：

```
#include<stdio.h>
void main()
{    char a[81];
     scanf("%s",a);              /*输入字符串*/
     printf("%s",a);             /*输出字符串*/
}
```

使用格式说明"%s"输入/输出字符串时，输入/输出表列中是字符数组名，也就是字符数组的起始地址，不能写成数组元素。当执行 scanf("%s",a);语句时，若从键盘上输入：

```
yestoday↙
```

系统会自动在字符串的后面加一个终止符'\0'存放在字符数组 a 中，而当执行输出语句：printf("%s",a);时，将输出字符数组 a 中的每个字符，直到遇到一个终止符'\0'结束。需要注意的是，由于使用 scanf()函数输入数据时的默认分隔符是空格、制表符(Tab)或回车，所以输入的字符串中不能含有空格和制表符(Tab)。使用 scanf()函数连续输入多个字符串时，输入的字符串之间只能用空格、制表符(Tab)或回车分隔，否则，不能正确地输入字符串。例如：

```
char str1[10],str2[10],str3[10],str4[10];
scanf ("%s%s%s%s",str1,str2,str3,str4);
```

如果输入数据：

```
I am a boy↙
```

则字符数组 str1，str2，str3，str4 中存储的字符串情况如图 4-18 所示。而不是将 I am a boy 作为一个串存储在数组 str1 中。

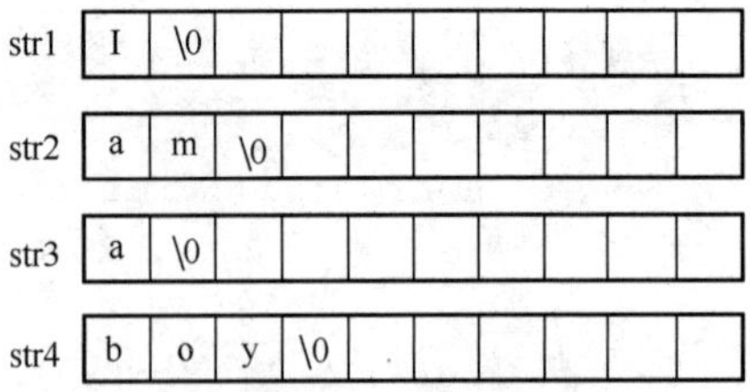

图 4-18　键盘输入字符串的存储情况

如果将格式字符串改为"%s,%s,%s,%s"，用逗号或其他字符分隔输入多个字符串，都是错误的。如果要输入含有空格或制表符(Tab)的字符串，则应使用后面介绍的字符串输入函数 gets()。

(3) 存放多个字符串时，可使用二维数组，二维数组的每行存放一个字符串。例如：

```
char str_array[30][81];
```

可存放 30 个字符串，每个串最大长度可达 80 个字符。此时，将二维数组的一行视为一个一维数组，数组名是 str_array[i]，或者说 str_array[i]是 i 行的起始地址。例如，下面的程序段可输入 30 个字符串，分别存放在二维数组的 30 行中。

```
for(i=0;i<30;i++)
    scanf("%s",str_array[i]);
```

4.3.3　字符串处理函数

C 语言的函数库中提供一系列字符串处理函数，下面介绍一些常用的函数。

1. 字符串输入/输出函数

使用字符串输入/输出函数时，要在程序开始处写预处理命令：#include<stdio.h>。

(1) gets(字符数组名)

其功能是从标准输入设备输入一行字符(以回车结束)存储到字符数组中，函数返回数组的起始地址。例如：

```
char str[81];
gets(str);              /*读入一行字符，存储在字符数组 str1 中*/
```

gets(str)读取字符串的过程与下面的程序段等价，从中可理解 gets()函数的功能。

```
for(i=0;(str[i]=getchar())!='\n',i++);        /*逐个读取字符，直到遇到换行符*/
str[i]='\0';                                  /*将换行符改为串结束标记*/
```

(2) puts(字符数组名)

其功能是将一个字符串输出到标准输出设备，并将结束标记'\0'转换为换行。

【例 4-12】 使用 gets()和 puts()输入/输出字符串。

```
#include<stdio.h>
void main()
{    char str1[ ]="How are you!\n"; /*定义字符数组并初始化*/
     char str2[20];                 /*定义字符数组*/
     gets(str2);                    /*输入一行字符存放到字符数组 str2 中*/
     puts(str1);                    /*输出数组 str1 中的字符串*/
     puts(str2);                    /*输出数组 str2 中的字符串*/
}
```

程序运行结果如图 4-19 所示，图中第一行是键盘输入的内容。由于数组 str1 中的字符串包含一个换行字符，因此输出中有一个空行。

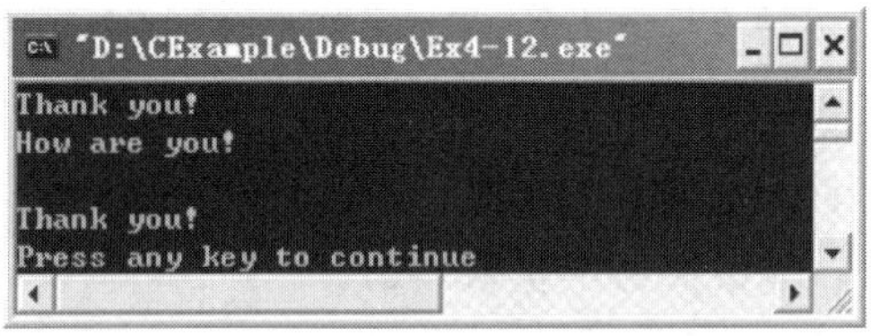

图 4-19 【例 4-12】运行结果

2. 常用的字符串处理函数

使用字符串处理函数时，应在程序开始处写上预处理命令：#include <string.h>。

(1) strcat(字符数组 1,字符串 2)

其功能是连接两个字符串。将字符串 2 连接到字符数组 1 中串的后面，结果放在字符数组 1 中，函数返回字符数组 1 的起始地址。字符数组 1 应有足够的长度，字符串 2 可以是字符串常量或字符数组名。例如：

```
char str1[20]="Chinese",str2[ ]="␣people";
strcat(str1,str2);
```

调用函数 strcat(str1,str2)后，字符数组 str1 中的存储内容变化如图 4-20 所示。

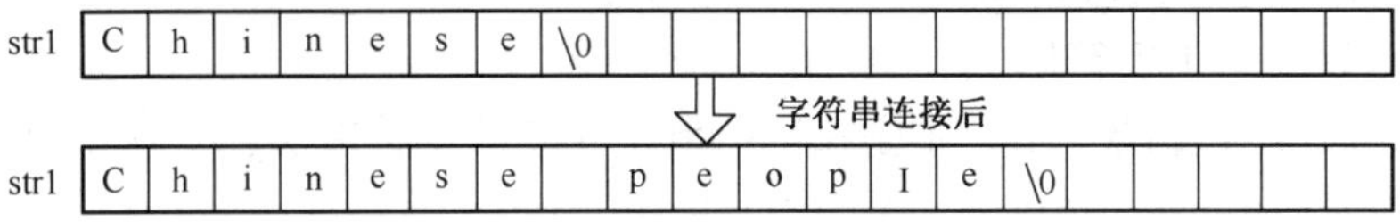

图 4-20　字符串连接

(2) strcpy(字符数组 1,字符串 2)

其功能是将字符串 2 复制到字符数组 1 中，字符数组 1 中原来存放的内容被覆盖，函数返回字符数组 1 的起始地址。字符数组 1 应有足够的长度，字符串 2 可以是字符串常量或字符数组名。例如：

```
char str1[20];str2[20]="today";
strcpy(str1,str2);
strcpy(str2,"yesterday");
```

调用函数 strcpy(str1,str2)后，在字符数组 str1 中存储的是字符串"today"；调用函数 strcpy(str2,"yesterday")后，在字符数组 str2 中存储的是字符串"yesterday"，原来的字符串"today"被覆盖。

注意：不能使用如下的赋值语句完成字符串的复制。

```
str1=str2;            /*str1 和 str2 都是数组名，不是变量*/
```

C语言中，这种写法是不合法的。单个字符可以赋值，但字符串不能赋值，只能用 strcpy()函数实现字符串复制。另外，还有一个函数：

```
strncpy(字符数组 1, 字符串 2, n);
```

其功能是用字符串 2 的前 n 个字符替换字符数组 1 中字符串的前 n 个字符，n 不能大于字符数组 1 中串的长度，若 n 大于字符串 2 的长度，则其功能和函数 strcpy()相同。

(3) strcmp(字符串 1,字符串 2)

其功能是比较字符串 1 和字符串 2 的大小，比较的结果由函数返回值带回。

若字符串 1>字符串 2，函数值为正整数(>0)；

若字符串 1<字符串 2，函数值为负整数(<0)；

若字符串 1= =字符串 2，函数值为 0(= =0)。

单个字符的比较是比较两个字符的 ASCII 码值。例如，'A'的 ASCII 码为 65，'B'的 ASCII 码为 66，所以'B'>'A'。字符串的比较规则是：对两个字符串从左到右逐个字符相比，直到出现不同的字符或遇到'\0'为止，如果全部字符相同，则认为两串相等，若出现不同的字符，则以第一个不相同字符的大小作为串的大小，函数 strcmp()的值就是这两个字符的差值。例如：

```
strcmp("ABC","abc")<0
strcmp("ABc","ABD")>0
strcmp("Mary","Mary")==0
```

提醒：C 语言中不能使用关系运算符直接比较两个字符串，下面的写法是错误的。

```
str1==str2 或 str1>str2 或 "Mary"=="Mary"
```

而只能用 strcmp()函数实现两个字符串的比较。

(4) strstr(字符串 1,字符串 2)

该函数是子串定位函数。其功能是在字符串 1 中查找字符串 2 第一次出现的位置。若找到，则返回该位置的地址，否则返回 NULL。例如：

```
char str[ ]="This is a book";
char str0[3]="is";
printf("%d",strstr(str,str0)-str); /*注意输出的是两个指针的差，第 5 章介绍*/
```

printf()函数的输出结果为 2。

(5) strlen(字符串)

其功能是求字符串的长度，即字符串中字符的个数，不包括结束标志。例如：

```
char str[10]="Program";
printf("%d",strlen(str));
```

printf()函数的输出结果为 7。

(6) strlwr(字符串)

其功能是将字符串中的大写字母转换成小写字母。

(7) strupr(字符串)

其功能是将字符串中的小写字母转换成大写字母。

4.3.4　字符数组应用举例

【例 4-13】 输入一个字符串，存放在字符数组中，逆序存放后输出。

分析：输入的字符串是存放在字符数组中的，要将字符数组中的字符串按逆序存放，应先找到字符串最后一个字符在数组中的下标，将最后一个字符和第一个字符交换位置，倒数第二个字符和第二个字符交换位置，以此类推。

```
#include<stdio.h>
#include<string.h>
void main()
{
    char str[81],temp;
    int i,j;
    printf("输入一个字符串:\n");
    gets(str);                          /*输入一个字符串*/
    i=0;                                /*第一个字符的下标*/
    j=strlen(str)-1;                    /*最后一个字符的下标*/
    while(i<j)
    {
        temp=str[i];                    /*交换下标为 i 和 j 的字符*/
        str[i]=str[j];
        str[j]=temp;
        i++;                            /*使 i 为下一个字符的下标*/
        j--;                            /*使 j 为前一个字符的下标*/
    }
    printf("逆序后的字符串是:\n%s\n",str);
}
```

【例 4-14】 输入一字符串，统计其中字母字符、数字字符和其他字符的个数。

分析：输入的字符串存放在字符数组中，扫描字符串中的每个字符，判断是哪一类字符，使对应的计数变量增 1。

```
#include<stdio.h>
void main()
{
    char str[81];
    int i,letter=0,digit=0,other=0;
    printf("输入一个字符串:\n");
    gets(str);                          /*输入一个字符串*/
    for(i=0;str[i]!='\0';i++)   /*扫描字符串的每个字符*/
    {
```

```
        if(str[i]>='A'&&str[i]<='Z'||str[i]>='a'&&str[i]<='z')
            letter++;               /*是字母字符*/
        else if(str[i]>='0'&&str[i]<='9')
            digit++;                /*是数字字符*/
        else
            other++;                /*是其他字符*/
    }
    printf("letter=%d,digit=%d,other=%d\n",letter,digit,other);
}
```

【例 4-15】 输入一个英文句子，统计单词的个数，并将每个单词分行输出。

分析：单词之间用空格分隔，可能是一个空格，也可能是多个空格，不能使用数空格的方法统计单词的个数。可以统计单词开始或结束的次数。除第一个单词外，每个单词的前一个字符肯定是空格。若前一个字符是空格，而后一个字符是字母字符，则就是一个单词的开始处。对第一个单词可假设前面有一个空格。程序中使用字符数组 s 存放一个英文句子，字符变量 prior 记录句子中某个字符的前一个字符，初始值为空格字符。

```
#include<stdio.h>
void main()
{
    char s[256],prior=' ';
    int i,count=0;
    printf("输入一个英文句子:\n");
    gets(s);                        /*输入一个英文句子*/
    for(i=0;s[i]!='\0';i++)         /*扫描字符串的每一个字符*/
    {
        if(prior==' '&&(s[i]>='A'&&s[i]<='Z'||s[i]>='a'&&s[i]<='z'))
        {                           /*如果是一个单词开始*/
            count++;                /*单词个数增 1*/
            printf("\n");           /*输出换行符，以便在下一行输出一个单词*/
        }
        if(s[i]>='A'&&s[i]<='Z'||s[i]>='a'&&s[i]<='z')
            printf("%c",s[i]);      /*输出单词中的字符*/
        prior=s[i];                 /*当前字符赋值给 prior，准备扫描下一个字符*/
    }
    printf("\n 单词数为:%d\n",count);
}
```

【例 4-16】 输入一字符串，删除字符串中某个指定的字符。

分析：输入的字符串存放在字符数组中，设置两个变量 i 和 j，变量 i 作为扫描字符串时字符元素的下标，而 j 是非删除字符在新串中的下标。

```
#include<stdio.h>
void main()
{
    char str[81],ch;;
    int i,j;
    printf("输入一个字符串:\n");
```

```
    gets(str);                      /*输入一个字符串*/
    printf("指定一个要删除的字符:");
    ch=getchar();                   /*输入一个字符*/
    j=0;
    for(i=0;str[i]!='\0';i++)       /*扫描字符串的每个字符*/
    {
        if(str[i]!=ch)              /*不是要删除的字符*/
            str[j++]=str[i];        /*赋值给数组的 j 元素，j 增 1*/
    }
    str[j]='\0';                    /*为新串添加结束标记*/
    printf("删除指定字符后的字符串是:\n%s\n",str);
}
```

【例 4-17】字符串查找是经常使用的一种功能。如 Word 中有查找功能，其他各种编辑软件中也有查找功能。假设有两个字符串，字符串 1 和字符串 2，在字符串 1 中查找字符串 2，确定字符串 2 在字符串 1 中第一次出现的位置。

分析：本题要实现的功能是求字符串 2 在字符串 1 中第一次出现的位置(从 1 开始)或确定字符串 2 在字符串 1 中不存在。基本思路是：分别用 i 和 j 记录字符串 1 和字符串 2 的第一个字符的下标，而后比较 i 和 j 对应下标的字符，若相等，则继续逐个比较后继字符；若不相等，则从字符串 1 的第二个字符起再和字符串 2 的第一个字符重新进行比较。以此类推，直到字符串 2 中的每个字符依次和字符串 1 中的一个连续的字符序列相等，说明在字符串 1 中存在字符串 2，出现的位置是 i–j+1；否则，说明不存在。设字符串 1 为"abcabcdea"，字符串 2 为"abcd"，字符串查找过程如图 4-21 所示。

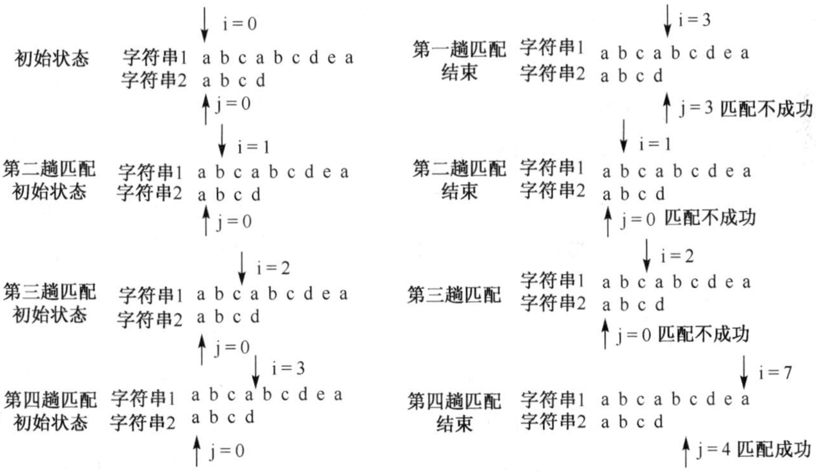

图 4-21　字符串查找过程

由图 4-21 可知，当 i 和 j 对应下标的字符不相等时，j 要回到字符串 2 的头一个字符的位置，i 也要回到上趟匹配时 i 位置的下一个位置，进行下一次的匹配。也就是说，i 的下标位置要回移，但是怎样由当前 i 的位置找到下一趟匹配时 i 的位置呢？可以利用 j 下标得到，因为 j 每次都是从第一个位置后移的，即下次进行匹配的 i 位置为：i–j+1。匹配成功时，字符串 2 在字符串 1 中第一次出现的位置是 i–j+1。根据以上分析，程序设计如下：

```
#include <stdio.h>
void main()
{   int i,j;
    char str1[30],str2[30];
    printf("输入字符串1:");
    gets(str1);                     /*输入字符串1*/
    printf("输入字符串2:");
    gets(str2);                     /*输入字符串2*/
    i=0;j=0;
    while(str1[i]!='\0'&&str2[j]!='\0')
        if(str1[i]==str2[j])
        {
            i=i+1;
            j=j+1;
        }
        else
        {
            i=i-j+1;
            j=0;
        }
    if(str2[j]=='\0')          /*匹配过程中，若字符串2结束，匹配成功*/
        printf("字符串2在字符串1中的位置为:%d\n",i-j+1);
    else
        printf("字符串2没有出现在字符串1中.\n");
}
```

本章小结

本章主要介绍了以下内容：

(1) 数组的概念和数组使用内存的情况

数组是相同类型变量的有序集合，属于构造类型。组成数组的变量由数组名和下标唯一确定，称为下标变量，又称元素。数组在内存中使用一块连续的存储空间，数组名代表了这块存储空间的起始地址。

(2) 数组的定义、初始化和数组元素的引用

数组遵循“先定义，后使用”的原则。数组定义指明了数组的名称、维数、长度和数组元素的类型。定义数组时，可以为数组的元素指定初值。用数组名和下标引用数组的元素，下标是从0开始的整数，最大下标值是“长度–1”。C语言对数组下标合法性不做检查，程序中使用下标时要注意不要越界。

(3) 字符数组和字符串

元素类型为字符的数组称为字符数组。字符数组的每个元素可以存放一个字符数据。字符数组主要用来存放字符串，以实现对字符串的处理。字符串的长度和字符数组的长度是两个完全不同的概念，只有字符'\0'以前的字符是字符串的实际内容。在程序中用字符'\0'来判断字符串是否结束。

字符串处理有其自身的特点。为此，C 语言提供了专门的字符串输入/输出函数和其他一系列字符串处理函数。

(4) 本章还介绍了一些与数组相关的算法，如求最大值、排序、字符统计、子串定位等。

习题四

一、单项选择题

1．在 C 语言中，引用数组元素时，其数组下标的数据类型允许是（　　）。

A．整型常量　　B．整型表达式

C．整型常量或整型表达式　　D．任何类型的表达式

2．若有说明语句：int a[10];，则 a 数组元素的正确引用是（　　）。

A．a[10]　　B．a[3.5]　　C．a(5)　　D．a[10–10]

3．若有说明语句：int a[3][4];，则 a 数组元素的非法引用是（　　）。

A．a[0][2*1]　　B．a[1][3]　　C．a[4–2][0]　　D．a[0][4]

4．若有以下说明，则数值为 4 的表达式是（　　）。

```
int a[12]={1,2,3,4,5,6,7,8,9,10,11,12};
char c='a',d,g;
```

A．a[g–c]　　B．a[4]　　C．a['d'–'c']　　D．a['d'–c]

5．定义二维数组 a 并初始化，下面不正确的说明语句是（　　）。

A．int a[2][3]={1,2,3,4,5,6};　　B．int a[2][3]={{1,2,3},{4,5,6}};

C．int a[ ][ ]={{1,2,3},{4,5,6}};　　D．int a[ ][3]={1,2,3,4,5,6};

6．有说明语句：int a[3][4]={{1},{2},{3}}; 则元素 a[1][1]的值是（　　）。

A．0　　B．1　　C．2　　D．3

7．设有如下数组定义，则正确的叙述为（　　）。

```
char x[ ]={"abcdefg"};
char y[ ]={'a','b','c','d','e','f','g'};
```

A．数组 x 和数组 y 等价　　B．数组 x 和数组 y 的长度相同

C．数组 x 的长度大于数组 y 的长度　　D．数组 x 的长度小于数组 y 的长度

8．下列数组说明语句中，正确的是（　　）。

A．char a[3][ ]={'abc','l'};　　B．char a[ ][3]={'abc','l'};

C．char a[3][ ]={'a',"l"};　　D．char a[ ][3]={"a","l"};

9．若有说明语句：int i,a[10];，则输入 10 个整数，存储在 a 数组可用（　　）。

A．scanf("%d",a[10]);　　B．for(i=0;i<=9;i++)　scanf("%d",&a[i]);

C．scanf("%d"&a[i]);　　D．for(i=1;i<=10;i++) scanf("%d",&a[i]);

10．若有说明语句：char s[12]={"string"};，则语句 printf("%d\n",strlen(s)); 的输出是（　　）。

A．6　　B．7　　C．11　　D．12

11．若有说明语句：char c1[ ]="good", c2[ ]="best";，则函数 strcmp(c1,c2)的返回值是（　　）。

A．正整数　　B．负整数　　C．不确定　　D．0

12．函数调用 strcat(str1,strcpy(str2,str3)) 的功能是(　　)。

A．将串 str2 复制到串 str3 中后再连接到串 str1 之后

B．将串 str1 复制到串 str2 中后再连接到串 str3 之后

C．将串 str3 复制到串 str2 中后再连接到串 str1 之后

D．将串 str2 复制到串 str3 中后再连接到串 str1 之后

13．执行下面程序段的输出结果是(　　)。

```
char c[5]={'a','b','\0','c','\0'};
printf("%s",c);
```

A．'a''b'　　B．ab　　C．ab c　　D．ab\0

14．有两个字符数组 a,b，从键盘输入两个字符串，分别存储在 a 和 b 中，正确的输入格式是(　　)。

A．gets(a,b);　　B．scanf("%s%s",a,b);

C．scanf("%s%s",&a,&b);　　D．gets("a");gets("b");

15．有说明语句 char str[ ]="good";，则与语句 puts(str); 等价的是(　　)。

A．printf("%c\n",str[0]);　　B．printf("%c",str[0]);

C．printf("%s\n",str);　　D．printf("%s",str);

二、填空题

1．设有数组定义：float x[15];，则该数组是________维数组，有________个元素，元素下标从________开始，最大值是________，元素类型是________。

2．有数组定义：char c[ ]="Taiyuan";，数组 c 有________个元素。

3．数组使用内存中一块连续的存储空间，________代表这块空间的起始地址。

4．在 C 语言中，二维数组元素在内存中的存放顺序是________。

5．若有定义：double x[3][5];，则 x 数组行下标的下限是________，列下标的上限是________。

6．有数组定义：int y[ ][3]={1,2,3,4,5,6,7};，数组第一维的长度是________，元素 y[1][1]的值是________，元素 y[2][2]的值是________。

7．有数组定义：int a[3][4]={{1,2},{0,5,3},{4,6,8,10}};，数组元素 a[1][2]的初值是________，a[2][1]的初值是________。

8．语句：printf("%d\n",strlen("ats\n012\1\\"));的输出结果是________。

9．语句：printf("%d\n",strlen("ats\012\1\\\n"));的输出结果是________。

10．在程序中用到 gets( )函数时，应在程序开头写上包含命令________，在程序中用到 strlen( )函数时，应在程序开头写上包含命令________。

三、程序阅读分析题

1．写出下面程序运行的输出结果。

```
#include<stdio.h>
void main()
{   int i,a[10]={1};
```

```
        for(i=1;i<10;i++)
            a[i]=a[i-1]+2;
        for(i=0;i<10;i++)
            printf("%3d",a[i]);
        printf("\n");
    }
```

2．下面程序的功能是在数组 a 中查找值为 x 的元素，请在画线处填上合适的内容。

```
    #include<stdio.h>
    void main()
    {   int a[10]={24,76,89,4,16,35,75,66,99,15};
        int x,i,t=0;
        scanf("%d",&x);
        for(i=0;____________;i++)
            if(____________)
            {
                printf("a[%d]=%d\n",i,a[i]);
                ____________;
            }
        if( t==0 )
            printf("No found!\n");
    }
```

3．下面程序的功能是使 5 行 5 列数组 a 的对角线元素为 1，其他为 0，按行列格式输出数组元素，请在画线处填上合适的内容。

```
    #include<stdio.h>
    void main()
    {   int i,j,a[5][5];
        for(i=0;i<5;i++)
            for(j=0;j<5;j++)
                if(__________)
                    __________=1;
                else
                    __________=0;
        for(i=0;i<5;i++)
        {
            for(j=0;j<5;j++)
                printf("%5d ",a[i][j]);
            __________;
        }
    }
```

4．写出下面程序运行的输出结果。

```
    #include<stdio.h>
    void main()
    {   int i,k=16,a[10],p[3];
        for(i=0;i<10;i++)
            a[i]=i;
```

```
        for(i=0;i<3;i++)
            p[i]=a[i*(i+1)];
        for(i=0;i<3;i++)
            k+=2*p[i];
        printf("k=%d\n",k);
}
```

5. 写出下面程序运行的输出结果。

```
#include <stdio.h>
#include <string.h>
void main()
{   char a[]="abcdefg",t;
    int i,j=0;
    for(i=1;i<strlen(a);i++)
        if(a[j]<a[i])  j=i;
    t=a[j];a[j]=a[0];a[0]=t;
    puts(a);
}
```

6. 下面程序的功能是将字符串 a 中所有的字符'a'删除，请在画线处填上合适的内容。

```
#include<stdio.h>
void main()
{   char a[81];
    int i,j;
    gets(a);
    for(i=j=0;_____________;i++)
        if(a[i]!='a')
            ______________;
    a[j]='\0';
    puts(a);
}
```

7. 写出下面程序运行后的输出结果。

```
#include <stdio.h>
void main()
{
    int a[6][6],i,j;
    for(i=0;i<6;i++)
        for(j=0;j<6;j++)
            a[i][j]=i+j;
    for(i=0;i<6;i++)
    {
        for(j=0;j<6;j++)
            printf("%2d",a[i][j]);
        printf("\n");
    }
}
```

8．写出下面程序运行后的输出结果。

```
#include <stdio.h>
void main()
{
    char arr[2][4];
    strcpy(arr[0],"you");
    strcpy(arr[1],"me");
    arr[0][3]='&';
    printf("%s\n",arr);
}
```

四、程序设计题

1．某体育比赛中，有 10 位裁判为参赛选手打分，参赛选手最后得分的计算方法是：去掉一个最高分和一个最低分后其他分数的平均值。求参赛选手的最后得分。

2．设有数组定义：int V[N+1];，在数组 V 中已有 N 个数据且递增有序(存储在 V[0]～V[N–1]中)，现将 x 插入到数组 V 的适当位置，使数组元素的值仍保持递增有序。

3．定义一个含有 30 个整型元素的数组，按顺序分别赋予从 2 开始的偶数，然后按顺序每 5 个数求出一个平均值，放在另一个数组中并输出。

4．按下列公式计算 s 的值，其中 $n(n<100)$ 和 $x_1,x_2,\cdots,x_n$ 由键盘输入。

$$s=\sum_{i=1}^{n}(x_i-x_0)^2$$

其中，x_0 是 $x_1,x_2,\cdots,x_n$ 的平均值。(提示：①定义整型变量 n 和浮点数组 x[100]等相关变量；②输入 n；③输入 n 个数据存放在 x 数组中；④求 n 个数的和；⑤求平均值；⑥求 s 的值；⑦输出结果。)

5．有 $n(n<100)$ 个非零且各不相同的整数，设计程序求出它们中有多少对相反数(a 和$-a$ 为一对相反数)。例如，有 5 个数据：1，2，3，−1，−2，相反数有两对。(提示：①定义整型变量 n 和整型数组 x[100]等相关变量；②输入 n；③输入 n 个整数存放在 x 数组中；④求相反数对个数；⑤输出结果。)

6．给定 $n(n<100)$ 个不同的整数，问这些数中有多少对整数，它们的值正好相差 1。例如，有 6 个不同的整数：10，2，6，3，7，8 ，值正好相差 1 的数有 3 对，即(2, 3)，(6, 7)，(7, 8)。

7．给定 $n(n<100)$ 个整数表示一个商店连续 n 天的销售量。如果某天之前销售量在增长，而后一天销售量减少，则称这天为折点，反过来，如果之前销售量减少而后一天销售量增长，也称这天为折点。其他的天都不是折点。如图 4-22 中，第 3 天和第 6 天是折点。

给定 n 个整数 $a_1, a_2, \cdots, a_n$，表示销售量，请计算出这些天总共有多少个折点。

8．飞镖靶盘问题。图 4-23 所示是一个飞镖靶盘，靶盘周围标出了 1～20 之间的数字，求相邻 4 个数之和最大的 4 个数。

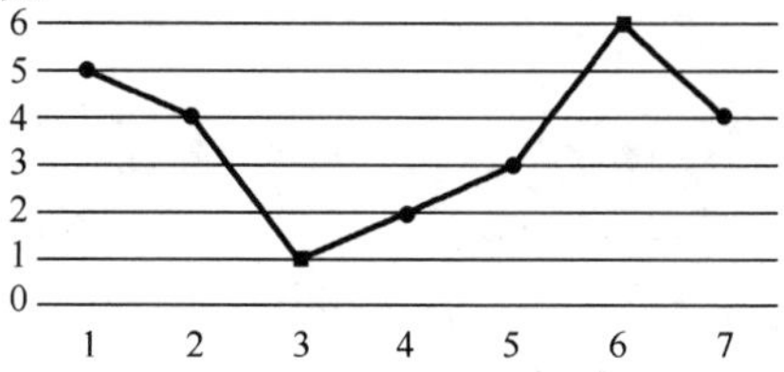

图 4-22　折点

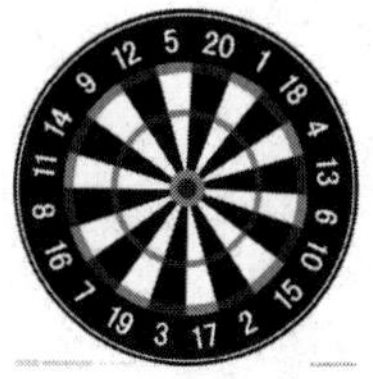

图 4-23　飞镖靶盘

9. 输入一个字符串，将其中的所有大写字母改为小写字母，所有小写字母改为大写字母，然后输出。

10. 输入一个字符串，在指定位置插入一个字符。

11. 输入一行字符，分别统计其中 10 个数字字符 '0'，'1'，…，'9' 出现的次数。

12. 编写程序，实现字符串复制，不使用 strcpy( )函数。

13. 编写程序，求字符串的长度，不使用 strlen( )函数。

14. 输入矩阵 $\boldsymbol{A}$(2 行 3 列)和矩阵 $\boldsymbol{B}$(3 行 4 列)，计算它们的乘积 $\boldsymbol{C}=\boldsymbol{A}\cdot\boldsymbol{B}$。矩阵乘积计算公式如下：

$$\boldsymbol{C}_{ij}=\sum_{k=0}^{2}\boldsymbol{A}_{ik}\boldsymbol{B}_{kj}$$

15. 有一篇文章，共有 3 行文字，每行不超过 80 个字符。要求分别统计出其中英文大写字母、小写字母、数字、空格及其他字符的个数。

16. 打印杨辉三角形，即 $(x+y)^n$ 展开式的各项系数。并且在程序运行开始时，问用户 n 的值为多少，接着打印如下形式的 n+1 行杨辉三角形。

```
1
1   1
1   2   1
1   3   3   1
1   4   6   4   1
…
```

17. 下面是一个 5×5 阶的螺旋方阵。编写程序打印出此形式的 $n\times n$ (n<10，顺时针方向旋进)阶方阵。

```
 1    2    3    4    5
16   17   18   19    6
15   24   25   20    7
14   23   22   21    8
13   12   11   10    9
```

18. 某班期终考试科目为高等数学(MT)、英语(EN)和物理(PH)。有 30 人参加考试。为评定奖学金，要求统计并输出一个表格，表格内容包括学号、各科分数、总分和平均分，并标出三门课均在 90 分以上者(该栏标志输出为“Y”，否则为“N”)，表格形式如下：

NO	MT	EN	PH	SUM	V	>90
1	97	87	92	276	92	Y
2	92	91	90	273	91	Y
3	90	81	82	253	84	N

可以将学生的学号和各科成绩放在数组 a[30][4]中，然后进行统计处理。

第5章 指　　针

本章主要内容

- 指针的概念
- 指针的基本运算
- 一维数组中的指针
- 二维数组中的指针
- 用指针处理字符串
- 指针数组和指针的指针

存储器是计算机系统中的记忆元件或存储介质，用来存放程序和数据。计算机的内(主)存储器是由许许多多的存储单元组成的，每个存储单元都有一个二进制编号，称为存储单元的地址。所有的程序和数据只有调入内存才能被执行或处理。知道程序的存储地址就可以调用程序；知道数据的存储地址就可以访问数据，也就是说，知道内存空间的地址就可以把数据存入该内存空间或使用该内存空间中的数据。

C语言中的指针类型数据就是存放程序或数据的内存地址。通过指针数据可以访问分配给变量或数组的存储空间，也可以表示各种复杂的动态数据结构，这也正是C语言使用指针的主要目的。因此，指针是C语言主要的特色之一，极大地丰富了C语言的功能。本章介绍指针的概念，指针变量的定义及初始化，指针的基本运算，以及如何通过指针访问分配给变量或数组的存储空间的方法。

5.1 指针的概念及运算

5.1.1 指针的概念

指针类型是C语言的一种数据类型。指针类型数据(简称指针)是存储某种类型数据所使用内存空间的起始地址。因此，每种类型都有对应的指针类型，存储 int 型数据所使用空间的起始地址称为 int 型指针(int *)，存储 float 型数据所使用空间的起始地址称为 float 型指针(float *)，存储 char 型数据所使用空间的起始地址称为 char 型指针(char *)。

如图 5-1(a)所示，假设程序定义了 a、b、c 三个 short 型变量，编译或运行时系统将存储单元 2001 和 2002 分配给变量 a，2003 和 2004 分配给变量 b，2005 和 2006 分配给变量 c。如果要用格式输入函数 scanf("%d"，&a)输入一个整数，则从键盘上输入的数据将存放在地址为 2001(&a 的值为 2001)开始的两个相邻的存储单元中，也就是存储在变量 a 中。用格式输出函数 printf("%d"，a)输出变量 a 的值时，需先找到变量 a 的存储单元的起始地址 2001，然后从相邻的两个存储单元中取出变量 a 的值。由此可知，通过变量名和变量对应空间的地址都可访问存储器中的数据，使用变量名访问数据的方式一般称为直接访问。

与直接访问方式不同的另一种访问方式称为间接访问。就是先把变量占用存储单元的地址存放在一种特殊的变量中，然后通过这个特殊的变量来访问变量占用的存储单元。如图 5-1(b)所示，假如定义了这样的一个变量 p_a，用来存放变量 a 的地址，设给变量 p_a 分配的内存单元起始地址是 1001，在其相邻的两个单元中存储的是变量 a 的地址 2001。此时，可以使用变量 p_a 访问变量 a，访问步骤如下：

(1)从变量 p_a 的存储单元 1001 中取出变量 a 的存储单元起始地址 2001;

(2)然后从地址为 2001 和 2002 的单元中取出 a 的值或存储一个新值。

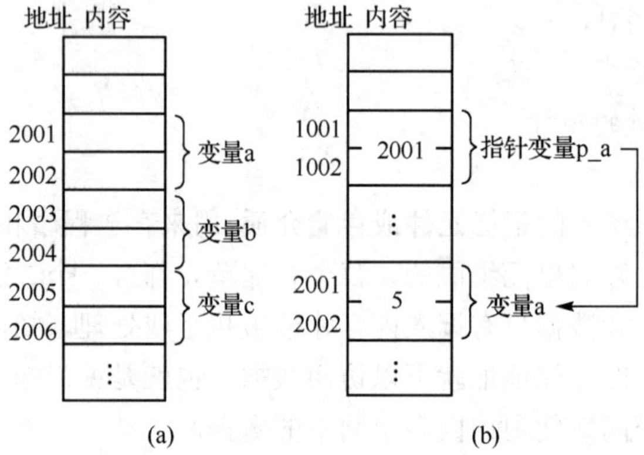

图 5-1　变量、指针与指针变量

一个变量在内存中占用存储空间的起始地址称为该变量的指针，这里的地址 2001 是变量 a 的指针。如果一个变量专门用来存放其他变量的指针，那么就称这个变量为指针变量，这里的 p_a 就是一个指针变量。若指针变量 p_a 中存放的是变量 a 的指针，则称指针变量 p_a 指向变量 a。在不会发生混淆的情况下，通常不加区分地把指针变量简称为指针，在图 5-2 中用带箭头的线段表示指针数据。

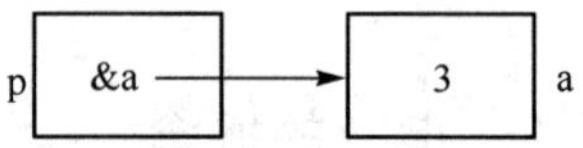

图 5-2　指针变量与指针

为叙述方便，把存储 int 型数据的内存空间称为整型空间，该空间的起始地址称为 int 型指针，存储 int 型指针的变量称为 int 型指针变量；把存储 float 型数据的内存空间称为 float 型空间，该空间的起始地址称为 float 型指针，存储 float 型指针的变量称为 float 型指针变量。假设图 5-2 中的 a 是整型变量，变量 a 使用的内存空间就是整型空间，带箭头的线段表示箭头所指存储空间的指针(一般不关心指针的具体值)，p 是整型指针变量，p 中存储的是整型指针。

5.1.2　指针变量的定义和初始化

指针变量与其他变量一样，必须在使用前定义。定义指针变量与定义普通变量的方法基本一样，唯一不同的是在指针变量标识符前加星号“*”。定义指针变量的一般形式为：

类型 *指针变量名1,*指针变量名2,……;

说明：

(1) 一条定义语句可以定义一个或多个指针变量。

(2) 星号(*)表示其后的变量是一个指针变量。

(3) “类型”是指针变量的基类型，即指针所指向的变量或存储空间的类型。例如：

```
int a,*pi;          /*定义 int 型变量 a 和 int 型指针变量 pi*/
float x,*pf;        /*定义 float 型变量 x 和 float 型指针变量 pf*/
char ch,*pc;        /*定义 char 型变量 ch 和 char 型指针变量 pc*/
```

指针变量定义之后，指针变量可指向的变量(或存储空间)类型就确定了，即 int 型指针变量只能存储 int 型指针，float 型指针变量只能存储 float 型指针。反过来，通过 int 型指针(或指针变量)只能访问 int 型空间，通过 float 型指针(或指针变量)只能访问 float 型空间。

(4) 指针变量可以和其他变量一起出现在同一个说明语句中。例如：

```
int i,j,a[10],*p,*q;
```

在这个说明语句中，定义了两个整型变量 i 和 j，定义了一个能够存放 10 个整数的数组 a，而 p 和 q 则被定义为整型指针变量。

引入指针的目的是通过指针来访问指向的数据对象。在图 5-2 中，指针变量 p 中存储了变量 a 指针(&a)，称 p 指向了 a。当指针变量指向一个具体的数据对象时，就可以通过指针变量访问其指向的对象。通过对指针变量初始化或给指针变量赋值，指针变量可指向具体的对象。例如：

```
int a=3,*p=&a;      /*定义指针变量 p 并初始化，使 p 指向 a*/
```

或

```
int a,*p;           /*定义整型变量 a 和指针变量 p */
a=3;
p=&a;               /*把变量 a 的指针赋值给指针变量 p，使 p 指向 a*/
```

注意：指针变量只有有了明确的指向，才能使用指针变量访问其指向的数据。

5.1.3 与指针有关的运算

1. 取地址运算和取内容运算

(1) &：取地址运算符，运算对象是变量，得到变量的指针。

(2) *：指针运算符，运算对象是指针，访问指针(变量)所指向的内存空间。

例如：

```
int a=3,b,*p;       /*定义整型变量 a，b 和整型指针变量 p*/
p=&a;               /*将变量 a 的指针赋值给指针变量 p，即 p 指向 a*/
b=*p;               /*将指针 p 指向变量的值赋值给变量 b*/
```

&a 的值是变量 a 的指针，当把变量 a 的指针赋值给指针变量 p 后，指针变量 p 的指向如图 5-3 所示，此时对存储整数 3 的空间有两种访问方式，即通过变量 a 和*p，或者说此时*p 与变量 a 等价，可以把*p 作为整型变量使用，*p 可理解为 p 指向的空间(或变量)。

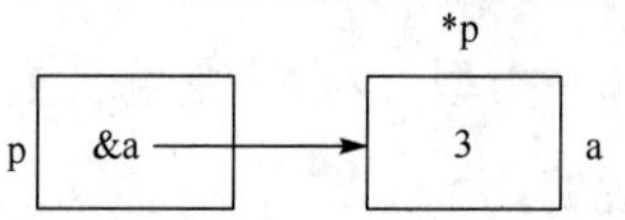

图 5-3　使用指针访问指向的内存空间

b=*p 的作用是将 p 指向的空间(或变量)中的数据赋值给变量 b，与 b=a 等价。若要将整数 123 赋值给变量 a，有 3 种方法：① a=123;② *p=123;③ *&a=123;。

【例 5-1】 指针变量的使用。

```
#include <stdio.h>
void main()
{   int a,b,*p1,*p2;
    a=10;b=20;
    p1=&a;                         /*指针变量 p1 指向变量 a*/
    p2=&b;                         /*指针变量 p2 指向变量 b*/
    printf("%d,%d\n",*p1,*p2);  /*输出指针变量 p1，p2 指向的*/
    p1=&b;p2=&a;                   /*p1、p2 的指向发生变化*/
    printf("%d,%d\n",*p1,*p2);
}
```

程序运行结果如下：

```
10,20
20,10
```

2．指针变量的赋值运算

将指针赋值给同类型的指针变量，有以下定义：

```
int i,j,arr[5];
int *p,*p1=&i;
```

若要将变量 j 的指针赋给指针变量 p，可用以下语句：

```
p=&j;
```

若要将数组 arr 的起始地址赋给指针变量 p，可用以下语句：

```
p=arr;       /*或 p=&arr[0]; 数组名就是元素 arr[0]的地址*/
```

若要将数组 arr 的某个元素的地址赋给指针变量 p，可用以下语句：

```
p=&arr[2];
```

也可以将一个指针变量的值赋值给另一个同类型的指针变量，此时，两个指针变量指向同一块存储空间(或同一个变量)：

```
p=p1;
```

给指针变量赋值时需要注意以下两点。

(1)指针的类型应与指针变量的类型一致，例如：

```
int *p;
```

```
float x;
p=&x;            /*错误，&x 是 float 型指针，p 是 int 型指针*/
```

(2) 可以将空指针(NULL 或 0)赋值给指针变量，不能用一个常量(除 0 外)或一个非地址表达式来给指针变量赋值。

```
p=NULL;     /*正确*/
p=67;       /*错误，不允许用一个常量来给指针变量赋值*/
p=i+5;      /*错误，不允许用一个非地址表达式来给指针变量赋值*/
```

3. 指针的算术运算

指针指向数组的元素时，允许指针进行下面的算术运算：

(1) ++(自增)、--(自减)。指针变量的值增 1 或减 1，指针变量指向相邻的后一个元素或前一个元素。

(2) 加、减整型数据。指针加(或减)一个整数，结果还是一个指针，是向后(或前)偏移所加(或减)整数个元素的指针。

(3) 两个指针相减。两个指针相减的结果是一个整数。

例如：

```
int a[6]={0,1,2,3,4,5};
int *p;
p=a;         /* 指针变量 p 指向数组的第一个元素 a[0]，*p 的值是 0 */
p++;         /* 指针变量加 1，指向数组的下一个元素 a[1]，*p 的值是 1 */
p+=3;        /* 指针变量加 3，指向数组的第五个元素 a[4]，*p 的值是 4 */
p--;         /* 指针变量减 1，指向数组的上一个元素 a[3]，*p 的值是 3 */
```

注意：不同类型的指针加 1 或减 1，偏移的字节数是不同的，char 型指针移动一个元素的实际距离为 1 个字节，int 型指针为 2(或 4)个字节，float 型指针为 4 个字节，double 型指针为 8 个字节。一般不关心移动的字节数，但要知道指向哪个元素。

两个指针只有在一定条件下才可以做减法运算。这个条件就是：这两个指针指向同一个数组中的元素。当两个指针指向同一数组时，它们的差值即两个指针相对偏移的元素个数。例如，&a[1]是 a[1]元素的指针，&a[5]是 a[5]元素的指针，&a[5]–&a[1] 的值为 4。

4. 指针的比较运算

指向同一个数组的两个指针可以进行关系运算。

假设 pl、p2 是指向同一个数组的两个指针变量，p1 指向的数组元素在 p2 指向的元素之前，则表达式“pl<p2”的值为 1(真)，否则为 0(假)。当 p1、p2 指向数组的同一元素时，p1= =p2 为真，否则为假。

需要注意的是，在一个不指向任何数组元素的指针上执行算术运算会导致未定义的行为。此外，只有两个指针指向同一个数组时，它们的相减运算和比较运算才有实际意义。

【例 5-2】 分析下面程序的输出结果。

```
#include <stdio.h>
void main()
```

```
{   char a[5]="1234";
    char *p;
    p=a;                 /* 指针变量 p 指向数组的第一个元素 a[0]*/
    printf("%d\n",*p);  /* 输出第一个元素的 ASCII 值*/
    p++;                 /* 指针变量 p 加 1，指向数组的第二个元素 a[1]*/
    printf("%d\n",*p);  /* 输出第二个元素的 ASCII 值*/
}
```

程序运行结果如下：

```
49
50
```

【例 5-3】 分析下面程序的输出结果。

```
#include <stdio.h>
void main()
{   char a[5]="1234";
    short *p;                /*定义 p 是 short 型指针*/
    p=(short*)a;             /*不强制转换会导致编译错误*/
    printf("%d\n",*p);       /*使用*p 访问的是 short 型空间*/
    p++;
    printf("%d\n",*p);
}
```

程序运行结果如下：

```
12849
13363
```

在【例 5-3】中，将字符指针 a 强制转换为 short 型指针并赋值给 short 型指针变量 p，*p 是数组 a 的第 1～2 字节组成的整数，p 加 1 后 p 不是指向元素 a[1]，而是偏移了 2 个字节指向元素 a[2]，*p 是数组 a 的第 3～4 字节组成的整数。请读者分析【例 5-3】的输出结果为什么是 12849 和 13363。

5.2 数组中的指针

由于数组元素在内存中连续存放，知道一个元素的指针，就可以通过加减运算求得其他元素的指针，进而对数组元素进行访问。C 语言规定，一维数组名是一个指针常量，代表数组在内存中的起始地址，准确地说是数组 0 元素的指针。

5.2.1 一维数组中的指针

设有定义：

```
int a[5];
```

一维数组 a 中的指针如图 5-4 左侧所示，右侧是数组的元素。

对数组元素的访问有两种方法：①下标法；②指针法。

(1) 下标法

使用图 5-4 中右侧的 a[0]～a[4]访问数组的元素，这种方法已在第 4 章中介绍过，这里不再赘述。

(2) 指针法

使用指针访问数组的元素比较灵活，可以在图 5-4 左侧的指针前加*访问数组元素，也可使指针变量(例如：int*p;)指向数组的元素。

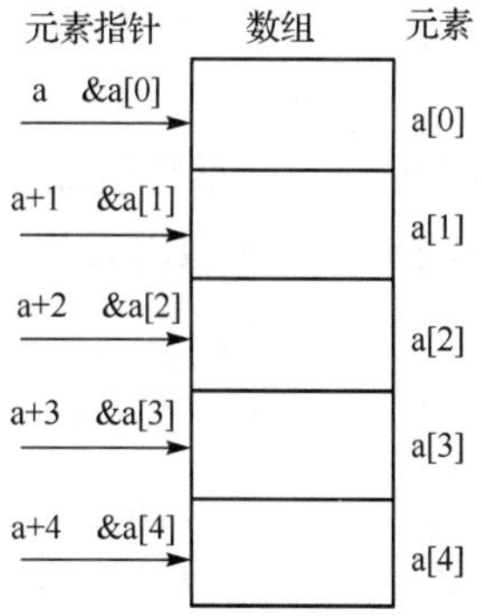

图 5-4　一维数组中的指针

【例 5-4】 一维整型数组 a，有 10 个元素，输入 10 个整数存储在数组 a 中。

方法一：通过取地址运算符求得元素的指针。

```
#include <stdio.h>
void main()
{
    int a[10],i;
    for(i=0;i<10;i++)
        scanf("%d",&a[i]);  /* &a[i]是数组元素 a[i]的指针*/
}
```

方法二：通过数组 0 元素的指针 a 加 i 求得元素的指针。

```
#include <stdio.h>
void main()
{
    int a[10], i;
    for(i=0;i<10;i++)
        scanf("%d",a+i);     /*a+i 是数组元素 a[i]的指针*/
}
```

方法三：使用指向数组元素的指针变量。

```
#include <stdio.h>
void main()
{
    int a[10], *p;
    p=a;                       /*或 p=&a[0];指针变量 p 指向数组元素 a[0]*/
    for(;p<(a+10);p++)
        scanf("%d",p);         /*循环过程中，p 的值依次是 a[0]～a[9]的指针*/
}
```

或者

```
#include <stdio.h>
void main()
{
    int a[10], i,*p;
    p=&a[0];
```

```
    for(i=0;i<10;i++)
        scanf("%d",p+i); /*循环过程中 p 的值不变，p+i 是数组元素 a[i]的指针*/
}
```

【例 5-5】 一维整型数组 a 中，存储有 10 个数据，输出数组中的全部数据。

方法一：使用数组元素的下标访问数组元素。

```
#include <stdio.h>
void main()
{
    int a[10]={0,1,2,3,4,5,6,7,8,9},i;
    for(i=0;i<10;i++)
        printf("%3d",a[i]);      /*下标法*/
}
```

方法二：通过数组的首地址(数组名)访问数组元素。

```
#include <stdio.h>
void main()
{
    int a[10]={0,1,2,3,4,5,6,7,8,9},i;
    for(i=0;i<10;i++)
        printf("%3d",*(a+i));    /*指针法*/
}
```

方法三：通过指向数组元素的指针变量访问数组元素。

```
#include <stdio.h>
void main()
{
    int a[10] ={0,1,2,3,4,5,6,7,8,9}, *p;
    for(p=a;p<(a+10);p++)
        printf("%3d",*p);        /*指针法*/
}
```

或者

```
#include <stdio.h>
void main()
{
    int a[10]={0,1,2,3,4,5,6,7,8,9},i,*p;
    p=&a[0];
    for(i=0;i<10;i++)
    p   rintf("%3d",*(p+i));
}
```

在使用指针变量时，要注意以下几点。

(1) 指针变量可以自增、自减，而数组名不可以自增、自减。

例如，方法三是用指针变量 p 指向数组元素，用 p++使 p 的值不断变化，这是合法的。如果不用 p++，而用 a++行不行呢？是不行的。因为 a 是数组名，是数组首地址，它的值在程序运行期间固定不变，是常量。

（2）注意指针变量的当前值。

例如，方法三中，指针变量 p 不断变化，依次指向数组每个元素。循环结束时，指针变量 p 指向哪里呢？此时，p 的值不是&a[0]，而是&a[10]，即指向数组之外的单元了。

（3）注意防止下标越界。

例如，方法三中，数组 a 若执行*(p+10)=18，则 18 并不赋给数组元素，而是将 18 赋给元素 a[9]的下一个存储单元，如果这个存储单元原来的数据是程序要使用的重要数据，则上面的赋值操作就将这个重要数据改为 18 了，它很可能使程序产生完全错误的结果。

5.2.2　二维数组中的指针

二维数组是一维数组的扩展，若一维数组的元素本身又是一个一维数组，则构成二维数组。二维数组中的指针比一维数组要复杂一些。

设有定义：

```
int x[3][4];
```

二维数组 x 中的指针如图 5-5 左侧所示，右侧是数组的元素。

图 5-5 中，x 数组可以理解为由元素 x[0]～x[2]组成的一维数组，元素 x[0]～x[2]本身又是一个一维数组，元素 x[0]～x[2]是一维数组名，每个一维数组又有 4 个整型元素，x[0]是元素 x[0][0]的指针，x[1]是元素 x[1][0]的指针，x[2]是元素 x[2][0]的指针，即 x[i]是 i 行 0 元素的指针。

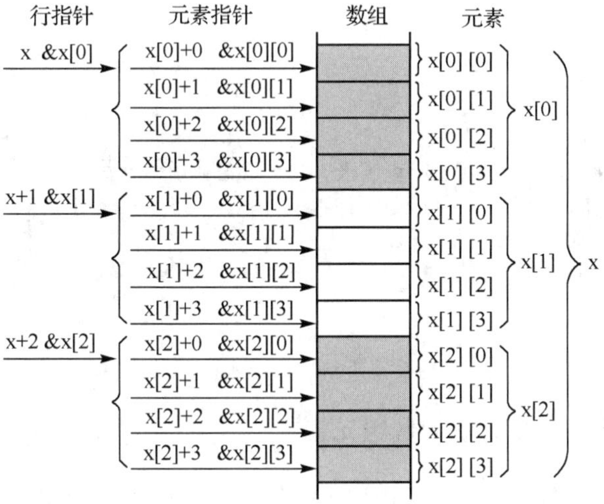

图 5-5　二维数组中的指针

在二维数组中有两种指针：①元素指针，整型元素 x[i][j]的指针&x[i][j]或 x[i]+j；②行指针，x[0]～x[2]的指针&x[i]或 x+i，数组名 x 是 x[0]的指针，是行指针。

对二维数组元素的访问同样也有两种方法：①下标法；②指针法。下标法这里不再赘述。

1. 使用二维数组元素指针访问数组元素

与使用一维数组元素的指针访问元素类似，&x[i][j]、x[i]+j 是二维数组 x 元素的指针。

【例 5-6】 有 3 行 4 列整型数组 x，存储 12 个数据，输出二维数组 x 的全部数据。

方法一：通过二维数组每行的首地址(x[i])访问二维数组的元素。

```
#include <stdio.h>
void main()
{   int x[3][4]={{0,1,2,3},{4,5,6,7},{8,9,10,11}},i,j;
    for(i=0;i<3;i++)
    {   for(j=0;j<4;j++)
            printf("%3d",*(x[i]+j));    /* x[i]+j 是元素 x[i][j]的指针*/
        printf("\n");
    }
}
```

方法二：通过指向二维数组元素的指针变量访问二维数组元素。

```
#include <stdio.h>
void main()
{   int x[3][4]={{0,1,2,3},{4,5,6,7},{8,9,10,11}},i,j,*p;
    p=&x[0][0];     /*或 p=x[0]; p 是整型指针变量，不能写：p=x; */
    for(i=0;i<3;i++)
    {   for(j=0;j<4;j++)
            printf("%3d",*p++);     /* *p++ 与 *(p++)等价 */
        printf("\n");
    }
}
```

或者

```
#include <stdio.h>
void main()
{   int x[3][4]={{0,1,2,3},{4,5,6,7},{8,9,10,11}},i,j,*p;
    p=&x[0][0];     /*或 p=x[0]; p 是整型指针变量，不能写：p=x; */
    for(i=0;i<3;i++)
    {   for(j=0;j<4;j++)
            printf("%3d",*(p+i*4+j)); /*p 不变,p+i*4+j 是 x[i][j]的指针*/
        printf("\n");
    }
}
```

2. 使用二维数组的行指针访问数组元素

在图 5-5 所示的二维数组 x 中，&x[i]、x+i 是 i 行 4 个元素整体所使用内存空间的起始地址，是行指针。这样的指针应存储在指向行的指针变量中，指向行的指针变量定义形式如下：

类型　(*指针变量名)[m];

其中的圆括号不可省略，m 是一个整型常量。定义指向具有 m 个元素组成的一维数组整体的指针变量。例如：

```
int  (*p)[4];
```

定义指向由 4 个整型元素组成的一维数组整体的指针变量。可以指向图 5-5 中 x 数组的行(每行有 4 个整型元素)，即：p=x; 或 p=&x[0];，使 p 指向数组 x 的第 0 行。

对于图 5-5 中的数组 x，结合一维数组元素的访问方法可知，x+i 是元素 x[i]的指针，*(x+i)是 x[i]，x[i]+j 是元素 x[i][j]的指针，所以 *(x+i)+j 是元素 x[i][j]的指针，*(*(x+i)+j)就是数组元素 x[i][j]。切记，行指针前加*，是该行 0 元素的指针。

【例 5-7】 使用行指针输出例 5-6 中二维数组 x 的全部数据。

方法一：通过二维数组名 x 访问二维数组的元素。

```
#include <stdio.h>
void main( )
{   int x[3][4]={{0,1,2,3},{4,5,6,7},{8,9,10,11}},i,j;
    for(i=0;i<3;i++)
    {
        for(j=0;j<4;j++)
            printf("%3d",*(*(x+i)+j));
        printf("\n");
    }
}
```

程序中 x+i 是二维数组 x 第 i 行的指针，*(x+i)是 i 行 0 元素的指针，*(x+i)+j 是元素 x[i][j]的指针，*(*(x+i)+j)就是元素 x[i][j]。

方法二：通过指向二维数组行的指针变量访问二维数组元素。

```
#include <stdio.h>
void main( )
{   int x[3][4]={{0,1,2,3},{4,5,6,7},{8,9,10,11}},i,j;
    int (*p)[4];       /*定义 p 是指向二维数组行的指针变量*/
    p=x;               /*或 p=&x[0]; p 指向 0 行，不能写：p=x[0]; */
    for(i=0;i<3;i++)
    {
        for(j=0;j<4;j++)
            printf("%3d",*(*p+j));       /* *p 是 p 所指的行中 0 元素的指针 */
        p++;           /* p++ 使 p 指向下一行 */
        printf("\n");
    }
}
```

5.3 用指针处理字符串

字符串存储在一块连续的空间中，系统自动在串的末尾加字符'\0'作为串的结束标记，只要知道串的起始地址，就可以对串进行处理。利用指针的特点对字符串进行处理非常方便，只要使指针指向字符串的第一个字符，就可以引用字符串或对字符串中的字符进行处理。另外，C 语言允许用字符串常量对指针变量初始化或赋值。

1. 用字符指针指向字符串常量

用字符型指针变量指向字符串常量有两种方法，即初始化和赋值。例如：

```
char *p="Do you know?";      /*用字符串初始化字符型指针变量*/
```

或

```
char *p;
p="Do you know?";            /*将字符串赋值给字符型指针变量*/
```

用字符串初始化字符型指针变量，实际上是用字符串第一个字符的地址初始化字符型指针变量。将字符串赋值给字符型指针变量也是将字符串第一个字符的地址赋值给字符型指针变量。此时字符型指针变量 p 指向字符串的第一个字符，即*p 的值为字符 D。

2. 字符串的引用方式

字符串通常存储在字符数组中，可以通过字符数组名或指向字符串的字符指针两种方式引用字符串。

【例 5-8】 通过字符数组名引用字符串。

```
#include <stdio.h>
#include<string.h>
void main()
{
    char c1[30]="Do you know?",c2[]="Yes!";
    strcat(c1,c2);
    puts(c1);                /*输出字符数组 c1 中的字符串*/
    printf("%s\n",c1);       /*使用%s 格式输出字符数组 c1 中的字符串*/
}
```

程序运行结果如下：

```
Do you know?Yes!
Do you know?Yes!
```

【例 5-9】 通过字符指针指向字符串的方式引用字符串。

```
#include <stdio.h>
void main()
{
    char *str1="Do you know?",*str2;/*str1 为字符指针，不是字符数组*/
    str2="Yes!";                    /*字符型指针变量 str2 存放字符串的起始地址*/
    printf("%s %s\n",str1,str2);    /*使用%s 格式输出字符指针所指字符串*/
    puts(str1);
    puts(str2);
}
```

程序运行结果如下：

```
Do you know? Yes!
Do you know?
Yes!
```

【例 5-10】 求字符串的长度。

```
#include <stdio.h>
void main()
{
    char  str[]="How are you!\n",*p;
    p=str;               /*p 指向数组 str 中的第一个字符*/
    while(*p) p++;  /*若 p 不是指向字符串结束标志'\0'，则 p 指向下一个字符*/
    printf("Length of the string is :%d\n",p-str);
}
```

程序运行结果如下：

```
Length of the string is :13
```

说明：在 5.1.3 节指针运算中提到，两个指针指向同一个数组时才可以进行减法运算，它们的差值即两个指针相对偏移的元素个数。此题就是利用这个性质来计算字符串长度。

3. 字符型指针变量与字符数组的比较

字符型指针变量可以指向单个字符，也可以指向字符串，还可以指向字符数组。正是由于字符型指针变量使用时非常灵活，因此，需要比较透彻地了解字符型指针变量的用法，才能避免一些很隐蔽的程序错误。

（1）字符数组定义时，无论是否初始化，都将分配一块确定的存储空间用于存放数组内容。字符型指针变量则不然，如果字符型指针变量在说明时未初始化，则只在内存中为其分配一个存储单元，用于以后存放指针；如果初始化，则在内存的数据区中分配一块连续存储单元用于存放初始化字符型指针变量的字符串，并把该字符串的起始地址赋给字符型指针变量。切记，要存储字符串必须定义数组，而指针变量只能存储一个指针。

数组一经定义，使用的存储空间就不再变化，任何时刻都可用数组名访问数组元素；但字符型指针变量则不同，它的值一旦改变表示它的指向发生了改变，它就不再指向原来的内容。

（2）要改变字符数组的内容，可以使用函数 strcpy()、strcat()等，或者用指针法和下标法访问数组的元素，只要数组下标不越界就不会造成系统的致命错误。而要改变字符型指针变量的内容，只要给它赋值就行。但是，这样做很容易出错，需要特别小心。

5.4　指针数组和指针的指针

5.4.1　指针数组

由指向同一数据类型数据的指针作为元素组成的数组称为指针数组。定义指针数组的一般形式为：

类型　*数组名[数组长度];

例如：

```c
int  *num[5];
```

定义了一个指针数组 num，数组有 5 个元素，每个元素都是一个指向整型数据的指针变量。

指针数组经常使用在字符串的处理中。一个字符串是存储在内存中的字符序列，因此用指向第一个字符的指针(指向 char 类型的指针)标记串的开始，用一个空字符'\0'标记串的结束。字符型指针数组可以通过初始化获得一批常量字符串的首地址。

例如：

```c
char *str[3]= {"one", "programming", "ok"};
```

定义了一个具有三个元素的数组，每个元素都是一个指向字符型数据的指针变量，指针变量中存储它所指向的字符串的首地址。该定义语句等价于如下语句：

```c
char *str[3];
str[0]= "one";
str[1]="programming";
str[2]="ok";
```

采用指针数组存储字符串时，字符串在内存中可按实际长度存放。

假设上述三个字符串在内存中是顺序存储的，且第一个字符串的首地址为 1001H，那么上述语句所表示的存储关系如图 5-6 所示。

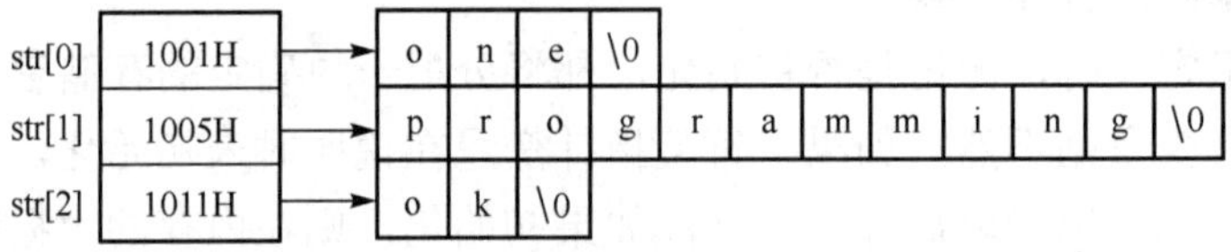

图 5-6　使用指针数组存储字符串常量示意图

若用二维字符数组存放字符串，则每个字符串都要占用等长的存储空间，它的长度至少应等于最长的字符串的长度，这将浪费许多存储空间。

例如：

```c
char str[3][12]={"one", "programming", "ok"};
```

定义了一个 3 行 12 列的二维字符数组，系统将为其分配 36 字节的存储空间。字符数组 str 初始化后的状态如图 5-7 所示，其中有许多存储空间被浪费了。

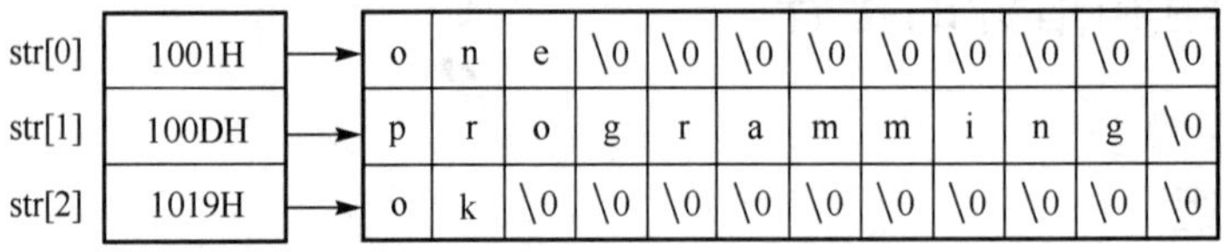

图 5-7　使用二维字符数组存储字符串常量示意图

当指针数组各个元素分别指向字符串的首地址后，就可以通过指针数组元素引用字符串了。

【例 5-11】 用字符串初始化 char 型指针数组，并输出这些串。

```
#include <stdio.h>
void main()
{
    char *str[5]={"one", "two", "three", "four", "five"};
    int i;
    for(i=0;i<5;i++)
        printf("%s ",str[i]);
}
```

程序运行结果如下：

```
one two three four five
```

处理指针数组比处理字符串本身更容易，这种优点在复杂程序中更为明显。我们再看一个用指针数组处理二维数组的例子。

【例 5-12】 利用指针数组存取二维数组的元素。

```
#include <stdio.h>
void main()
{
    int i,j;
    int a[4][4],*p[4]={a[0],a[1],a[2],a[3]};
    for(i=0;i<4;i++)
        for(j=0;j<4;j++)
            scanf("%d",p[i]+j);
    for(i=0;i<4;i++)
    {
        for(j=0;j<4;j++)
            printf("%3d",*(p[i]+j));
        printf("\n");
    }
}
```

说明：此题与【例 5-11】所处理的问题及解题思路是一样的，但这里必须分别给指针数组的各个元素赋初值，使它们分别指向二维数组各行的第一个元素。

5.4.2　指向指针的指针

指针变量也要分配内存空间，指针变量的地址称为指针的指针。存放指针变量地址的指针变量是指向指针的指针变量。而指针的指针则是多级指针最简单、最常用的形式。

如图 5-8 所示，在多级间接寻址中，一个指针变量中存放的是另一个指针变量的地址，直到最后一级指针变量才存放指向变量的地址。这种多级间接寻址可以延伸到任何一级，但在实际编程中很少用到超过二级间接寻址(指针的指针)的多级指针。因为多级间接寻址降低了程序的可读性，容易出错。

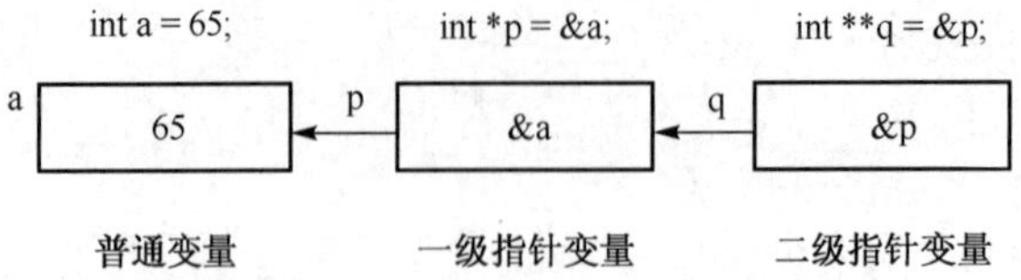

图 5-8　二级指针变量指向示意图

二级指针变量定义的一般形式为：

类型　**标识符；

例如：

```
char **p;
```

定义 p 是一个二级指针，它指向一个一级指针变量，即 p 中存储的是该一级指针变量的地址，该一级指针变量最终指向字符型变量。

要访问一个二级指针间接指向的数据，必须两次使用取内容运算符“*”。

【例 5-13】 使用指针的指针。

```
#include <stdio.h>
void main()
{
    int **p,*pr,i=8;
    pr=&i; p=&pr;
    printf("i=%d,*pr=%d,**p=%d\n",i,*pr,**p);
}
```

程序运行结果如下：

```
i=8,*pr=8,**p=8
```

【例 5-14】 利用二级指针存取二维数组的元素。

```
#include <stdio.h>
void main()
{
    int i,j;
    int a[4][4],*p[4],**pa;
    p[0]=a[0]; p[1]=a[1]; p[2]=a[2]; p[3]=a[3];
    pa=p;        /*pa 指向指针数组 p 的 p[0]元素，指针数组名是二级指针*/
    for(i=0;i<4;i++)
        for(j=0;j<4;j++)
            scanf("%d",*(pa+i)+j);
    for(i=0;i<4;i++)
    {
        for(j=0;j<4;j++)
            printf("%3d",*(*(pa+i)+j));
        printf("\n");
    }
}
```

程序中 pa 指向指针数组 p 的 p[0]元素，指针数组 p 的元素 p[0]、p[1]、p[2]、p[3]依次指向整型数组 a 的元素 a[0][0]、a[1][0]、a[2][0]、a[3][0]。*(pa+i)就是 p[i]，也就是元素 a[i][0]的地址，*(pa+i)+j 就是元素 a[i][j]的地址，*(*(pa+i)+j)就是元素 a[i][j]。所以，键盘输入的数据存储在数组 a 中，输出的是数组 a 元素的值。

由上述二级指针的概念可知，多级指针的要点如下：

(1) 定义指针变量时，指针变量前面有几个星号(*)就是几级指针，如语句 int ***p;定义了一个三级指针变量 p。

(2) 高级指针不能脱离低级指针单独使用，第 *n* 级的指针变量存储第 *n*–1 级的指针变量的地址，第一级指针变量存储最终普通变量的地址。

(3) 引用 *n* 级指针变量访问最终的普通变量，指针变量名前需有 *n* 个取内容运算符。

5.5　程序举例

【例 5-15】 交换数组 a 和数组 b 中的对应元素，用指针方法实现。

```
#include <stdio.h>
void main()
{   int a[5]={11,12,13,14,15},b[5]={21,22,23,24,25};
    int *pa,*pb,temp,i;
    for(pa=a,pb=b;pa<a+5;pa++,pb++)
    {
        temp=*pa;
        *pa=*pb;
        *pb=temp;
    }                  /*交换对应元素*/
    for(i=0;i<5;i++)
        printf("a[%d]=%d ",i,a[i]);
    printf("\n");
    for(i=0;i<5;i++)
        printf("b[%d]=%d ",i,b[i]);
    printf("\n");
}
```

程序运行结果如下：

```
a[0]=21 a[1]=22 a[2]=23 a[3]=24 a[4]=25
b[0]=11 b[1]=12 b[2]=13 b[3]=14 b[4]=15
```

【例 5-16】 输入年、月、日，计算该天是该年的第几天，用指向数组元素的指针实现。

```
#include<stdio.h>
void main()
{   int year,month,day;
    int sum=0,leap,*p;
    int day_tab[2][13]={{0,31,28,31,30,31,30,31,31,30,31,30,31},
                        {0,31,29,31,30,31,30,31,31,30,31,30,31}};
```

```
    printf("input year,month,day:");
    scanf("%d%d%d",&year,&month,&day);
    leap=(year%4==0&&year%100!=0||year%400==0);
    for(p=day_tab[leap]+1; p<day_tab[leap]+month;p++)
        sum=sum+(*p);
    sum=sum+day;
    printf("today is :%d\n",sum);
}
```

程序运行结果如下:

```
input year,month,day:2018 5 18↙
today is :138
```

【例 5-17】 使用指针，把输入的任意 5 个字符串，按字典顺序(从小到大)输出。

```
#include <stdio.h>
#include <string.h>
void main()
{   char str[5][40],ss[40];           /*定义字符数组 str 存储 5 个字符串*/
    char (*p)[40],(*q)[40],(*pos)[40]; /*p、q、pos 是指向行的指针变量*/
    for(p=str;p<str+5;p++)            /*p++使 p 指向下一行*/
        gets((char*)p);               /*输入 5 个字符串*/
    for(p=str;p<str+4;p++)            /*选择排序*/
    {
        for(q=(pos=p)+1;q<str+5;q++)
        if (strcmp((char*)q,(char*)pos)<0) pos=q;
        if (pos!=p)                   /*交换*/
        {
            strcpy(ss,(char*)p);
            strcpy((char*)p,(char*)pos);
            strcpy((char*)pos,ss);
        }
    }
    for(p=str;p<str+5;p++)
        puts((char *)p);              /*输出*/
}
```

本章小结

指针是存储某种类型数据的存储空间的起始地址，使用指针可以访问指向的存储空间。使用指针可以实现内存的动态使用，表示复杂的数据结构。本章主要介绍以下内容：

(1) 指针的概念、指针变量的定义和初始化。

(2) 指针的运算。包括：&(取地址)、*(取内容)、=(赋值)、指针±整数、指针变量增 1(或减 1)和指针的关系运算。指针的算术运算和关系运算是针对一块连续的内存空间(数组使用的就是一块连续的空间)进行的。

(3) 一维数组和二维数组中的指针，可用元素指针或行指针访问数组元素。

(4) 使用指针处理字符串。

(5) 指针数组、指针的指针及多级指针。

(6) 指针类型的定义形式及其含义，如表 5-1 所示。

表 5-1　各种指针类型的定义及其含义

定 义 形 式	含　　义
int *p;	p 为指向整型数据的指针变量
int (*p)[n];	p 为指向含有 n 个元素一维数组整体的指针变量
int *p[n];	p 为指针数组，含有 n 个元素，每个元素可指向一个整型数据
int **p;	p 为一个指针变量，可指向一个指向整型数据的指针变量

使用指针的目的是访问内存空间，只要在指针前加*就可以访问指针指向的空间。

习题五

一、单项选择题

1. 已有定义：int *p, a;，则语句 p=&a; 中的运算符“&”的含义是(　　)运算。

A. 逻辑与　　B. 位与　　C. 取内容　　D. 取变量地址

2. 已有定义：int x=0,*p=&x;，语句 printf("%d\n",*p); 的输出结果是(　　)。

A. 随机值　　B. 0　　C. 变量 x 的指针　　D. 变量 p 地址

3. 对于类型相同的两个指针，不能进行(　　)运算。

A. +　　B. −　　C. =　　D. ==

4. 设指针 x 指向的整型变量的值为 18，则语句：printf("%d\n",++*x); 的输出结果是(　　)。

A. 17　　B. 18　　C. 19　　D. 20

5. 若已定义 a 为 int 型变量，则对指针 p 的说明和初始化正确的是(　　)。

A. int *p=a;　　B. int p=a;　　C. int *p=*a　　D. int *p=&a;

6. 执行程序段：int *p, a=10, b=1; p=&a; a=*p+b; 后变量 a 的值为(　　)。

A. 10　　B. 11　　C. 12　　D. 编译出错

7. 已有定义：int k=2; int *ptr1,*ptr2;，且 ptr1 和 ptr2 均已指向变量 k，下面不能正确执行的赋值语句是(　　)。

A. k=*ptrl+*ptr2;　　B. ptr2=k;　　C. ptr1=ptr2;　　D. k=*ptr1*(*ptr2);

8. 若有语句：int *point, a=4;和 point=&a;，下面均代表地址的一组选项是(　　)。

A. a, point, *&a　　B. &*a, &a, *point

C. *&point, *point, &a　　D. &a, &*point，point

9. 已有定义：int i, j=7, *p=&i;，则与语句：i=j; 等价的语句是(　　)。

A. i=*p;　　B. *p=*&j;　　C. i=&j;　　D. i=**p;

10. 已有定义：int a[10], *p=a;，则对数组元素的正确引用是(　　)。

A. a[p]　　B. p[a]　　C. *(p+2)　　D. p+2;

11. 若有定义：int a[ ]={1,2,3,4,5,6,7,8,9,10}, *p=a;，则值为 3 的表达式是(　　)。

A．p+=2,*(p++)　　B．p+=2,*++p　　C．p+=3,*p++　　D．p+=2, ++*p

12．若有定义：int a[2][3];，则对 a 数组的第 i 行第 j 列(假设 i、j 已正确说明并赋值)元素值的正确引用为(　　)。

A．*(*(a+i)+j)　　B．(a+i)[j]　　C．*(a+i+j)　　D．*(a+i)+j

13．若有以下定义和语句，则对 a 数组元素地址的正确引用为(　　)。

```
int a[2][3], (*p)[3];
p=a;
```

A．*(p+2)　　B．p[2]　　C．p[1]+1　　D．(p+1)+2

14．下面程序段的运行结果是(　　)。

```
char *s="abcde";
s+=2;  printf("%s", s);
```

A．cde　　B．字符'c'　　C．字符'c'的地址　　D．无确定的输出结果

15．设有下面的程序段：

```
char s[]="china"; char *p; p=s;
```

则下列叙述正确的是(　　)。

A．s 和 p 完全相同　　B．数组 s 中的内容和指针变量 p 中的内容相等

C．s 数组长度和 p 所指向的字符串长度相等　　D．*p 与 s[0]相等

二、填空题

1．单目运算符“*”称为________运算符，单目运算符“&”称为________运算符。

2．有说明语句：int x=3,*p;，则使指针变量 p 指向 x 的语句是________，此时*p 的值是________。

3．有说明语句：a[10],*p=a;，则对元素 a[2]的正确引用是 p[_____] 和 *(p_____)。

4．有说明语句：int a[]={2,4,6,8,10,12},*p=a;，则*(p+1)的值是________，*(a+5)的值是________。

5．有说明语句：int a[4]={0,1,2,3},*p=&a[1];，则++(*p)的值是________，*(++p)的值是________。

6．若有定义：int a[2][3]={2,4,6,8,10,12};，则 a[1][0]的值是________，*(*(a+1)+0))的值是________。

7．若有定义和语句：int s[2][3]={0},(*p)[3]; p=s;，则 p+1 表示________，*(p+1)表示________。

8．若有定义：int a[2][3]={2,4,6,8,10,12};，则*(&a[0][0]+2*2+1)的值是________，*(a[1]+2)的值是________。

9．有以下说明语句，不改变指针 p 的值，通过 p 引用值为 98 的数组元素的表达式是________。

```
int w[10]={33,55,10,47,98,73,82,61,100,99}, *p=w;
```

10．有说明语句：char *s="\ta\017bc";，则指针变量 s 指向的字符串所占的字节数是________。

11．有说明语句：char *a="ABCD";，则 printf("%s",a)的输出是________，而 printf("%c",*a)的输出是________。

12．有以下说明语句和赋值语句，则**(pp+2)的值是________，*(pp+3)的值是元素________的指针。

```
int a[4]={2,4,6,8}, *p[4]={&a[0], &a[1], &a[2], &a[3]}, **pp;
pp=p;
```

三、程序阅读分析题

1. 阅读程序，写出程序运行的输出结果。

```
#include <stdio.h>
void main( )
{   int a[ ]={30,25,20,15,10,5},*p=a;
    p++;
    printf("%d\n",*(p+3));
}
```

2. 阅读程序，写出程序运行的输出结果。

```
#include <stdio.h>
void main( )
{   int a[ ]={1,2,3,4,5,6,7,8,9,10},*p;
    p=a;
    printf("%d\n",*p+9);
}
```

3. 阅读程序，写出程序运行的输出结果。

```
#include <stdio.h>
void main( )
{   char *p="abcdefgh",*r;
    long *q;
    q=(long*)p;
    q++;
    r=(char*)q;
    printf("%s\n",r);
}
```

4. 阅读程序，写出程序运行的输出结果。

```
#include <stdio.h>
void main( )
{   int a[5]={2,4,6,8,10},*p,**k;
    p=a;
    k=&p;
    printf("%d,",*(p++));
    printf("%d\n",**k);
}
```

5. 以下程序的功能是________。

```
#include <stdio.h>
void main()
{   char *str[]={"ENGLISH","MATH","MUSIC","PHYSICS","CHEMISTRY"};
    char **p;
    int  num;
    p=str;
```

```
    for(num=0;num<5;num++)
        printf("%s\n",*(p++));
}
```

四、程序设计题(以下题目均要求用指针方法实现)

1．输入 3 个整数，按由小到大的顺序输出。

2．输入一个字符串，按相反次序输出其中所有字符。

3．输入 10 个整数存入一维数组中，再按逆序重新存放后输出。

4．输入 10 个整数存入一维数组中，将其中最大数与最后一个数交换，最小数与第一个数交换。

5．有 9 个整数，已按升序存放于长度为 10 的一维数组中。要求将一整数插入其中，并保持数组元素仍然有序。

6．输入一个英文句子，将每个单词的第一个字母改为大写字母。

7．编写程序，将字符数组 str2 中的全部字符复制到字符数组 str1 中。要求不使用 strcpy 函数，复制时'\0'也要复制进去，'\0'后面的字符不复制。

8．输入一个字符串和一个指定字符，将字符串中出现的指定字符全部删除。

9．编写程序，实现输入月份数，输出相应的英文月份名。例如，若输入“3”，则输出“March”。

10．“回文”是一种顺序读和反序读都一样的字符串，如“121”“abcba”“ABCCBA”。编写程序，判断任一字符串是否为回文。

第6章　函　　数

本章主要内容

- 模块化程序设计思想
- 函数概念、定义、调用及声明
- 函数的参数传递与返回值
- 函数的嵌套调用和递归调用
- 变量的作用域与存储类型

函数可以把大的计算任务分解成较小的任务，一个设计得当的函数可以把程序不需要了解的具体操作细节隐藏起来，从而使整个程序的结构更加清晰，降低了修改程序的难度，同时提高代码重用率。本章介绍函数的定义、调用和声明方法；参数传递的两种方式及函数的两种特殊调用(即嵌套调用和递归调用)；最后讨论变量的作用域规则和存储类别。本章的重点是掌握自定义函数的定义和调用方法，以及函数参数的传递方式，特别是指针作为参数时的传递方式。

6.1　模块化程序设计方法

前面章节中的程序规模相对较小，但实际应用中，典型的软件项目往往有成千上万行甚至超过百万行的代码。面对复杂程序，程序员需要将大问题分解为若干较小问题，小问题还可以继续分解为更小的问题来解决，即根据程序的功能将其划分为若干相对独立的“模块”。每个模块实现一个特定功能，并可以被重复使用(调用)。模块化程序设计思想就是把较大的功能分解成若干较简单的功能模块，体现“分而治之”的思想。

结构化程序设计，主要采用功能分解的方法来实现模块化程序设计。一般采用自顶向下、逐步求精的方法，将复杂的功能分解或细化成多个功能模块来实现，这些功能模块可能是层次结构或树状结构。对每个模块同样也可以进一步分解细化为更小的模块或一系列具体的步骤，各个击破，从而确立整个体系结构，直至功能实现。模块化设计方法降低了程序设计的复杂性，提高了程序的可读性并更易于代码调试及维护，同时推动了系统各个部分的并行开发，提高了软件的生产效率。

例如，要完成一个医院信息管理系统(HIS)软件设计，其功能可划分为门诊管理、住院管理、医务人员信息、药品管理、财务管理、后勤管理等模块。其中，门诊管理模块又可由门诊挂号、门诊收费及医生工作站三个模块组成，其他模块也可再划分。整个体系结构可用图 6-1 所示的树形图表示。

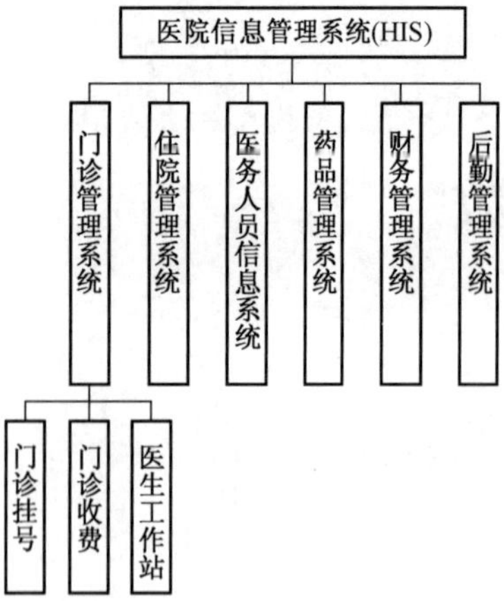

图 6-1　医院信息系统模块结构

如图 6-1 所示，模块只完成自身的细化任务，模块之间相互独立。任何一处错误的发生，一般只影响其下层模块，同一层的其他模块不受影响，因此适于集体编制。采用这种方法还可将常用的模块作为公用模块重复使用，即提炼公用任务，减少重复编写程序代码的工作量。

复杂的程序由若干独立的程序模块构成。程序中的模块称为子程序，各个子程序之间逻辑关系明确、结构清晰、可读性强，便于整个程序的调试和修改。C 语言中，子程序以函数的形式出现。函数是 C 语言中模块化程序设计的最小单位，既可以把每个函数视为一个模块，也可以将若干相关的函数合并成一个规模稍大的模块。

图 6-2 给出了一个典型的 C 语言程序的构成。一个 C 语言程序由一个或多个源文件组成，一个源文件由一个或多个函数组成，所有函数中只有一个 main() 函数，通常来完成对其他函数的调用，其他函数也可以互相调用。C 语言程序的执行总是从 main() 函数开始，调用其他函数后又返回到 main() 函数，在 main() 函数中结束整个程序的运行。各个函数之间相互独立，无从属关系。

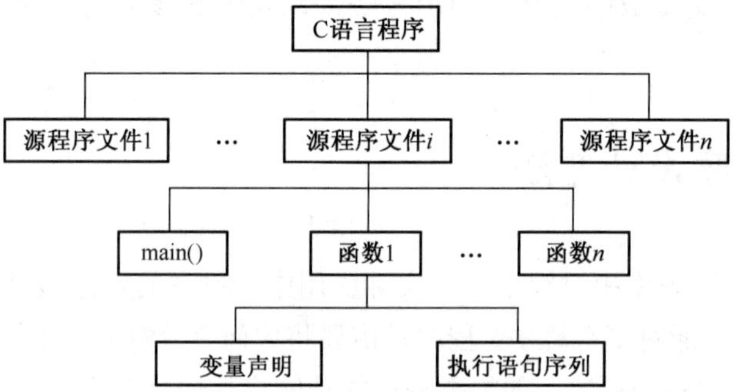

图 6-2　C 语言程序构成

C 语言中函数分为两大类，一类是标准函数，即库函数；另一类是用户自定义函数。如果将程序设计比喻成制造一台精密仪器，那么函数就好比是构成这台仪器的各种零部件，这些零部件既可以是自己设计的，也可以是现有的标准成品。C 语言中的标准函数就像成品零部件一样，是由系统提供的，用户不必自己定义这些函数。库函数提供了丰富的功能，用它可以实现一般的数学计算、字符处理、输入、输出及其他操作，程序员在编写程序时只要调用这些函数即可，简化编程工作。对于初学者，首先要熟悉标准函数库，尽可能使用标准库函数提高编程效率、可靠性及可移植性。

程序员除可调用标准库函数外，也可以自定义函数，满足特殊功能。无论是标准函数还是用户自定义函数，都可以把函数内部的信息即具体操作细节对不需要这些信息的其他模块隐藏起来，让使用该函数的对象不必关注函数内部，只需知道如何使用即可，这就是所谓的信息隐藏，从而使整个程序结构更加紧凑，逻辑更加清晰。

自定义函数的有关内容包括三个方面：函数的定义、调用和声明。

6.2　函数的定义、调用和声明

先通过一个实例了解自定义函数的定义、调用和声明。

【例 6-1】 求 $C_m^n = \dfrac{m!}{n!(m-n)!}$。

```
#include <stdio.h>
void main()
{
    int con(int m,int n);                    /*对 con()函数声明*/
    int m,n,c;
    printf("Input m,n\n");
    scanf("%d,%d",&m,&n);
    c=con(m,n);                              /*调用 con()函数，求组合数*/
    printf("%d\n",c);
}
int con(int m,int n)                         /*定义函数 con()，求组合数*/
{
    int fac(int n);                          /*对 fac()函数声明*/
    return fac(m)/(fac(n)*fac(m-n));         /*调用 fac()函数计算并返回组合数*/
}
int fac(int n)                               /*定义函数 fac()，求阶乘 */
{
    int t=1,i;
    for(i=1;i<=n;i++)
        t*=i;
    return t;                                /*返回阶乘*/
}
```

本例中有三个函数：main(), con(), fac()。main()作为主调函数调用 con()函数，con()函数即是被调函数，又作为主调函数调用 fac()函数。在主调函数中要先对被调函数声明，再进行调用。从程序的注释中可以看出，哪些是函数声明，哪些是函数调用，哪些是函数定义。程序运行结果如图 6-3 所示。

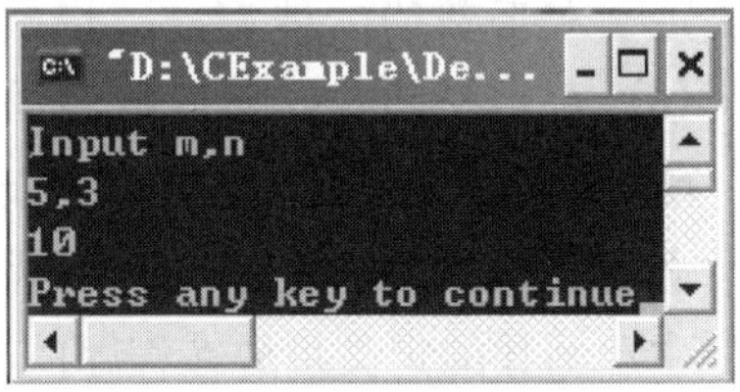

图 6-3 【例 6-1】运行结果

下面将分别从函数的定义、调用、声明三个方面进行介绍。

6.2.1　函数定义

依据功能需求，按照函数定义格式，从无到有编写一个函数的过程，即函数定义。函数定义的一般形式为：

```
函数类型 函数名(类型1 形式参数1,类型2 形式参数2,…)        ← 函数首部
{
    说明部分                                             函数体
    可执行语句序列
}
```

说明：

(1) 第一行称为函数首部(或函数头)，包括三方面内容：函数类型、函数名和形式参数表。函数首部之后大括号中的内容称为函数体，由两部分内容组成：说明部分和可执行语句序列。

(2) 函数首部中的函数类型指明了函数返回值的类型。可以是基本类型、空类型和指针类型，也可以是后续章节中的结构体或共用体类型。如果没有指明类型，则默认为整型。若函数名前带有星号(*)，则函数的类型为指针类型。函数的返回值由 return 语句返回。

(3) 函数名是函数的唯一标识，用于区别不同的函数，必须是合法的标识符。函数名应直观且易于拼读，选择有一定含义的函数名，以便见名知义，提高程序的可读性。

(4) 函数名后圆括号中的部分称为形式参数列表，是用逗号分隔的形参变量的定义。ANSI C 标准提倡将形式参数类型说明和形式参数列表写在一起。例如：

```
int function(int x,int y,int z)
{…}
```

形式参数表实际上是数据传递的一种约定，函数被调用时，按约定的数据个数和数据类型为函数提供数据。或者说，形式参数表约定了函数的处理对象。在上面的代码中，function 是函数名，函数的返回值类型是 int 型，形式参数表包含三个 int 型参数；在调用该函数时，需提供三个 int 型数据。如果函数名相当于运算规则，那么形参表里的形参就相当于运算的操作数，而函数的返回值则是运算的结果。

按照函数是否包含参数可将函数分为无参函数和有参函数。如【例 6-1】中函数 fac() 和函数 con() 均为有参函数。无参函数的形参表为空，但圆括号不能省略。

(5) 函数体必须用一对大括号包围起来，这里的大括号相当于函数体的定界符。函数体规定了对参数的处理方法，也就是函数的功能。

(6) 在定义函数时，函数名后面括号内的变量称为形参变量，简称形参。在调用函数时，函数名后面括号中的变量或表达式的值称为实际参数，简称实参。当主调函数和被调函数之间有数据传递要求时，可通过参数传递实现。

(7) 函数的定义可放在程序的开头，即 main() 之前，也可放在其后，一般大多放在 main() 函数之后。需要注意的是，一个函数内不能包含另一个函数的定义，即不允许嵌套定义。

下面是几个函数定义的例子：

```
void empty( )
{ }
```

empty() 函数无参数，函数体也空，称为空函数。空函数没有任何操作，仅起占位置作用。调用此函数时，不做任何工作。空函数的定义表示此处有一函数，等以后扩充功能时补齐，空函数常用于模块设计的最初阶段。

```
void print_test( )
{
    printf("this is a test line.\n");
}
```

此函数功能简单，函数体只有一条输出语句，形式参数表列为空，为无参函数。函数类型 void 表示该函数没有返回值。如果函数不需要返回值，可以用“void”定义无返回值类型，系统保证该函数不返回任何值。

```
int max(int a,int b)
{
    if(a>=b) return(a);
    else return(b);
}
```

该函数的功能是求两个整数中的较大值。在此函数定义中，有两个 int 型的形参变量 a 和 b。若 a>=b，则函数返回 a 的值；否则函数返回 b 的值。函数值由 return 语句返回。

return 语句的一般形式为：

return 表达式;

return 语句的作用是终止函数的执行，使程序执行流程返回到主调函数，并将表达式的值返回到主调函数中。若函数不需要返回值，则表达式或 return 语句可以省略。

一个函数的函数体中，可以有一个以上的 return 语句，执行到哪一个 return 语句，哪一个 return 语句起作用。即无论函数体中包含多少个 return 语句，每调用一次函数，只执行其中的一条，每次调用函数只得到一个返回值。函数也可以无 return 语句，函数体执行结束时，自动返回。例如：

```
return;                    /*不返回任何值*/
return (1);                /*返回常量值 1*/
return (x);                /*返回变量 x 的值*/
return(a>b?a:b);           /*返回条件表达式的值*/
```

return 语句后面的括号可以省略。例如，return (x);和 return x;等价。

函数的返回值应与函数类型一致，如果不一致，则 return 后面表达式的值将被强制转换为函数类型指定类型的值。例如：

```
int division(float a,float b)
{
    return (a/b);
}
```

return(a/b);中表达式的值是 double 型，但函数返回一个 int 型值。

```
char *mystrcpy(char *t,char *s)     /*函数 mystrcpy 返回指针值*/
{   char *p=t;
    while(*p++=*s++);
    /*循环体为空；把 s 指向的字符复制到 p 指向的位置，然后 p++,s++ */
    return t;
}
```

函数的类型为 char *，即字符指针，说明函数的返回值是一个指向字符型数据的指针。该函数的功能是实现字符串的复制，即把指针 s 指向的字符串复制到指针 t 指向的存储空间中，同时返回新字符串的首地址。

若函数的返回值是指针类型，则函数定义的一般形式为：

函数类型 *函数名(形式参数表列)

{…}

在主调函数中，如果要将函数的返回值赋给变量，变量也应是指针类型。

6.2.2 函数调用

定义函数也就是实现函数的逻辑功能，要使用定义的函数，就需要调用它。函数调用的一般形式为：

函数名(实参表列)

写出函数名且在其后的圆括号中给出具体数据的过程称为函数调用。函数调用出现在主调函数的函数体中。在主调函数执行到函数调用时，就转去执行相应的被调函数，被调函数执行结束后返回到主调函数，继续执行主调函数中的后继语句。主调函数调用函数时，必须向被调函数提供若干实际参数的值(可以是常量、变量或表达式的值)。实际参数的类型应和函数定义时对应形参的类型一致或兼容。主调函数把实参的值赋值给被调函数形参变量的过程称为参数传递。

函数的调用过程是：当程序执行到函数调用时，首先为被调函数的所有形参变量分配内存空间，再将所有实参表达式的值计算出来，依次赋值给对应的形参变量(参数传递)。然后执行流程进入被调函数体内，先为函数体中说明的局部变量分配内存，再执行函数体中的语句。执行到 return 语句时，计算返回值，释放被调函数体中局部变量和形参变量占用的内存空间，返回主调函数继续执行。若是无参函数，则无参数传递过程。函数调用的应用形式有以下几种。

（1）函数调用作为表达式的一部分，返回值参与表达式的计算。例如：

```
y=division(x,y);    /*将函数调用 division(x,y)的返回值赋给变量 y*/
```

（2）函数调用作为独立的一条语句，在函数调用后加分号。例如：

```
print_test();       /*调用函数 print_test()输出一行字符串*/
```

函数调用作为独立的一条语句时，函数的返回值被忽略。如果函数类型为 void，则函数调用只能作为一条独立语句。

（3）函数调用作为函数的实参，返回值参与实参表达式的计算。例如：

```
y=max(c,max(a,b));        /*求 a,b,c 三个数中的最大值*/
```

内层函数调用 max(a,b)的返回值作为外层函数调用 max(c,max(a,b))的实际参数，可以用函数的这种调用形式扩展原函数的功能。

【例 6-2】 编写函数求两个整数的和。在主函数中输入两个整数，调用该函数求和。

```
#include <stdio.h>
int add(int x,int y)        /*定义 add 函数，求两个整数的和*/
```

```
{   int z;
    z=x+y;
    return(z);
}
void main( )
{   int a,b,c;
    scanf("%d,%d",&a,&b);
    c=add(a,b);                    /*调用 add 函数，求两个整数的和*/
    printf("sum is %d\n",c);
}
```

其函数调用过程如图 6-4 所示。程序运行结果如图 6-5 所示。

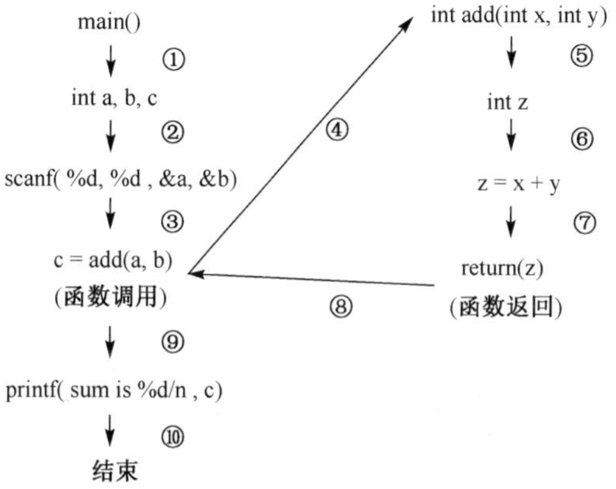

图 6-4　函数调用过程图

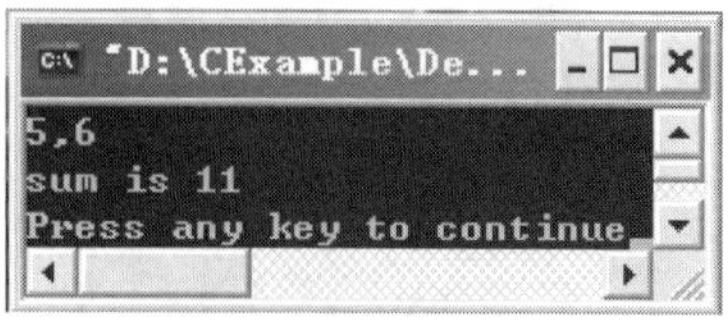

图 6-5 【例 6-2】运行结果

注意：调用函数时，如果实参表中包括多个实参表达式，对于实参表达式的求值顺序，不同的编译系统有不同的规定，基于此原因，会使程序通用性受到影响。因此应当避免这种容易引起混淆的情况出现，即尽量不要在实参表中使用++或– –这样的运算符。大部分系统按从右至左的顺序求值。

【例 6-3】 分析下面程序运行的输出结果。

```
#include <stdio.h>
int f(int a,int b)
{   return(a*b);}
void main( )
{   int i=50,m;
    m=f(i,++i);
    printf("%d\n",m);
}
```

使用 Visual C++ 6.0 编译系统编译、链接后的运行结果为 2601，请读者自己分析。

6.2.3　函数声明

对于任何已存在的函数，实现其功能的方法就是调用该函数，若想在一个函数中调用另一个标准库函数或用户自定义函数，必须确认以下两点：

(1) 调用库函数时，不需要对函数进行声明，而是要在源程序的开头用#include 命令将对应的扩展名为.h 的头文件包含进来。如之前在例题中见到的#include<stdio.h>，其中，“stdio.h”就是一个头文件，该文件的内容是一些宏定义等预处理命令和输入/输出库函数的声明。其他头文件的相关内容可参阅 C 语言帮助系统。

(2) 如果要使用用户自定义的函数，并且函数定义的位置在主调函数之后，则需要在主调函数的开始部分对被调函数进行声明。函数声明的作用是，将被调函数返回值的类型、函数参数个数及参数类型通知编译程序，以便在函数调用时验证其正确性。

函数声明的一般形式为(函数原型)：

函数类型 函数名(类型 1 形式参数 1，类型 2 形式参数 2，…)；

或省略形参变量名，写成：

函数类型 函数名(类型 1，类型 2，…)；

与函数声明不匹配的函数调用、函数定义将导致语法错误。也就是说，函数声明、函数调用、函数定义应该从函数类型、函数名到函数参数都保持一致或兼容，否则系统会报错。

函数的声明可以放在主调函数中，即在主调函数中对被调函数进行声明。例如：

```
#include <stdio.h>
void main()
{
    float square(float f); /*函数声明，也可以写为 float square(float);*/
    printf("%f",square(1.5));
}
float square(float f)        /*定义 square()函数，功能是输出一个浮点数的平方值*/
{
    return f*f;
}
```

程序运行后输出：

```
2.250000
```

如果在所有函数之前进行函数声明，则不需在主调函数中声明被调函数。一个简单的方法是将函数声明集中放在整个程序的开头，就是将所有函数的函数头都复制到程序开始部分再加分号。这样就不必在每个函数中对被调函数进行声明了。例如【例 6-1】中对函数的声明可以放在如下斜体字所示的位置。

```
#include <stdio.h>
int con(int m,int n);                    /*对 con()函数声明*/
int fac(int n);                          /*对 fac()函数声明*/
void main(){ … }
int con(int m,int n){ … }
int fac(int n){ … }
```

如果被调函数定义在主调函数之前，则在各主调函数中可以不必声明。编译程序将在第一次遇到函数定义时形成函数声明。

如果被调函数的类型为整型，C 语言允许在调用函数前不必进行函数声明。但是用这种方法时，系统无法对参数类型进行检查。因此，如果在调用时参数使用不当，编译时也不会报错。为了提升程序安全性，建议除了被调函数的定义位于主调函数定义之前，其他情况都要加函数声明。

当参数为数值型时，函数的声明还可以对实参类型进行强制转换，即强制实参的类型要与形参的类型相一致。不同的计算机对其数值的转换是不一样的，具体转换规则可参阅相关手册或上机实验。

早期C语言版本的函数声明方式称为基本形式，只声明函数名和函数类型，不声明函数的参数类型和参数个数。例如：

```
float add( );
```

在此声明方法中，系统未对调用的合法性进行全面检查，所以不提倡这种方法。现在常用的函数声明方式称为函数原型，这种方式的函数声明要求同时对参数进行声明，这样的验证内容更全面。例如：

```
float add(float a, float b);
```

或省略参数名写成：

```
float add(float, float);
```

建议使用函数原型对函数进行声明。

6.3　函数参数及其传递方式

6.3.1　函数的参数

对于有参函数，定义函数时函数头圆括号内的参数称为函数的形参变量，简称形参。调用函数时圆括号内的数据称为实际参数，简称实参。形参和实参的功能是实现数据传递。发生函数调用时，主调函数把实参的值传递给被调函数的形参变量，从而实现主调函数向被调函数的数据传送。形参和实参的使用要注意以下几点。

（1）形参变量只有在函数被调用时才分配内存空间。在调用结束后，立刻释放所分配的内存空间。因此，形参变量只在函数内部有效，是函数的局部变量。函数调用结束返回主调函数后则不能再使用该形参变量。

（2）实参可以是常量、变量、表达式、函数调用等。无论实参是何种形式，在进行函数调用时，它们都必须具有确定的值。

（3）实参和形参在数量上、类型上、顺序上应相同或赋值兼容，否则会发生“类型不匹配”的错误。如实参值为6.5，而形参变量a为整型，则在函数调用时将实型数6.5转换成整数6，然后赋值给形参变量a。字符型与整型做参数时可以互相通用。

【例6-4】 试分析下面的程序。

```
#include <stdio.h>
char trans(char a)       /*定义trans()函数，形参为字符型*/
{
    char c;
    if(a>65) c=a-32;
```

```
        else c=a+32;
        return c;
    }
    void main()
    {
        int x,y;
        printf("please input a integer:\n");
        scanf("%d",&x);
        y=trans(x);          /*调用 trans()函数，实参为整型*/
        printf("the result is %c\n",y);
    }
```

程序运行结果如图 6-6 所示。

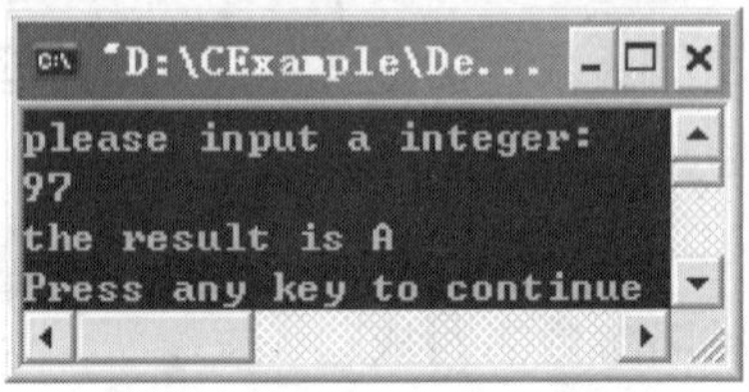

图 6-6 【例 6-4】运行结果

函数 trans()的形参为字符型变量，而 main()函数调用 trans()函数时传递给形参的实参则为整型数值，系统并不会因形参和实参分别是字符型和整型而报错。

(4) 函数调用中发生的数据传送是单向的。即只能把实参的值传送给形参变量，而不能把形参的值反向地传送给实参。因此在函数调用过程中，形参的值发生改变，不会影响实参。

【例 6-5】 设计一个函数，其功能为求 1+2+…+n 的值，在主函数中调用该函数。

```
#include <stdio.h>
int s(int n);          /*声明函数 s()*/
void main()
{   int n;             /*主函数中定义的 n，只在主函数中起作用*/
    printf("input number\n");
    scanf("%d",&n);
    printf("sum=%d\n",s(n));     /*调用函数 s()*/
    printf("n=%d\n",n);
}
int s(int n)           /*定义函数 s，形参变量 n 与主函数中定义的 n 没关系*/
{   int i;
    for(i=n-1;i>=1;i--)
        n=n+i;
    return n;
}
```

程序运行结果如图 6-7 所示。

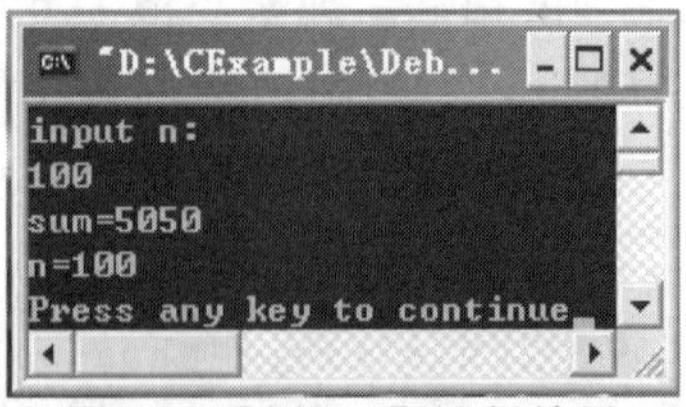

图 6-7 【例 6-5】运行结果

程序中定义了一个函数 s()，该函数的功能是求 1+2+…+n 的值。在主函数中输入 n 值，并作为实参，在调用时传送给 s()函数的形参量 n(注意：本例的形参变量和实参变量的标识符都为 n，但这是两个不同的量，各自的作用域不同)。在主函数中用 printf()输出一次 n 值，这个值是主函数中 n 的值。在函数 s()中也用 printf()输出了一次 n 值，这个值是形参变量最后取得的值 5050。从运行情况看，输入 n 值为 100，即实参 n 的值为 100。把此值传给函数 s()时，形参 n 的初值也为 100，在执行函数过程中，形参 n 的值变为 5050。返回主函数之后，输出实参 n 的值仍为 100。

6.3.2　函数参数的传递方式

使用函数的参数可以传递两种不同的数据，即传递值和传递变量的指针。前一种方式称为值传递，后一种方式称为地址传递。

1．值传递

形参变量是普通变量(非指针变量)时，参数的传递即值传递。将实参表达式的值赋值给形参变量，被调函数中形参的改变对调用时的实参没有影响。在被调函数体中，不能访问主调函数中的变量；在主调函数体中，也不能访问被调函数中的变量；在函数体中定义的变量是局部变量，只在定义它的函数体中起作用(关于变量的作用域在本章后面介绍)。

【例 6-6】 分析下面程序中形式参数及实际参数值的变化情况。

```
#include <stdio.h>
int f(int x,int y)          /*x,y 是 f 函数的形参变量*/
{
    x=x+18;
    y=y+26;
    printf("x=%d,y=%d\n",x,y);
    return (x+y) ;
}
void main( )
{
    int a=2, b=4,c;
    c=f(a,b);                /*a,b 是 main 函数中定义的变量*/
    printf("a=%d,b=%d,c=%d\n",a,b,c);
}
```

程序运行结果如图 6-8 所示。

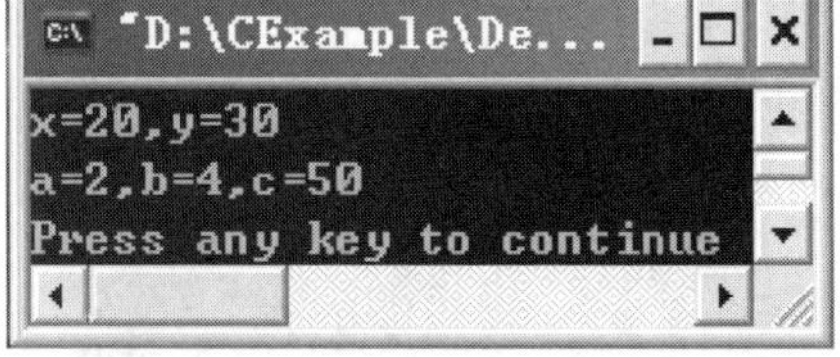

图 6-8 【例 6-6】运行结果

参数传递过程和相关变量的变化情况如图 6-9 和图 6-10 所示。

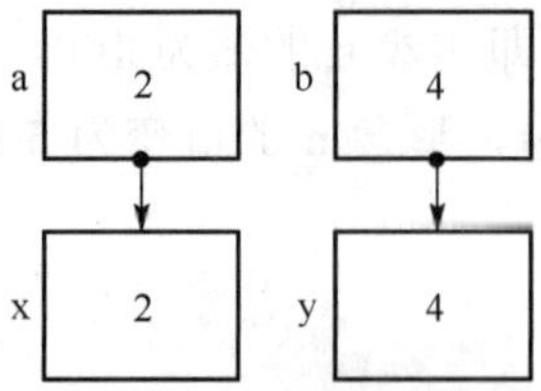

图 6-9　参数的传递

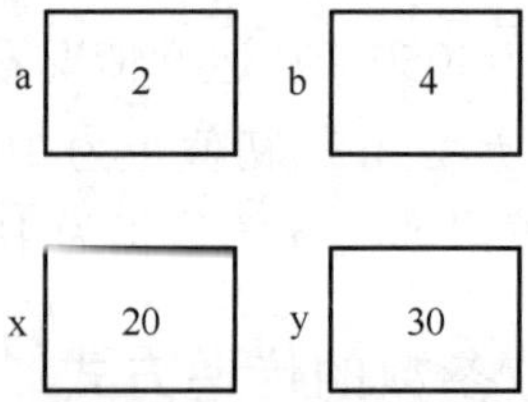

图 6-10　相关变量的变化

【例 6-7】 分析下面程序中参数传递过程和相关变量的变化情况。

```
#include <stdio.h>
void swap(int ,int );                    /*swap( )函数声明*/
void main( )
{
    int x=2,y=3;
    printf("调用 swap 前，变量 x,y 的值：%d,%d\n",x,y);
    swap(x,y);                           /*swap( )函数调用，x,y 为实参*/
    printf("调用 swap 后，变量 x,y 的值：%d,%d\n",x,y);
}
void swap(int a,int b)                   /*swap( )函数的定义，a,b 为形参*/
{   int t;
    t=a;a=b;b=t;                         /*交换形参变量 a,b 的值*/
    printf("调用 swap 中，变量 a,b 的值：%d,%d\n",a,b);
}
```

程序运行结果如图 6-11 所示。从结果可以看出，函数调用中形参变量的值进行了交换，而实参变量的值没有改变，仍保持原值。

图 6-11 【例 6-7】运行结果

【例 6-8】 数组元素作为函数的实参。

```
#include <stdio.h>
int tt(int);                         /*声明函数 tt( )*/
void main( )
{
    int n[10]={1,2,3,4,5,6,7,8,9,10};
    int i,a,sum=0;
    for(i=0;i<10;i++)
    {
        a=tt(n[i]);                  /*用数组元素作为实参调用函数 tt( )*/
        if(a==1) sum=sum+n[i];
    }
    printf("the sum is %d\n",sum);
}
int tt(int y)                        /*定义函数 tt( )*/
{   int z=0;
    if(y%3==0) z=1;
    return z;
}
```

程序运行结果如图 6-12 所示。

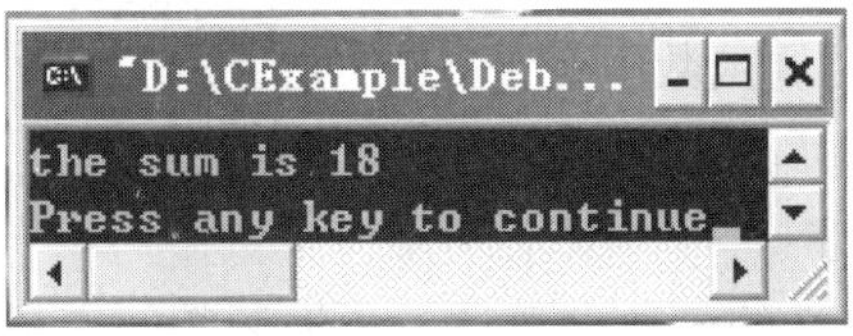

图 6-12 【例 6-8】运行结果

2. 地址传递

当形参变量是指针类型时，实参与形参之间是地址传递。调用函数时，要求为指针形参变量传递变量的指针或数组的首地址，或者说，实参应是主调函数中变量的指针或数组的首地址。将实参指针传递给形参变量后，被调函数中的形参变量指向主调函数中的变量或数组，在被调函数中通过该指针形参变量可以访问主调函数中的变量或数组元素。这种方式使函数间的数据传递更加灵活。

在使用地址传递时，形参有两种具体形式：一种是指针形参；另一种是数组形参。在使用数组形参时，编译程序把数组名作为指针变量处理。也就是说，这两种形式的形参没有本质区别，仅仅是书写形式上的不同。

(1) 指针形参

当指针作为函数参数时，实参和形参都为指针类型。在函数调用时，将实参指针传递给形参指针。在被调函数的函数体内，通过形参指针间接访问主调函数中的变量。

【例 6-9】 分析下面程序的输出结果。

```
#include <stdio.h>
void func(float x,float y,float *p,float *q);      /*函数声明*/
void main()
{   float a=15.5,b=6.8,c=0,d=0;
    func(a,b,&c,&d);                                /*函数调用*/
    printf("a=%f,b=%f,c=%f,d=%f\n",a,b,c,d);
}
void func(float x,float y,float *p,float *q)       /*函数定义*/
{   *p=x*y;
    *q=x+y;
}
```

程序运行结果如图 6-13 所示。

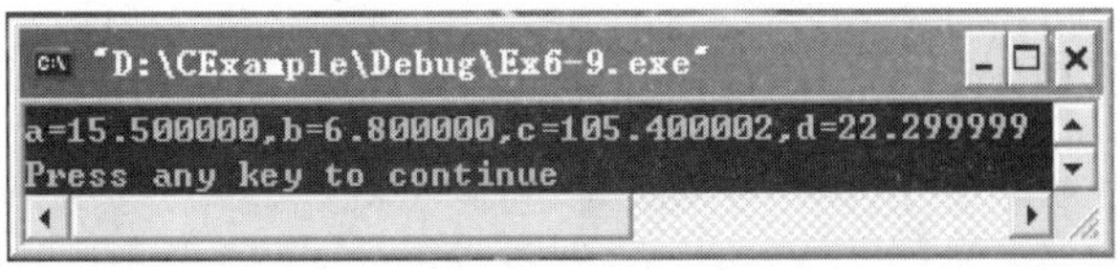

图 6-13 【例 6-9】运行结果

函数 func()有 4 个参数，前两个是实型的，用于传递两个实型数据；后两个是实型指针，用于传递两个实型变量的指针。函数调用时，传递给形参 x,y 的是主调函数中变量 a,b 的值，传递给形参 p,q 的是主调函数中变量 c,d 的指针。在函数 func()中，为*p 和*q 赋值，就是给主调函数中的变量 c 和 d 赋值。所以，函数调用结束之后，变量 c 和变量 d 的值被调用 func()函数的操作改写了。

从【例 6-9】可知，在定义的函数中要访问主调函数的变量，可以使用指针参数实现。

【例 6-10】 设计函数，其功能是交换主调函数中两个变量的值。

```
#include <stdio.h>
void swap(int *a,int *b);       /*声明 swap( )函数*/
void main( )
{
    int x=2,y=3;
    printf("调用 swap 前，变量 x,y 的值：%d,%d\n",x,y);
    swap(&x,&y);                /*调用 swap( )函数，传递变量 x,y 的指针*/
    printf("调用 swap 后，变量 x,y 的值：%d,%d\n",x,y);
}
void swap(int *a,int *b)        /*定义 swap( )函数，a,b 为指针形参*/
{
    int t;
    t=*a;*a=*b;*b=t;            /*交换指针形参变量 a,b 所指向变量的值*/
}
```

程序运行结果如图 6-14 所示。

上述程序中，函数 swap()的参数是指针类型。请读者仔细体会通过函数调用：swap(&x,&y) 交换变量 x 和 y 的值的过程。

图 6-14 【例 6-10】运行结果

【例 6-11】 设计函数，在一个字符串中检查是否有指定的字符，若有，函数返回 1，否则返回 0。在主函数中调用该函数，验证该函数的功能。

```
#include <stdio.h>
int ss(char *p,char ch);        /*声明 ss( )函数*/
void main( )
{   char str[81],ch;
    int i;
    printf("输入一个字符串:");
    gets(str);
    printf("输入指定字符:");
    ch=getchar();
    i=ss(str,ch);               /* 调用函数 ss()传递字符串起始地址 */
    if(i==1)
        printf("在字符串中有指定的字符 %c.\n",ch);
    else
        printf("在字符串中没有指定的字符 %c.\n",ch);
}
```

```
    int ss(char *p,char ch)          /*定义 ss()函数*，p 为指针形参*/
    {
        while(*p!='\0')
        {
            if(*p==ch) return 1;
            p++;
        }
        return 0;
    }
```

程序运行结果如图 6-15 所示。

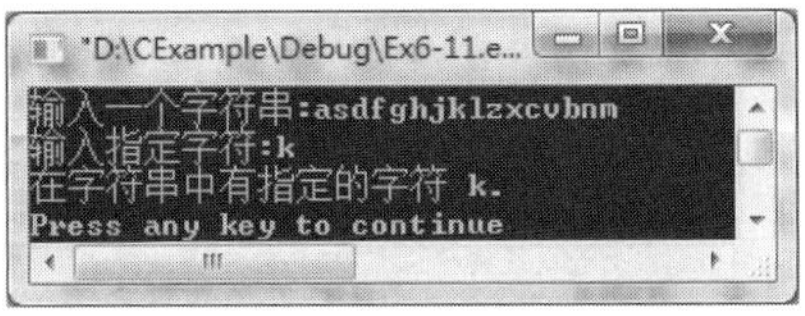

图 6-15　【例 6-11】运行结果

(2) 数组形参

数组作为函数的参数，其本质与指针作为参数是一样的。当函数的形参为数组时，实参应是数组名，将实参数组的首地址传给形参，形参数组与实参数组共用一块内存空间，即主调函数中数组的空间。例如：

```
void func(int x[],int n)
{…}
```

与下面的定义形式是等价的：

```
void func(int *x,int n)
{…}
```

上面两种定义形式中的形参变量 x 实际上都是指针形参，在函数中既可以作为数组名使用，也可以作为指针变量使用。数组作为函数的参数时，一般需另设一个参数传递数组元素的个数，如上面程序中的参数 n。

【例 6-12】设计函数，求一个整型数组前 n 个元素的乘积，在主函数中调用该函数，验证该函数的功能。

```
#include <stdio.h>
    int pro1(int arr[10]);        /*声明 pro1()函数*/
    int pro2(int arr[],int n);    /*声明 pro2()函数*/
    int pro3(int *arr,int n);     /*声明 pro3()函数*/
void main()
{   int a[10]={1,2,3,4,5,6,7,8,9,10};
    int p1,p2,p3;
    p1=pro1(a);                 /*调用 pro1()函数*/
    p2=pro2(a,10);              /*调用 pro2()函数*/
    p3=pro3(a,10);              /*调用 pro3()函数*/
    printf("p1=%d\np2=%d\np3=%d\n",p1,p2,p3);
```

```
}
int pro1(int arr[10])              /*定义函数 pro1( )*/
{   int i,p=1;
    for(i=0;i<10;i++)
        p*=arr[i];
    return(p);
}
int pro2(int arr[],int n)          /*定义函数 pro2( )*/
{   int i,p=1;
    for(i=0;i<n;i++)
        p*=arr[i];
    return(p);
}
int pro3(int *arr,int n)           /*定义函数 pro3( )*/
{   int i,p=1;
    for(i=0;i<n;i++)
        p*=arr[i];
    return(p);
}
```

程序运行结果如图 6-16 所示。

图 6-16 【例 6-12】运行结果

在【例 6-12】中，pro1()函数只能求一个整型数组前 10 个元素的乘积，功能有局限性；而 pro2()、pro3()两个函数功能等价，都实现了求一个整型数组前 n 个元素乘积的功能。其中，pro1()函数的形参是数组，实际上在参数表中指定数组长度是没有意义的，除非是二维数组作为函数的参数，此时，也只需指定二维数组的列长度。指定数组长度，从形式上局限了函数的功能。pro2()函数的形参为数组形式，不指定数组长度，另设参数 n 指定元素个数。pro3()函数的形参为指针形式，这是 C 语言程序中普遍采用的书写形式。

上述三种形式中的参数 arr，既可以作为函数名使用，也可以作为指针变量使用。

【例 6-13】 设计一个函数，对整型数组的前 n 个元素从小到大排序，在主函数中调用该函数，对数组中的数据排序。.

```
#include <stdio.h>
void selsort(int x[],int n)      /*定义函数 selsort()，选择法排序*/
{   int i,j,k,temp;
    for(i=0;i<n;i++)
    {   k=i;
        for(j=i+1;j<n;j++)
            if(x[k]>x[j]) k=j;
        if(k!=i)
        {
            temp=x[k]; x[k]=x[i];x[i]=temp;
        }
    }
```

```
}
void printa(int *x,int n)   /*定义函数 printa()，输出数组数据*/
{   int i;
    for(i=0;i<n;i++)
        printf("%4d",x[i]);
    printf("\n");
}
void main()
{   int a[10]={66,77,45,76,89,54,32,67,78,88};
    printa(a,10);          /*调用函数 printa()，输出排序前数组 a 中的数据*/
    selsort(a,10);         /*调用函数 selsort()，对数组 a 的前 10 个数排序*/
    printa(a,10);          /*调用函数 printa()，输出排序后数组 a 中的数据*/
}
```

程序运行结果如图 6-17 所示。

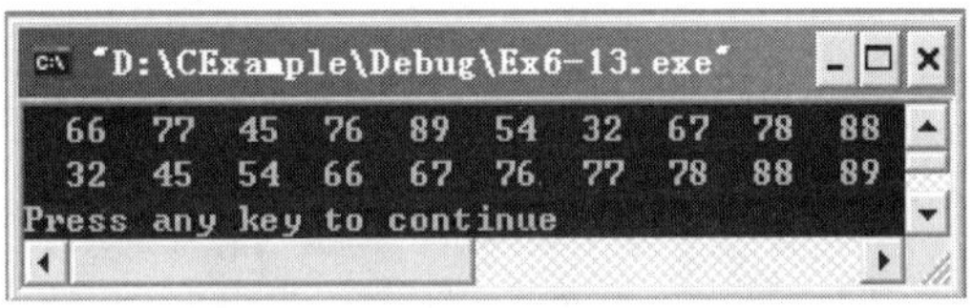

图 6-17 【例 6-13】运行结果

【例 6-13】程序中除 main()函数外还有 printa()和 selsort()两个函数。其中，printa()函数的形式参数是指针变量 x 和整型变量 n，其功能是按照顺序将 x 指向的数组元素依次输出；selsort()函数的形参为数组 x[]和整型变量 n，其功能是将 x 数组前 n 个元素从小到大排序。

就参数传递而言，地址传递与值传递没有区别，都是将实参的值(普通值或地址值)赋值给形参变量。但从数据的访问来看，由于地址传递的是主调函数中变量的地址，通过该地址可以在被调函数中间接访问主调函数中的变量；而值传递是将常量、变量或表达式的值传递给形参，与主调函数之间没有访问变量的通道，不能访问主调函数中的变量。因此，有人认为值传递是单向传递，而地址传递是双向传递，这是依据被调函数是否能访问主调函数中的变量而言的。

6.4　函数的嵌套调用和递归调用

对于较复杂的函数，常常还包含函数的嵌套调用和递归调用，下面分别讨论。

6.4.1　函数的嵌套调用

在调用一个函数的过程中又调用另外一个函数，称为函数的嵌套调用。

C 语言中函数的定义都是相互平行、相互独立的，即定义一个函数时，该函数体内不能包含另一个函数的定义，即函数不能嵌套定义。

函数不可以嵌套定义，但可以嵌套调用。其调用过程如图 6-18 所示。程序首先从 main()

函数开始执行，遇到 a()函数就转去执行 a()函数，在 a()函数中又遇到 b()函数，则转去执行 b()函数，b()函数执行结束后，返回到 a()函数中调用 b()函数处，接着执行 a()函数的剩余语句，当 a()函数执行结束后，返回到 main()函数中调用 a()函数处，继续执行 main()函数的剩余语句，直至结束。

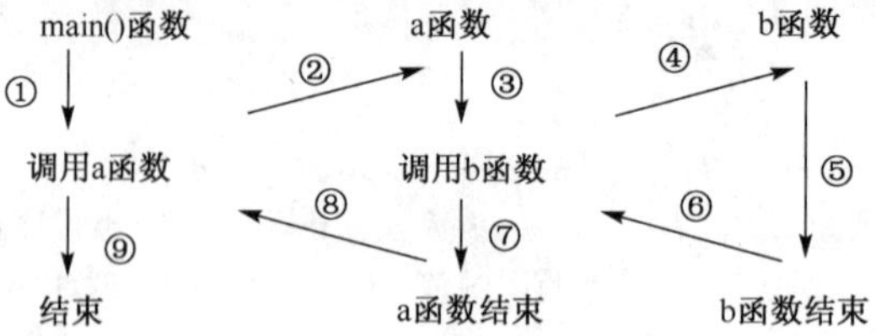

图 6-18　函数的嵌套调用

【例 6-14】 用函数嵌套调用的方式求 4 个整数中的最大值。

```
#include<stdio.h>
int max4(int a,int b,int c,int d); /*对 max4( )函数进行声明*/
int max2(int a,int b);             /*对 max2( )函数进行声明*/
void main( )
{   int a,b,c,d,max;
    printf("please input 4 interger numbers :\n");
    scanf("%d,%d,%d,%d",&a,&b,&c,&d);
    max=max4(a,b,c,d);                  /*调用 max4( )函数*/
    printf("max is :%d\n",max);
}
int max4(int a,int b,int c,int d)       /*定义 max4( )函数*/
{   int m;
    m=max2(a,b);                        /*第一次调用 max2( )函数*/
    m=max2(m,c);                        /*第二次调用 max2( )函数*/
    m=max2(m,d);                        /*第三次调用 max2( )函数*/
    return (m);                         /*将函数返回值带回到主调函数中*/
}
int max2(int a,int b)            /*定义 max2( )函数，求两个整数中的较大者*/
{   if(a>=b)
        return (a);
    else
        return (b);
}
```

程序运行结果如图 6-19 所示。

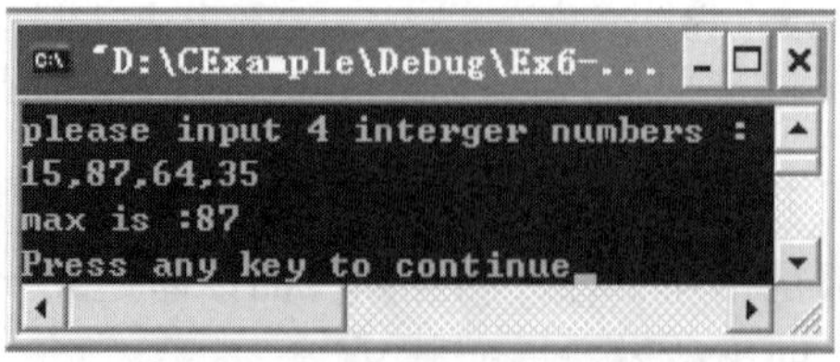

图 6-19　【例 6-14】运行结果

该程序中，主函数调用 max4()函数，max4()函数又三次调用 max2()函数，属于函数的嵌套调用。

【例 6-15】 用牛顿迭代法求解一元三次方程 $x^3-2x^2-4x-7=0$ 在 $x=4.0$ 附近的近似解，精确到 10^{-5}。

分析：用牛顿迭代法求解方程 $f(x)=0$ 在 a 附近近似解的方法如下。

(1) 在 a 附近取一点 x_0 作为根的第 0 次近似值。

(2) 过点 $(x_0, f(x_0))$ 作曲线 $y=f(x)$ 的切线，其与 x 轴的交点的横坐标 x_1 作为方程的第 1 次近似解。切线方程为：$y-f(x_0)=f'(x_0)(x-x_0)$。

令 $y=0$，得切线与 x 轴交点的横坐标：$x_1=x_0-f(x_0)/f'(x_0)$。

(3) 过点 $(x_1, f(x_1))$ 作曲线 $y=f(x)$ 的切线，其与 x 轴的交点的横坐标 x_2 作为方程的第二次近似解：$x_2=x_1-f(x_1)/f'(x_1)$。

(4) 推广到一般：$x_{n+1}=x_n-f(x_n)/f'(x_n)$。

$x_0, x_1, x_2, \cdots, x_n$ 逐次逼近方程的解，直到 $|f(x)|<\varepsilon$ 为止。

在程序中，用下面几个函数实现各部分功能：

(1) 函数 f(x) = x*x*x–2*x*x–4*x–7 = ((x-2)*x-4)*x-7;

(2) 函数 tang(x)=3*x*x–4*x–4 = (3*x-4)*x-4;

(3) 函数 root(x)=x–f(x)/tang(x)，求切线方程与 x 轴交点的坐标，此函数调用 f(x)函数和 tang(x)函数。

分析下面的程序：

```
#include <stdio.h>
#include <math.h>
float f(float x);                  /*f()函数声明*/
float tang(float x);               /*tang()函数声明*/
float root(float x);               /*root()函数声明*/
void main()
{   float x0=4.0,x1,y;             /*取 4 为根的第 0 次近似值*/
    do{                            /*牛顿法求方程根*/
        x1=root(x0);               /*root()函数调用*/
        y=f(x1);
        x0=x1;
    }while(fabs(y)>=1e-5);
    printf("a root of equation is %8.4f\n",x1);
}
float f(float x)                   /*定义 f()函数*/
{   float y;
    y=((x-2)*x-4)*x-7;
    return(y);
}
float tang(float x)                /*tang()函数定义*/
{   float y;
    y=(3*x-4)*x-4;
```

```
    return(y);
}
float root(float x)              /*root( )函数定义*/
{   float y;
    y=x-f(x)/tang(x);
    return(y);
}
```

程序运行结果如图 6-20 所示。

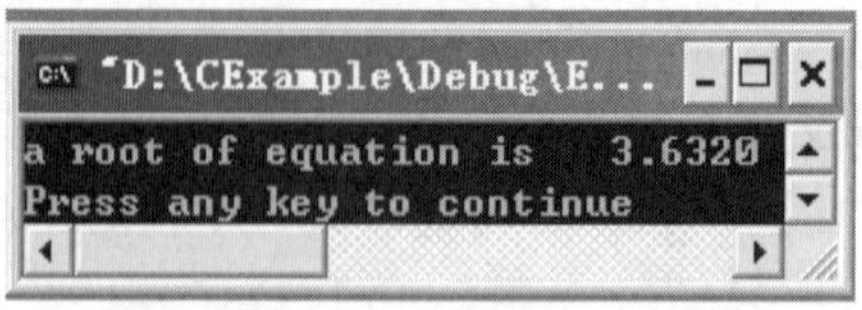

图 6-20 【例 6-15】运行结果

6.4.2 函数的递归调用

C 语言允许函数直接或间接地调用它自身，这种调用形式称为递归调用。含有递归调用的函数称为递归函数。若函数在函数体内直接调用函数自身，称为直接递归。若某函数调用其他函数，而其他函数又调用了本函数，这一过程称为间接递归。

如图 6-21(a)所示，在 A 函数的函数体中又调用 A 函数本身，称为直接递归。如图 6-21(b)所示，在 A 函数体中调用 B 函数，B 函数体中又调用 A 函数，称为间接递归。间接递归比较复杂，本书只介绍直接递归。

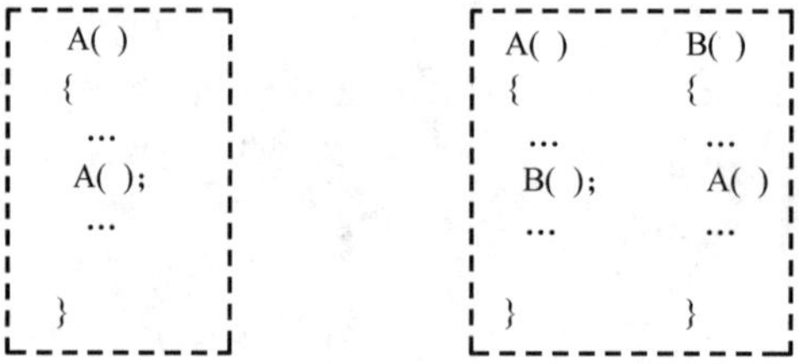

(a) 直接递归　　(b) 间接递归

图 6-21　递归调用

一个直接递归函数的定义如下：

```
int func(int a)          /*定义函数 fun( )*/
{
    int b;
    b=func(a);           /*在 func( )函数体内调用函数 func( )自身*/
    return (b+5);
}
```

func()是一个递归函数，但是该函数将无休止地调用其自身，这样程序会陷入死循环。显然这是不允许的。合理的递归调用应该是有限的，在一定条件下能终止，即要有递归终止条件。

在本书 1.5.3 节中曾介绍了递归算法策略。递归法是利用一个问题与其子问题的递推关系来解决问题，通常把一个问题层层转化为一个与原问题相同或相似的但规模较小的子问题来求解。

递归在解决某些问题时，是一个十分有用的方法，它可以使某些看起来不容易解决的问题变得容易解决，写出的程序也比较简洁。但是递归通常要花较多的机器时间和占用较多的存储空间。

如果一个问题可以用递归的方法解决，则这个问题必须满足以下两个条件：

（1）该问题能分解为若干个子问题，子问题与原问题相同或相似但规模较小；

（2）该问题的子问题存在最简形式，即递归的边界。

【例 6-16】 用递归函数计算 $n!$。

分析：求 $n!$可以表示为递归公式：

$$n! = \begin{cases} 1 & (n = 0 \text{或} n = 1) \\ n*(n-1)! & (n > 0) \end{cases}$$

按照这个公式，当 $n = 0$ 或 $n = 1$ 时，该问题为最简形式；另外，将求 $n!$的问题变成求 $(n-1)!$的问题，而求 $(n-1)!$的问题又可以变成求 $(n-2)!$的问题……直到最后 $n = 1$。

```
#include <stdio.h>
long fac(int n);                /*声明函数 fac()*/
void main()
{   int n;long y;
    printf("input a integer number:");
    scanf("%d",&n);
    y=fac(n);                   /*调用函数 fac()*/
    printf("\n%d!=%ld\n",n,y);
}
long fac(int n)                 /*定义函数 fac()，采用递归方法实现*/
{   long f;
    if(n==0||n==1) f=1;
    else f=fac(n-1)*n;          /*fac()函数体中又调用 fac()函数自身*/
    return(f);
}
```

程序运行结果如图 6-22 所示。

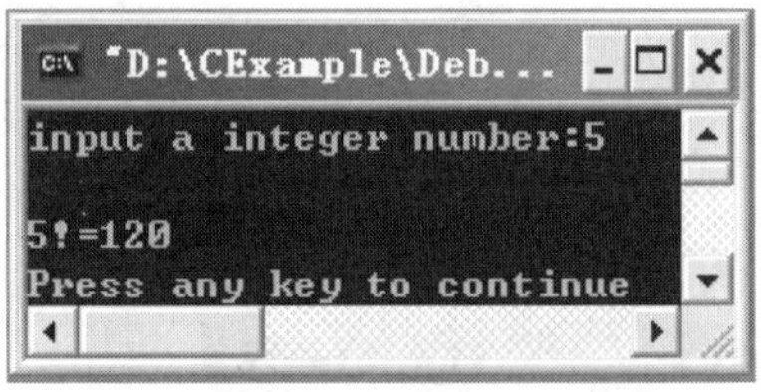

图 6-22 【例 6-16】运行结果

下面以 5!为例来分析递归函数 fac(5)的调用和执行过程，如图 6-23 所示。

从图 6-23 可知，fac()函数被调用了 5 次，第 1 次调用出现在 main()函数中，由 main()函数调用，其他 4 次都是由 fac()函数自己调用。

每调用一次函数，都要给函数的形参变量和函数内部的局部变量分配新的存储单元，同时，函数代码以新变量重新开始执行。当递归调用返回时，本次的形参变量和函数内部变量的内存单元释放，并返回到函数上次调用处。虽然递归程序构造比较简单，但是由于递归程序需要使用大量的存储空间，因此它的执行效率较低。

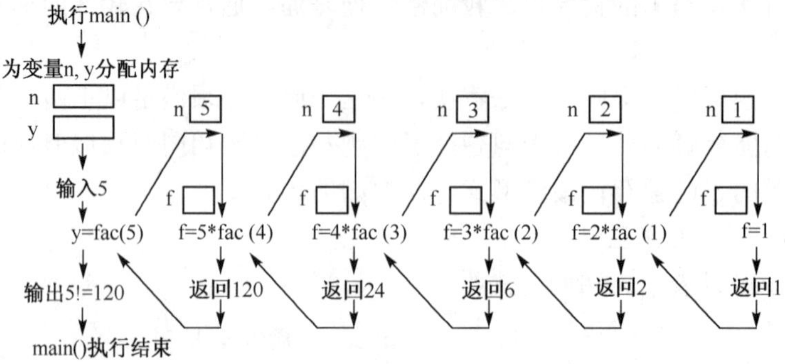

图 6-23　用递归方法求阶乘的调用过程

【例 6-17】 用递归法编写程序计算幂级数 x^n。

分析：x^n 可表示为递归公式：

$$x^n = \begin{cases} x^{n+1}/x & (n<0) \\ 1 & (n=0) \\ x \times x^{n-1} & (n>0) \end{cases}$$

```
#include <stdio.h>
double power(float,int);          /*声明函数power()*/
void main( )
{   printf("The result is %.6f\n",power(5.2,0));
    printf("The result is %.6f\n",power(5.2,2));
    printf("The result is %.6f\n",power(5.2,-2));
}
double power(float x,int n)     /*定义函数power() */
{   double y;
    if(n==0) y=1;
    else if(n>0) y=x*power(x,n-1);
    else y=power(x,n+1)/x;
    return y;
}
```

程序运行结果如图 6-24 所示。

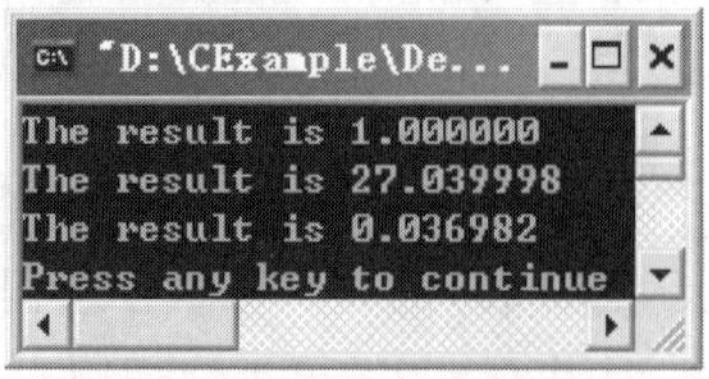

图 6-24 【例 6-17】运行结果

6.5　函数指针和指向函数的指针变量

6.5.1　函数指针和指向函数的指针变量的定义

函数作为程序实体，在程序执行前和编译时都要进入内存，占据一段连续的存储空间，因此函数也有内存地址。存储这个函数代码的第一条指令的地址，称为函数的入口地址，这个地址就称为函数指针。在前几章中，我们了解到数组名代表数组起始地址，同理可知，函数名就是这个函数在内存中的起始地址，编译器将不带圆括号的函数名解释为该函数的入口地址。

指针变量可以指向普通变量，如整型、字符型变量，可以指向数组，也可以指向一个函数。当一个指针变量指向函数时，这个变量称为指向函数的指针变量。一个指针变量指向函数后，可以通过该指针变量调用指向的函数。指向函数的指针变量定义的一般形式为：

函数类型 (*标识符)(形参表列);

其中，函数类型是指该指针变量指向的函数类型，标识符前面的星号(*)和后面的圆括号表明该标识符是指向函数的指针变量，形参表列是所指函数的参数表信息。注意，两个括号都不能省略。注意区分如下几种说明方式：

```
int *p;                /*定义 p 是指向整型数据的指针变量*/
int *func();           /*声明函数 func 的返回值是指针类型*/
int (*f)();            /*定义 f 是指向函数的指针变量，函数返回整型数据*/
```

【例 6-18】 用指向函数的指针变量调用函数。

```
#include <stdio.h>
int add(int x,int y);
void main()
{   int a,b,c;
    int (*p)(int,int);        /*定义指向函数的指针变量 p*/
    scanf("%d,%d",&a,&b);
    p=add;                    /*将函数指针即函数入口地址赋值给 p*/
    c=(*p)(a,b);              /*用指向函数的指针调用函数，与 c=add(a,b);等价*/
    printf("两数之和为：%d\n",c);
}
int add(int x,int y)          /*定义 add()函数*/
{   int z;
    z=x+y;
    return(z);
}
```

程序运行结果如图 6-25 所示。

图 6-25 【例 6-18】运行结果

在【例 6-18】的 main()函数中，说明语句：

```
int (*p)(int, int);
```

说明 p 是一个指向函数的指针变量，第一个 int 表示 p 指向的函数的返回值是 int 型，括号里的两个 int 表示 p 指向的函数有两个 int 型参数。

赋值语句：

```
p=add;
```

将 add() 函数的指针(即 add() 函数的入口地址)赋给指针变量 p，从而使 p 指向函数 add()。进行函数调用时，既可以通过函数名 add 来调用，也可以通过指向函数的指针 p 来调用。即可以有以下两种等价形式：

```
c=add(a,b);
c=(*p)(a,b);
```

在一个程序中，一个指向函数的指针变量可以先后指向多个函数。将一个函数的指针赋给它，它就指向相应的函数，当赋给它另外一个函数的指针时，它就指向另外一个函数。但是这些函数的返回值和参数表应该相同。指向函数的指针变量只能指向函数的入口地址，不能指向函数的其他部分，因此不能用*(p+1)来表示函数的下一条指令，也不能进行像 p++、p--、p+2 等形式的运算，需要小心使用。

【例 6-19】 用指向函数的指针变量调用不同的函数。

```
#include <stdio.h>
int max(int x,int y)                /*定义函数 max()*/
{   return x>y?x:y;  }
int min(int x,int y)                /*定义函数 min()*/
{   return x<y?x:y;  }
void main()
{   int a=123,b=234;
    int (*f)(int,int);              /*定义了指向函数的指针变量 f*/
    f=max;                          /*指针变量 f 指向 max 函数*/
    printf("%d,%d\n",max(a,b),(*f)(a,b));   /*两种方法调用函数 max()*/
    f=min;                          /*指针变量 f 指向 min 函数*/
    printf("%d,%d\n",min(a,b),(*f)(a,b));   /*两种方法调用函数 min()*/
}
```

程序运行结果如图 6-26 所示。

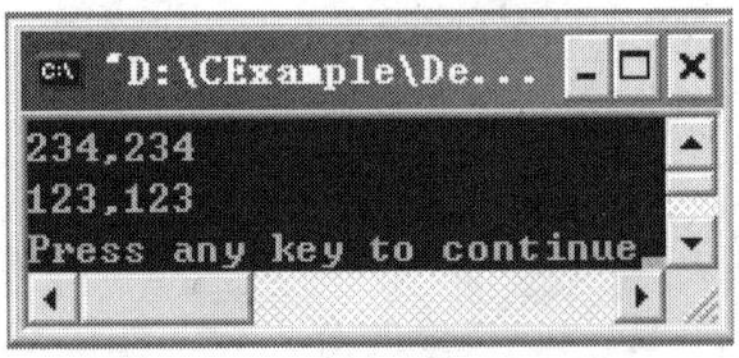

图 6-26 【例 6-19】运行结果

6.5.2 指向函数的指针作为函数的参数

指向函数的指针的主要用途是作为函数的参数，传递函数的入口地址，从而在函数中调用不同的函数。

【例 6-20】 在【例 6-19】的基础上稍做更改，仔细分析如下程序：

```
#include <stdio.h>
int max(int x,int y)                          /*定义 max( )函数*/
{    return x>y?x:y;  }
int min(int x,int y)                          /*定义 min( )函数*/
{    return x<y?x:y;  }
int func(int (*f)(int,int),int x,int y)  /*定义 func( )函数*/
{return (*f)(x,y);}
void main( )
{    int a=123,b=234;
     printf("%d,%d\n",func(max,a,b),func(min,a,b));
}
```

程序运行结果如图 6-27 所示。

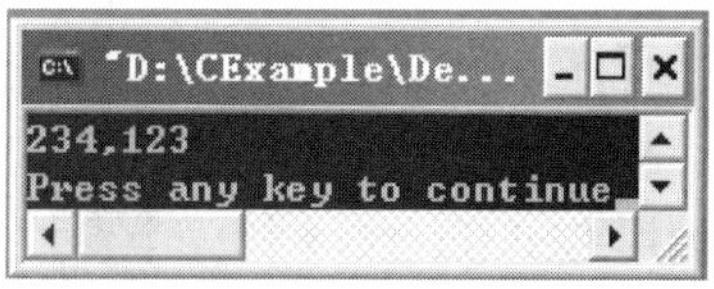

图 6-27 【例 6-20】运行结果

【例 6-20】在【例 6-19】的基础上又多定义了一个函数 func()，该函数有三个形参，分别是一个指向函数的指针变量和两个 int 型变量。在 func() 中，return 后面的表达式(*f) (x,y) 是一个函数调用，调用形参变量 f 指向的函数。在 main() 中，函数调用 func(max,a,b) 的第一个实参是函数名 max，传递给形参变量 f 的是 max 函数的指针，因此，函数调用 func(max,a,b) 返回的是 a,b 两个值中的较大值；同理，函数调用 func(min,a,b) 返回的是 a,b 两个值中的较小值。

有时许多函数功能不同，但它们的返回值和形式参数列表都相同。这种情况下，可以构造一个通用的函数，把函数的指针作为函数参数，这样有利于进行程序的模块化设计。

【例 6-21】 利用指向函数的指针，求不同函数 f1()、f2()、f3() 在一个区段内的最小值。

分析：本题可以利用指向函数的指针。虽然函数互不相同，但假设它们的形参和返回值类型都相同，则在一定区间内求最小值的算法都是通用的。因此，可以写一个通用的函数 float GetMin(float (*p) (float), float fPos1,float fPos2)，用于计算不同函数的最小值。该函数的第一个参数 p 是一个指向函数的指针形参，p 可以指向包含一个 float 型参数并且返回值是实型数据的函数。分析如下程序：

```
#include <stdio.h>
#include <math.h>
float f1(float x)
{    return x*x+4*x+2;    }    /*f1( )的表达式*/
float f2(float x)
{    return 5*sin(x);    }     /*f2( )的表达式*/
float f3(float x)
{    return 10*x+1;    }       /*f3( )的表达式*/
float GetMin(float (*p)(float), float fPos1,float fPos2)
/* 定义 GetMin( )函数，求某函数在一段区间的最小值 */
/* p 为指向函数的指针，fPos1 和 fPos2 为左右区间的值 */
{
     float f,t, fMin, fStep=0.01;        /* fStep 为步长值*/
     fMin=(*p)(fPos1);
     /*在 fPos1 至 fPos2 的区间内，以 fStep 为步长，依次比较最小 f 值*/
```

```
        for(f=fPos1;f<=fPos2;f+=fStep)
        {   t=(*p)(f);
            if(t<fMin) fMin=t;
        }
        return fMin;          /*返回求出的最小值*/
    }
    void main()
    {
        printf("\nMin value of f1: %f",GetMin(f1,-1,1));
        printf("\nMin value of f2: %f",GetMin(f2,1,3));
        printf("\nMin value of f3: %f\n",GetMin(f3,-1,1));
    }
```

程序运行结果如图 6-28 所示。

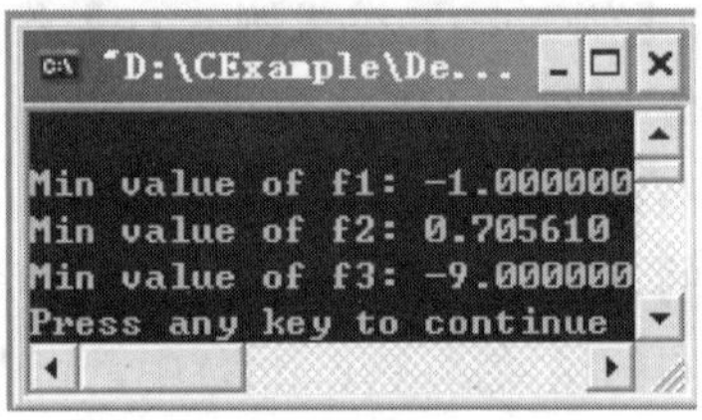

图 6-28 【例 6-21】运行结果

根据题目的要求，分别写了三个数学函数。在主函数中调用 GetMin() 时，第一个参数分别使用上述数学函数的函数名，后两个参数传入区间值。这样，调用三次 GetMin() 即可以求出三个函数在给定区间的最小值。GetMin() 函数在计算函数最小值时，根据传入的函数指针 p 调用相应的函数。灵活使用指向函数的指针可以提高程序的扩充性。

对于该例，如果要增加条件，计算 f4(x)=10*ln(x)+5 在(0,6)内的最小值，那么只需要增加一个 f4 函数的定义即可，然后在 main() 函数中就可以直接进行计算，即 GetMin(f4,0,6)，GetMin() 函数不用进行任何修改。

6.6 main() 函数的参数

在前面章节的程序中，main() 函数都是不带参数的，因此 main 后的括号中都是空的。实际上，main() 函数可以带参数，这些参数可以认为是 main() 函数的形式参数。C 语言规定 main() 函数的参数只能有两个，习惯上写为 argc 和 argv。带参数 main() 函数的一般形式如下：

```
void main(int argc,char *argv[])
{…}
```

由于 main() 函数不能被其他函数调用，因此不可能在程序内部取得实际值。那么，在何处把实参值传递给 main() 函数的形参呢?我们知道，当一个 C 语言的源程序经过编译、链接后，会生成扩展名为.exe 的可执行文件，这是可以在操作系统下直接运行的文件，换句话说，就是由系统来启动运行的。main() 函数的实际参数值是从操作系统命令行上获得的。所谓的命令行实参是在 DOS 操作系统下键入命令行时附于命令名后的信息。当我们要运行一个可执行文件时，在 DOS 提示符下键入文件名，再输入实际参数即可把这些实参传送到 main() 的形参中去。

main() 函数形参 argc、argv 仅用来接收命令行实参。argc 是一个整型参数；argv 是一个字符型指针数组，其中每个指针元素都指向命令行实参。

在命令行环境下，一条完整的命令应包括两部分：命令与相应的参数。其格式为：

命令　参数 1　参数 2　…参数 n

此格式也称为命令行。命令行中的命令就是可执行文件的文件名，其后的参数需用空格分隔，作为对命令的进一步补充，也是传递给 main() 函数的实际参数。命令行与 main() 函数的参数存在如下的关系。

设命令行为：

```
program  str1  str2  str3  str4  str5
```

其中 program 为命令文件名，也就是一个由 program.c 经编译、链接后生成的可执行文件 program.exe，其后有 5 个参数。程序运行时，传递给参数 argc 的是命令行中命令与参数的总个数，至少为 1(此时，只有命令名，没有其他参数)。该例中命令与参数的个数共 6 个，传递给 argc 的值为 6。指针数组 argv 的大小由参数 argc 的值决定，此例中 argv 有 6 个指针元素，分别指向一个字符串，即 argv[0]指向第一个参数——程序名(program)，argv[1]指向命令行中的程序名后面的参数 str1，argv[2]指向后续参数 str2，以此类推。指针数组元素的指向情况如图 6-29 所示。

将一个源程序(main() 函数带有参数)编译、链接成可执行文件。在 DOS 下执行这个文件，即执行了一条外部命令，可以带有参数。这些参数可以传给 main() 函数中的参数，从而带进程序中去。

【例 6-22】 下面是一段简单的程序，说明命令行参数的传递情况。

```
#include <stdio.h>
void main(int argc,char *argv[])    /*形参变量名为习惯写法*/
{
    int i;
    printf("argc=%d\n",argc);       /*输出参数 argc 的值*/
    for(i=0;i<argc;i++)
        printf("%s\n",argv[i]);     /*输出指针数组各元素指向的内容*/
}
```

把该程序在 Visual C++6.0 编译环境下以 Ex6-22.cpp 的文件名保存，经过编译、链接，产生一个文件名为 Ex6-22.exe 的可执行文件。把该文件从存储源代码的路径下复制到 C:\根目录下，在 DOS 提示符下执行该文件。在命令行提示符后输入如下命令：

```
C:\>Ex6-22  This  is  a  test  line.↙
```

执行结果如图 6-30 所示。

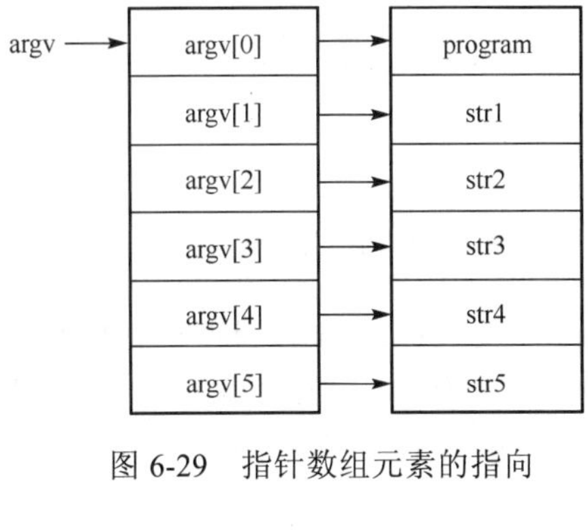

图 6-29　指针数组元素的指向

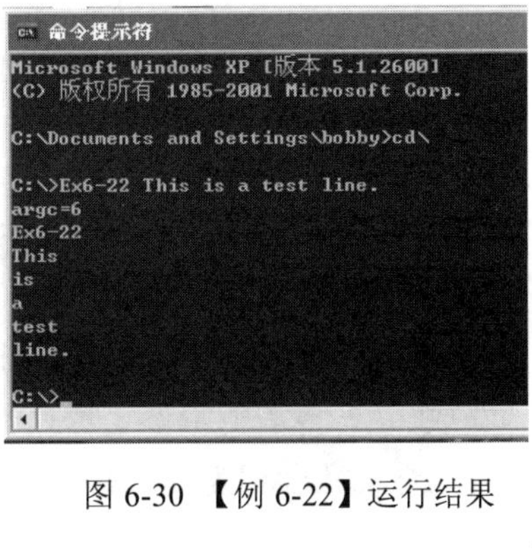

图 6-30 【例 6-22】运行结果

运行结果的第一行 argc=6 的含义是，参数 argc 的值是命令行中用空格分隔的短语个数，包括第一个文件名 Ex6-22 和后面的若干短语。其后依次输出的是指针数组 argv[]各元素指向的短语，即包括命令行首的文件名 Ex6-22 和其后用空格分隔的其他字符串。

【例 6-23】 运行下面的程序，在命令行输入两个字符串，输出两个字符串的大小。

```
#include <stdio.h>
#include <string.h>
void main(int argc,char *argv[])
{
    if(argc!=3)                /*如果命令行参数不为 3，则退出*/
        printf("you should enter two string\n");
    else if(strcmp(argv[1],argv[2])<0)
        printf("%s 比%s 小",argv[1],argv[2]);
    else if(strcmp(argv[1],argv[2])==0)
        printf("%s 和%s 相等",argv[1],argv[2]);
    else printf("%s 比%s 大",argv[1],argv[2]);
}
```

将程序以文件名 Ex6-23.cpp 存盘，编译、链接后生成可执行文件 Ex6-23.exe，命令提示符下运行该程序，结果如图 6-31 所示。

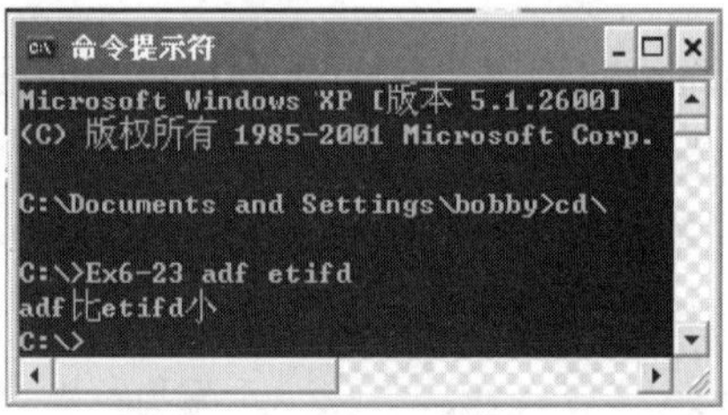

图 6-31 【例 6-23】运行结果

6.7 exit( )函数

exit()函数的声明在头文件 stdlib.h 中，函数原型如下：

```
void exit(int status);
```

调用该函数可强制结束程序运行。参数 status 为 0 时表示正常退出，非 0 时表示不正常退出。

在程序设计时，当遇到严重问题(如内存分配失败、打开文件失败等)，导致程序不能继续执行时，可调用该函数提前结束程序运行。

6.8 变量的作用域规则与存储类别

在讨论函数的形参变量时曾经提到，形参变量只在被调用期间才分配内存单元，调用结束后立即释放。这一点表明形参变量只有在函数内才是有效的，离开该函数就不能再使用了。这种变量有效性的范围称为变量的作用域。不仅形参变量如此，所有的变量都有自己的作用范围。在这个范围内程序可以访问该变量，即可以对该变量赋值或使用该变量的值，离开了这个范围，该变量或者不能访问，或者不存在。变量的作用域取决于变量的定义位置，按变量的作用域范围可分为两种，即局部变量和全局变量。

6.8.1　局部变量和全局变量

1. 局部变量

在函数内部定义的变量是局部变量，它只在本函数范围内有效，即局部变量的作用域是变量定义所在的函数内。局部变量又称内部变量。通俗地说，局部变量只能在定义它的函数内部使用，而不能在该函数外部使用。因此，在不同的函数内可以定义同名的局部变量，这些同名变量之间不会发生冲突。

```
void mian()
{
    int m,n;
    …
}
int f1(int x,int y)
{
    int z;
    …
}
float f2(char s1,char s2)
{
    char *p1,*p2;
    …
}
…
```

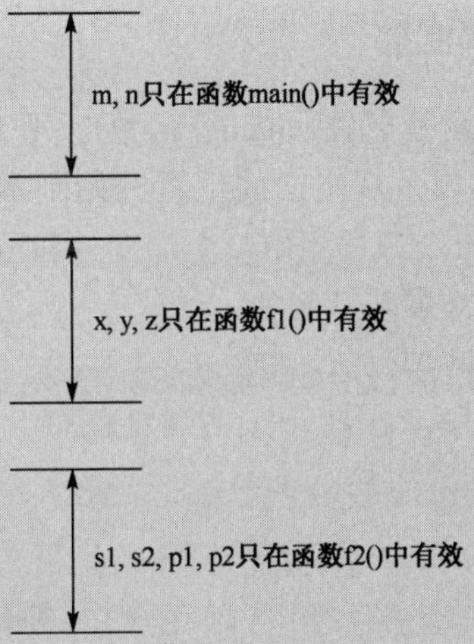

上面程序中定义的变量都为局部变量。局部变量一般包括函数内定义的变量和形参变量。特别强调的是，main()函数中定义的变量也只在主函数内部有效，既不能使用其他函数内的变量，其他函数也不能使用主函数中定义的变量。因为 main()函数也是一个函数，与其他函数定义平行。不同的函数中变量名可以相同，但系统将它们视为不同的变量(因为它们在内存中占有不同的存储单元)。在一个复合语句中也可以定义变量，其作用域是该复合语句内部。例如，下面程序中的整型变量 k 就是在复合语句中定义的局部变量。

【例 6-24】 复合语句内的局部变量。

```
#include <stdio.h>
void main()
{   int i=5,j=10,k;
    k=i+j;
    {   int k=20;
        printf("k=%d\n",k);
    }
    printf("k=%d\n",k);
}
```

程序运行结果如图 6-32 所示。

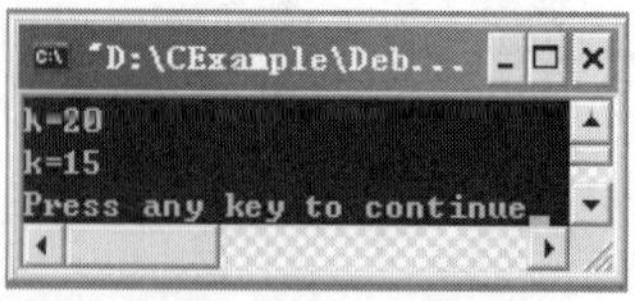

图 6-32 【例 6-24】运行结果

上例中，主函数中有一个复合语句，复合语句中定义了变量 k 与主函数中定义的 k 同名，由于它们各自的有效范围不同，因此并不互相干扰。即在复合语句中，k 的值是 20，离开复合语句，k 的值是 15。一般来说，局部变量(局部静态变量除外)仅仅在函数调用时才分配存储单元，函数调用结束后，局部变量占用的存储单元被释放，这也是使用局部变量的优越性之一，即节省存储空间。

2. 全局变量

在所有函数(包括 main()函数)之外定义的变量称为全局变量。全局变量不属于任何函数，其作用域是从定义的位置开始到本源程序文件结束。全局变量的默认初值为 0 或 NULL。在一个源程序中，全局变量和局部变量可以同名，在局部变量的作用域内，同名的全局变量被屏蔽。例如：

```
int a,b;     /*定义全局变量 a,b*/
void f1()    /*定义函数 f1*/
{
    …
}
float x,y;   /*定义全局变量 x,y*/
void main()/*定义主函数*/
{
    …
}
```

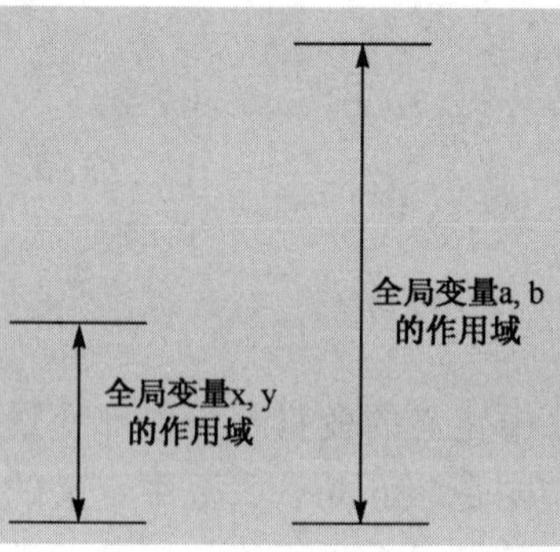

【例 6-25】 分析程序的运行结果。

```
#include <stdio.h>
int a=20,b=30;                    /*定义全局变量*/
void f1(int x,int y);             /*声明函数 f1()*/
void main()
{   int m=40,n=70;
    printf("在主函数中 m,n,a,b 的值分别为:%d,%d,%d,%d\n",m,n,a,b);
    f1(m,n);                      /*调用函数 f1() */
    printf("调用结束后 m,n,a,b 的值分别为:%d,%d,%d,%d\n ",m,n,a,b);
}
void f1(int x,int y)              /*定义函数 f1()*/
{   a+=10; b-=5;x*=2; y/=2;
    printf("在函数 f1 内 x,y,a,b 的值分别为:%d,%d,%d,%d\n",x,y,a,b);
}
```

程序运行结果如图 6-33 所示。

图 6-33 【例 6-25】运行结果

在上述程序中，变量 a,b 定义在所有函数的外面，是全局变量，在其后定义的函数中都可以使用。主函数中的变量 m,n，函数 f1 的形参变量 x,y 定义在函数内部，是局部变量，只有在其定义的函数内可以使用。

使用全局变量，可以增加函数间数据联系的通道，即一个函数对全局变量做改变，其值可以影响到其他函数。

【例 6-26】 使用一个数组存放 10 名学生的数学成绩，要求编写函数，求得这 10 名学生的最高分和最低分。

方法一：利用全局变量实现。

```
#include <stdio.h>
float max=0,min=100;                    /*定义全局变量 max 和 min*/
void math(float a[])                    /*math()函数定义*/
{
    int i;
    for(i=0;i<10;i++)                   /*找最大值和最小值*/
    {   if(a[i]>max) max=a[i];
        if(a[i]<min) min=a[i];
    }
}
void main()
{
    float score[10];
    int i;
    for (i=0;i<10;i++)                  /*输入数学成绩*/
        scanf("%f",&score[i]);
    math(score);                        /*math()函数调用*/
    printf("max=%8.2f\nmin=%8.2f\n",max,min);
}
```

程序运行结果如图 6-34 所示。

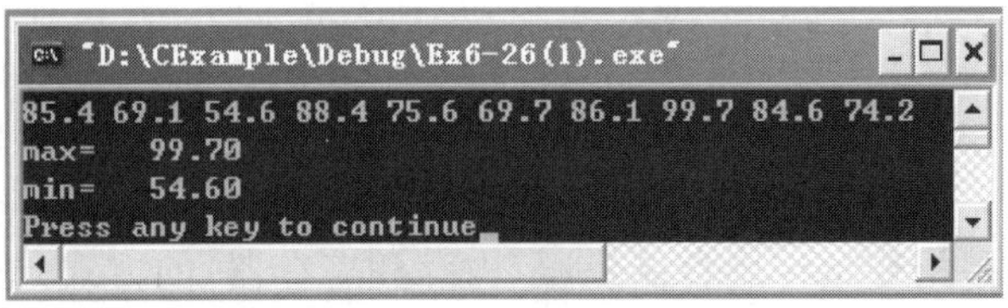

图 6-34 【例 6-26】运行结果(1)

方法二：使用指针参数，将最高分、最低分传回到主调函数的变量中。

```
#include <stdio.h>
void math(float a[],float *max,float *min)/*math( )函数定义*/
{   int i;
    for(i=0;i<10;i++)                       /*找最大值和最小值*/
    {   if(a[i]>*max) *max=a[i];
        if(a[i]<*min) *min=a[i];
    }
}
void main( )
{   float score[10],x=0,y=100;
    int i;
    for (i=0;i<10;i++)                      /*输入数学成绩*/
        scanf("%f",&score[i]);
    math(score,&x,&y);                      /*math( )函数调用*/
    printf("max=%8.2f\nmin=%8.2f\n",x,y);
}
```

程序运行结果如图 6-35 所示。

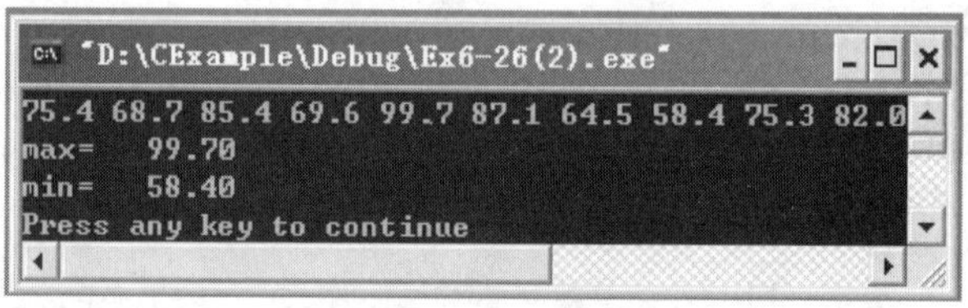

图 6-35 【例 6-26】运行结果(2)

虽然全局变量使函数之间的数据交换更容易、更高效，但由于全局变量可以在任何函数中被访问，任何函数都可以对它进行修改，所以很难确定具体的修改情况，这就为程序的调试和维护带来了困难。另外，全局变量一直占据内存单元，直到程序结束，浪费存储空间，并且大大降低了程序的可读性。因此，建议尽量不要使用全局变量，不得不使用时，一定要严格限制修改方式，不要随意修改它的值，以免破坏函数的封装性，降低整个程序的结构性。

6.8.2 变量的存储类别

变量和函数都有两种属性：数据类型和存储类别。完整的变量说明形式如下：

存储类别　数据类型　变量名表；

例如：

```
auto int a,b,c;          /*定义自动整型变量 a,b,c*/
static int x,y,z;        /*定义静态整型变量 x,y,z*/
register int i,j,k;      /*定义寄存器整型变量 i,j,k*/
```

变量的存储类别是指变量使用存储资源(内存和寄存器)的方式，就内存资源而言，使用情况如图 6-36 所示。

程序区存储程序代码。静态存储区和动态存储区存放程序处理的数据。变量的存储类别分为静态存储和动态存储两类，指定了为变量分配内存空间的方式及使用内存空间的位置。

静态存储方式是在程序运行前分配固定存储空间的方式，即在程序开始运行前分配空间，整个程序运行结束后才释放空间；例如，全局变量就属于这种存储方式。而动态存储方式则是在程序的运行期间进行动态分配和释放存储空间，即运行时分配空间，运行结束后释放空间，同一个空间在程序运行的不同时间可以分配给不同的变量。例如，函数的形参就属于这种存储方式。C 语言中，变量有以下 4 种存储类型：

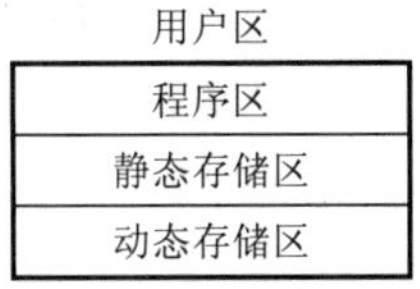

图 6-36　存储区域分类

- auto(自动存储类型)；
- static(静态存储类型)；
- register(寄存器存储类型)；
- extern(外部存储类型)。

1. 自动变量

自动(auto)存储型变量是最常用的一种存储类型，属于动态存储，在函数内部或复合语句内部定义的变量默认是自动存储类型，函数形参变量也是自动存储类型。自动变量的作用域是其所在的函数内或复合语句内。函数被调用时分配空间，返回时则释放空间。

在变量定义的数据类型前面加上 auto，可将变量说明为自动类型，其一般形式为：

auto 数据类型 变量名 1，变量名 2，…，变量名 n

例如：

```
void  func(int x,int y)
{
    auto int a,b;
    auto char c;
    …
}
```

在函数 func()中定义了自动变量 a,b,c。调用 func()函数时，为这些变量分配空间，调用结束后释放空间，这些变量也就不存在了。func()函数的形参变量 x,y 也是自动变量。实际上，程序中大多数变量都属于自动变量，且关键字 auto 可以省略，前面介绍的函数中定义的变量都没有声明为 auto，其实都隐含指定为自动变量。

2. 静态变量

在变量定义的类型前加上 static，可将变量说明为静态类型，其一般形式为：

static 数据类型 变量名 1，变量名 2，…，变量名 n;

静态型存储变量属于静态存储，又可分为静态局部变量和静态全局变量。

(1) 静态局部变量

如果希望函数中的局部变量值在函数调用结束后不消失而保留原值，即它占用的存储单元不释放，在下次调用该函数时，其局部变量还是上次函数调用结束时的值，这时就需要将该局部变量声明为“静态局部变量”。

当在局部变量名前加上静态变量说明符 static 时，编译程序将为该变量建立永久存储单元，在函数调用结束后不释放内存单元，而保留原值，下次再调用该函数时，以该变量上次调用结束时的值参加运算。

【例 6-27】 分析下面程序的运行结果。

```
#include <stdio.h>
int fac1();                          /*声明函数 fac1()*/
int fac2();                          /*声明函数 fac2()*/
void main()
{   int i;
    for (i=0;i<3;i++)
        printf("%5d",fac1());        /*函数 fac1()被调用 3 次*/
    printf("\n");
    for (i=0;i<3;i++)
        printf("%5d",fac2());        /*函数 fac2()被调用 3 次*/
    printf("\n");
}
int fac1()                           /*函数定义*/
{   static int x=1;                  /*定义局部静态变量 x*/
    x*=5;
    return(x);
}
int fac2()                           /*函数定义*/
{   int y=1;                         /*定义自动变量 y*/
    y*=5;
    return(y);
}
```

程序运行结果如图 6-37 所示。

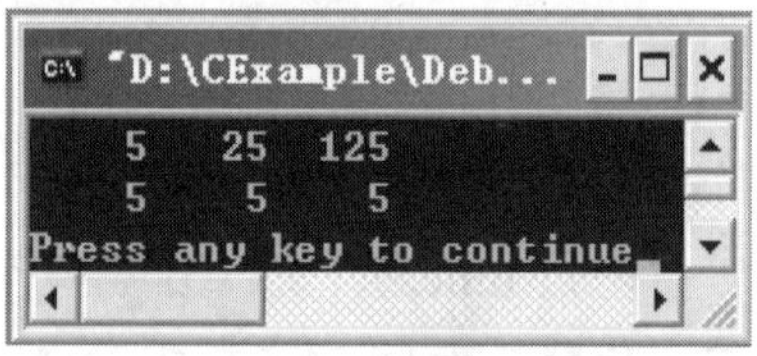

图 6-37 【例 6-27】运行结果

调用函数 fac1()前，x 的值为 1，第一次调用返回后，x 的内存单元没有被释放掉，变量 x 仍然存在，其值为 5。第二次调用 fac1()函数时，不再对静态局部变量 x 分配空间和赋初值，而是直接利用上一次函数调用结束时的值再乘 5，变为 25。而后进行的第三次调用，x 的值再乘以 5 变为 125。在调用函数 fac2()时，首先为变量 y 分配空间并初始化为 1，函数返回值为 5，函数调用结束，释放变量 y。其后再调用时，再次为变量 y 分配空间并初始化，返回值仍为 5。

静态局部变量是在编译时赋初值的，而不是在调用函数时赋初值，并且只赋一次初值。如果没有对静态局部变量赋初值，则系统自动赋值为 0（整型变量）或空字符（字符型变量），而不像自动变量一样是一个不确定的值。

在编程实践中，有时候需要了解在程序运行中某一个函数被调用多少次，可以使用一个全局变量来达到此目的。而更好的办法是让函数自己跟踪调用次数的信息，即在函数内部定义一个静态局部变量实现。

另外，由于静态变量长期占用内存而不释放，不能像动态存储那样同一个存储单元可供多个变量使用，而且静态局部变量多次调用时往往不清楚当前具体值是多少，因此，除非必要，尽量不要过多使用静态局部变量。

（2）静态全局变量

在全局变量定义的类型名前加上 static，可定义一个静态全局变量。静态全局变量与普通全局变量相似，是一种公用的全局变量，采用静态存储方式，但作用域不同。静态全局变量仅限于在定义它的源文件内引用，在同一个 C 程序的其他源文件中不能引用，即该变量只在定义它的文件中是可见的。假设某 C 程序包括源文件 I 和源文件 II 两个文件，则：

```
源文件 I
static  int  a;
main(){…}
```

在源文件 I 中定义了一个静态全局变量 a，此变量仅能在此文件中使用，在源文件 II 中不能使用。如删除静态变量定义 static，源文件 II 则可使用源文件 I 中的变量，但需要用 extern 声明。因此，合理使用静态全局变量可以使不同源文件中同名的静态全局变量彼此独立。

总而言之，当 C 程序由一个源文件构成时，普通全局变量和静态全局变量是没有区别的。当 C 程序由多个源文件构成时，全局变量与静态全局变量则含义不同，静态全局变量被定义该变量的源文件所独享，即静态全局变量对组成该 C 程序的其他源文件是无效的。

【例 6-28】 分析下面程序的运行结果。

```
#include <stdio.h>
static int x=10;     /*定义静态全局变量*/
int y=20;            /*定义全局变量*/
void fac()
{   x+=y;
    y*=x;
    printf("fac:x=%d,y=%d\n",x,y);
}
void main()
{   printf("main:x=%d,y=%d\n",x,y);
    fac();
    printf("main:x=%d,y=%d\n",x,y);
}
```

程序运行结果如图 6-38 所示。

在上面的程序中，静态全局变量 x 和全局变量 y 的作用域是一样的，都是整个程序。

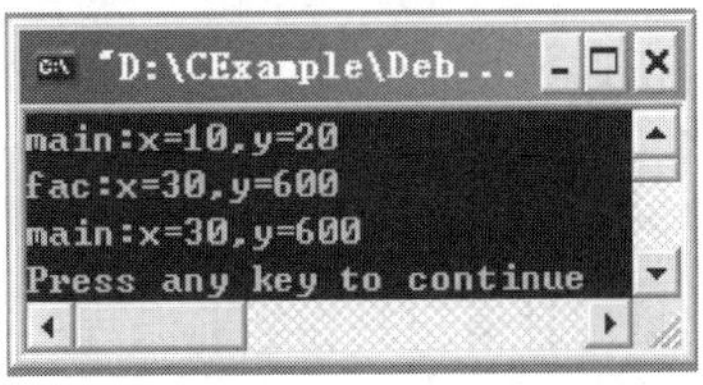

图 6-38 【例 6-28】运行结果

3．寄存器变量

在变量定义的类型前加上 register，可将变量说明为寄存器类型，其一般形式为：

register 数据类型 变量名 1，变量名 2，…，变量名 n;

寄存器类型变量属于动态存储方式，其生存期和作用域与自动类型变量相同，寄存器变量使用 CPU 中的寄存器，而不像普通变量那样使用内存。使用寄存器变量比使用内存变量速度快得多。因为这种变量使用 CPU 中的寄存器，不需访问内存。寄存器变量说明符只适用于局部变量和函数的形式参数。寄存器变量通常只能是整型变量、字符型变量或指针型变量。例如：

```
int fac(int n)
{   register int i;          /*定义 register 变量 i*/
    int f=1;
    for(i=1;i<=n;i++)
        f=f*i;
    return(f);
}
```

寄存器变量适用于频繁使用的情况，可加快运行速度。一般可将最频繁使用的变量定义成 register 类型，如循环语句中的循环变量等。此外，当今的编译系统已经能够自动识别频繁使用的变量，自动把这些变量放在寄存器中，而不再需要程序设计者特殊指定，因此，在程序中，其实不必专门使用 register 类型声明。

4．外部变量

extern 用来声明外部变量，就是声明一些在别处定义的全局非静态变量在此处使用。外部变量声明的一般形式为：

extern 数据类型 变量名 1，变量名 2，…，变量名 n;

extern 的作用不是定义新的变量，不为变量分配空间，而是扩展已定义的全局变量的作用域。有两种情况，第一种情况是在一个源程序中提前使用后面定义的全局变量，需要在使用前用 extern 声明。例如:

```
void main()
{   extern int x,y;/*外部变量说明，扩展 x,y 的作用域至主函数中*/
    int max;
    if (x>y) max=x;
    else  max=y;
}
int x=10,y=9;        /*定义外部变量*/
```

在此程序中，x, y 为全局变量，并且定义在 main()函数之后，如果没有 extern 外部说明，则 main()函数不可以使用 x, y。当对 x, y 进行 extern 说明后，main()就可以使用 x, y 了。

第二种情况是在当前源程序文件中要引用同一个 C 程序的其他源程序文件中的非静态全局变量，也需要在使用前用 extern 声明，即扩展同一个 C 程序的其他源程序文件中的非静态全局变量的作用域至当前源程序文件中。

【例 6-29】 分析下面程序的运行结果，理解全局变量、局部变量和外部变量。

```
#include <stdio.h>
void fac();                    /*函数声明*/
int x,y=10;                    /*定义全局变量 x,y*/
void main()
{   int x=20;                  /*定义局部变量 x，与全局变量同名*/
    fac();                     /*函数调用*/
    printf("main1:x=%d,y=%d\n",x,y);       /*输出局部 x 和全局 y 的值*/
    {                          /*花括号不可缺少，否则 x 重复定义*/
        extern int x;          /*声明使用外部(全局)变量*/
        fac();                 /*函数调用*/
        printf("main2:x=%d,y=%d\n",x,y);   /*输出全局变量 x,y 的值*/
    }
    printf("main3:x=%d,y=%d\n",x,y);
}
void fac()
{   x+=5;                      /*使用全局变量 x,y*/
    y*=x;
    printf("fac:x=%d,y=%d\n",x,y);         /*输出全局变量 x,y 的值*/
}
```

程序运行结果如图 6-39 所示。

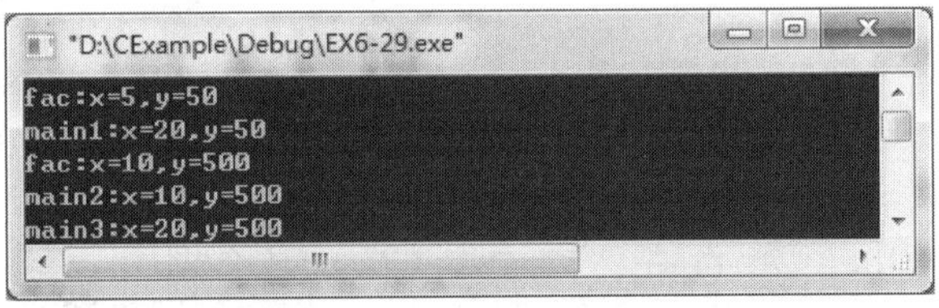

图 6-39 【例 6-29】运行结果

6.8.3 内部函数和外部函数

根据函数能否被其他源文件调用，可将函数分为内部函数和外部函数。

1. 内部函数

内部函数，又称静态函数。如果在一个源文件中定义的函数，只能被本文件中的函数调用，而不能被同一 C 程序的其他文件中的函数调用，这种函数称为内部函数。定义时，在函数名前加 static 即可，其一般形式为：

static　类型　函数名(形参表)

如某函数首部如下：

```
static int fun(int a,int b)
```

这样，函数 fun()就不能被程序中的其他源文件调用了。此处的 static 不是指存储方式，而是指对函数的作用域仅局限于本文件。内部函数定义时，关键字 static 一定不能省略。

合理使用内部函数可以提高函数的独立性，这时不用担心一个文件中定义的函数是否会与其他文件中的函数同名，因为同名也没有关系。

2．外部函数

在定义函数时，如果没有加关键字 static，或者冠以关键字 extern，则表示此函数是外部函数。定义的一般形式为：

[extern]　类型　函数名(形参表列)

如某函数首部如下：

```
extern int func (float x, float y)
```

这样，函数 func()就可以被程序中其他源文件调用。C 语言规定，如果在定义函数时省略 extern，则默认为外部函数。本书前面所用的函数都是外部函数，所有的系统库函数也都属于外部函数。

【例 6-30】 分析下面的程序。

file1.c(文件 1)：

```
#include <stdio.h>
extern int multiply(int,int);          /*外部函数声明*/
extern int sum(int,int);               /*外部函数声明*/
void main()
{   int x, y,result;
    printf("Please input x and y: ");
    scanf("%d, %d", &x, &y);
    result = multiply(x, y);           /*调用外部函数 multiply()*/
    printf("The result of multiply is: %d",result);
    result = sum(x, y);                /*调用外部函数 sum()*/
    printf("\nThe result of sum is: %d\n", result);
}
```

file2.c(文件 2)：

```
#include <stdio.h>
extern int multiply(int a, int b) /*定义外部函数 multiply()，extern 可省略不写*/
{   int c;
    c = a * b;
    return c;
}
```

file3.c(文件 3)：

```
#include <stdio.h>
extern int sum(int a, int b)  /*定义外部函数 sum()，extern 可省略不写*/
{   int c;
    c = a + b;
    return c;
}
```

上例中整个 C 程序由三个源文件组成，每个文件包含一个函数。main()函数是主函数。在源文件 1 中的 main()函数中，调用了源文件 2 中的外部函数 multiply()和源文件 3 中的外部函数 sum()。

6.9 程序举例

【例 6-31】 从键盘输入 10 个整数，存储在数组中(数组长度大于 10)，先按递增的顺序排序，再输入一个整数 x，将 x 插到数组中，并保持数组的有序性。

分析：将题目分解为以下 4 个函数实现。

(1) void inputa(int a[],int n)：功能是输入 n 个整数存储在整型数组的前 n 个元素中。

(2) void ouputa(int a[],int n)：功能是输出整型数组的前 n 个元素的值。

(3) void bubblesort(int a[],int n)：功能是对整型数组的前 n 个数据按升序排序。

(4) void insert(int a[],int n,int x)：功能是在有 n 个有序数据的数组中，插入整数 x，数组中的数据仍然有序。方法是用 x 和数组中的有序数据从后往前逐个比较，若数据大于 x，则该数据后移一个位置，直到找到第一个比 x 小的数据，该位置的后一个位置就是插入 x 的位置。

程序设计如下：

```
#include <stdio.h>
void inputa(int a[],int n);          /*声明函数 inputa()*/
void outputa(int a[],int n);         /*声明函数 outputa()*/
void bubblesort(int a[],int n);      /*声明函数 bubblesort()*/
void insert(int a[],int n,int x);    /*声明函数 insert()*/
void main( )
{   int a[20],x;           /*定义数组 a，最多可存放 20 个整数*/
    printf("请先输入 10 个整数：");
    inputa(a,10);          /*调用函数 inputa()，输入 10 个数据到数组 a 中*/
    bubblesort(a,10);      /*调用函数 bubblesort()，对数组 a 前 10 个数据排序*/
    printf("排序后数组中的数据:\n");
    outputa(a,10);         /*调用函数 outputa()，输出数组 a 的前 10 个数据*/
    printf("请再输入 1 个整数：");
    scanf("%d",&x);
    insert(a,10,x);        /*调用函数 insert，在有 10 个有序数组 a 中插入 x*/
    printf("插入%d 后数组中的数据:\n",x);
    outputa(a,11);         /*调用函数 outputa()，输出数组 a 的前 11 个数据*/
}
void inputa(int a[],int n)       /*定义函数 inputa()*/
{   int i;
    for(i=0;i<n;i++)
        scanf("%d",&a[i]);
}
void outputa(int a[],int n)      /*定义函数 outputa()*/
{   int i;
    for(i=0;i<n;i++)
        printf("%5d",a[i]);
```

```
    printf("\n");
}
void bubblesort(int a[],int n)      /*定义函数 bubblesort()*/
{   int i,j,t;
    for(i=1;i<n;i++)                /*n-1 趟排序*/
        for(j=0;j<n-i;j++)
            if(a[j]>a[j+1])         /*相邻两元素比较*/
            {
                t=a[j];a[j]=a[j+1];a[j+1]=t;
            }
}
void insert(int a[],int n,int x)    /*定义函数 insert()*/
{
    int j;
    j=n-1;                    /*有序数据的最后一个数据的下标*/
    while(j>=0&&a[j]>x){      /*当下标为 j 的数据大于 x 时*/
        a[j+1]=a[j];          /*数据后移*/
        j--;                  /*准备和前一个数据比较*/
    }
    a[j+1]=x;                 /*将 x 插入到合适的位置*/
}
```

程序运行结果如图 6-40 所示。

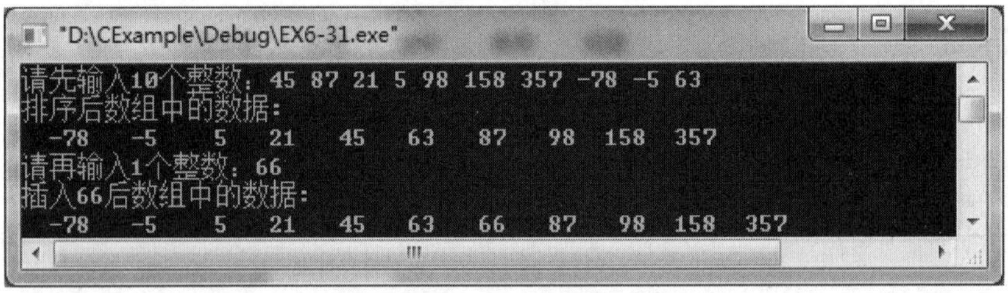

图 6-40 【例 6-31】运行结果

从上例可以看出，在主函数中只是定义了存储数据的数组和变量，其他的工作几乎都是调用函数实现的，使程序设计模块化。

【例 6-32】 求菲波那契(Fibomacci)数列的第 n 项。

分析：菲波那契数列为 1,1,2,3,5,8,13,21,…它的前 2 项为 1，从第 3 项开始，每项均为前面的两项之和。菲波那契数列的递归定义如下：

fibonacci(1)=1　　　　　(n=1)

fibonacci(2)=1　　　　　(n=2)

fibonacci(n)=fibonacci(n–1)+fibonacci(n–2)　　(n>2)

程序设计如下：

```
#include <stdio.h>
long fibonacci(int n);               /*fibonacci()函数声明*/
void main()
{   long result;
    int number;
```

```
    printf("Enter an integer:");
    scanf("%d",&number);
    result=fibonacci(number);        /*fibonacci()函数调用*/
    printf("The %dth fibonacci number is :%ld.\n",number,result);
}
long fibonacci(int n)                /*fibonacci()函数定义*/
{
    if((n==1)||(n==2)) return(1);    /*当为第 1 项或第 2 项时递归结束*/
    else return(fibonacci(n-1)+fibonacci(n-2));
}
```

程序运行结果如图 6-41 所示。

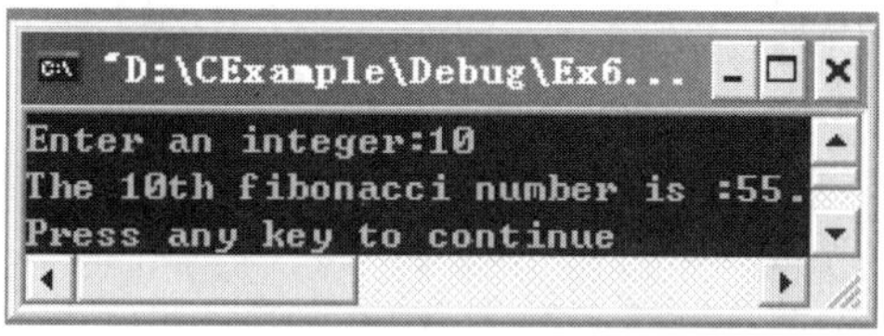

图 6-41 【例 6-32】运行结果

能用递归方法解决的问题，通常也可用递推的方法解决，但递归方法更简单明了。

【例 6-33】 编写一个求定积分的通用函数，分别求以下函数的定积分：

$$s_1=\int_{-1}^{1}(1+x)^2\mathrm{d}x \qquad s_2=\int_{0}^{1}(\mathrm{e}^x+1)\mathrm{d}x$$

分析：用矩形法求定积分。定积分由被积函数、下限和上限三个因素确定。要编写求定积分的通用函数 integral，可设三个参数：下限 a、上限 b 和指向函数的指针变量 pf。

```
#include <stdio.h>
#include <math.h>
float f1(float x);                  /*函数声明*/
float f2(float x);
float integral(float a,float b,float (*pf)(float));
void main()
{   float s1,s2;
    s1=integral(-1,1,f1);           /*调用函数，注意第 3 个参数*/
    s2=integral(0,1,f2);
    printf("s1=%.4f,s2=%.4f\n",s1,s2);
}
float integral(float a,float b,float (*pf)(float)) /*定义求定积分的通用函数*/
{   int i=1;
    float h,n=100,s=0;
    h=(b-a)/n;
    while(i<=n){
        s+=h*(*pf)(a+(i-1)*h);      /*使用前点计算小矩形面积*/
        i++;
    }
    return s;
```

```
}
float f1(float x)                    /*被积函数 1*/
{   return((1+x)*(1+x));  }

float f2(float x)                    /*被积函数 2*/
{   return(exp(x)+1);  }
```

程序运行结果如图 6-42 所示。

图 6-42 【例 6-33】运行结果

本章小结

本章主要介绍了以下内容。

(1) 函数的概念和分类

C 语言中的函数是功能相对独立的、用于模块化程序设计的最小单位。从定义的角度，函数可分为标准函数和用户自定义函数；从参数的角度，函数可分为有参函数和无参函数；从能否被其他文件调用的角度，函数可分为内部函数和外部函数。

(2) 函数的定义和声明

函数由函数首部和函数体两部分组成，其定义的一般形式为：

函数类型　函数名(类型 1 形式参数 1，类型 2 形式参数 2，…)
{
说明部分
可执行语句序列
}

如果需要将函数定义放在函数调用后，可以在调用之前进行函数声明。函数声明的一般形式为：

[extern] 返回值类型符 函数名称(形式参数列表);

(3) 函数的调用

C 语言程序需要通过函数调用来执行函数的功能。函数调用位于主调函数的函数体中。其一般形式为：

函数名([实参表]);

(4) 函数的参数和返回值

函数调用过程包含主调函数和被调函数之间的数据传递过程。函数的参数分为形参和实参两种，形参位于函数定义首部函数名后面的括号内，实参则出现在函数调用的括号内。

有两种参数传递方式，即值传递和地址传递，它们都是单向传递，都是将实参表达式的值传递给形参变量。但是，地址传递时，是将主调函数中变量或数组的指针传递给了指针形参变量，指针形参变量就指向了主调函数中的变量或数组元素，因此在被调函数中通过指针形参变量可以间接访问主调函数中的变量或数组元素。若函数有返回值，则要使用 return 语句。

（5）函数的嵌套调用和递归调用

在 C 语言中，函数不允许嵌套定义，但可以嵌套调用，即在调用一个函数的过程中，被调函数又调用另一个函数。一个函数直接或间接地调用自身，称为函数的递归调用。

（6）变量的作用域和存储方式

从空间角度和时间角度可以分别用变量作用域及变量生存期来描述某变量的有效区域。从作用域来看，变量可分为局部变量和全局变量。从生存期来看，变量可分为静态存储和动态存储，具体分为 4 种存储类型，包括自动类型（auto）、寄存器类型（register）、静态类型（static）、外部类型（extern）。

习题六

一、单项选择题

1．以下对 C 语言函数的有关描述中，正确的是（　　）。

A．调用函数时，只能把实参的值传递给形参，形参的值不能传递给实参

B．C 语言函数既可以嵌套定义又可以递归调用

C．函数必须有返回值，否则不能调用函数

D．C 语言程序有调用关系的所有函数必须放在同一个源程序文件中

2．以下正确的函数定义形式是（　　）。

A．
```
double fun(int x,int y)
{
    z=x+y;
    return z;
}
```

B．
```
fun(int x, y)
{
    int z;
    return z;
}
```

C．
```
fun(x, y);
{
    int x,y; double z;
    z=x+y; return z;
}
```

D．
```
double fun(int x, int y)
{
    double z; z=x+y;
    return z;
}
```

3．C 语言规定，简单变量作为实参时，它和对应形参之间的数据传递方式是（　　）。

A．地址传递　　　　B．单向值传递

C．由实参传给形参，再由形参传回给实参　　　　D．由用户指定传递方式

4．C 语言规定，函数返回值的类型由（　　）。

A．return 语句中的表达式类型决定　　　　B．调用该函数时的主调函数类型决定

C．调用该函数时系统临时决定　　　D．在定义该函数时所指定的函数类型决定

5．函数的功能是交换两个整型变量的值，不能完成此功能的函数是(　　)。

A．
```
void funa(int *x,int *y)
  {
      int t,*p=&t;
      *p=*x;*x=*y;*y=*p;
  }
```
B．
```
void funb(int x,int y)
  {
      int t;
      t=x;x=y;y=t;
  }
```
C．
```
void func(int *x,int *y)
  {
      int p; p=*x;*x=*y;*y=p;
  }
```
D．
```
void fund(int *x,int *y)
  {
      *x=*x+*y;*y=*x-*y;*x=*x-*y;
  }
```

6．函数调用语句 fun((表达式 1,表达式 2),(表达式 3,表达式 4,表达式 5));中参数的个数是(　　)。

A．1　　B．2　　C．3　　D．4

7．以下程序的运行结果是(　　)。

```
#include<stdio.h>
int f(int x,int y)
{   return (y-x)*x;  }
void main()
{   int a=3,b=4,c=5,d;
    d=f(f(a,c),f(a,b)+f(c,b));
    printf("%d\n",d);
}
```

A．48　　B．58　　C．-48　　D．-58

8．若用数组名作为函数调用的实参，则传递给形参的是(　　)。

A．数组的首地址　　B．数组第一个元素的值

C．数组中全部元素的值　　D．数组元素的个数

9．C 语言中，可以用来说明函数类型的是(　　)。

A．auto 或 static　　B．extern 或 auto　　C．static 或 extern　　D．auto 或 register

10．一个源文件中定义的全局变量的作用域是(　　)。

A．本函数的全部范围　　B．本程序的全部范围

C．本文件的全部范围　　D．从定义开始至本文件结束

二、填空题

1．在 C 语言程序中，全局变量的作用范围是________，全局变量与某函数体内定义的局部变量同名时，在函数体内，________变量起作用。

2．凡是函数中未指定存储类别的局部变量，其隐含的存储类别为________。

3．若自定义函数要求返回一个值，则应在函数体中有一条________语句，若自定义函数要求不返回值，则函数类型应是________。

4．将下列函数的定义补充完整。

```
double fun(double x,double y)
{
```

```
    double s;
    s=x*y;
    ____________
}
```

5. 函数功能：若 p1 指向的数据大于 p2 指向的数据，则将 p1,p2 指向的数据交换，请填空。

```
exchange(int *p1,int *p2)
{   int p;
    if( _________ )
    {
        p=*p1;
        _______
        *p2=p;
    }
}
```

6. 函数的功能：求数组 a 中前 n 个数据的平均值，请填空。

```
float arr(_____________)
{   int i;float s;
    for(i=0,s=0;i<=n;i++)
        __________
    return(s/n);
}
```

7. 函数 my_cmp( )的功能是比较指针变量 s 指向的字符串 1 和指针变量 t 指向的字符串 2 的大小，当串 1 等于串 2 时返回 0，否则返回串 1 和串 2 的第一个不同字符的 ASCII 码的差值，即当串 1 大于串 2 时返回正值，当串 1 小于串 2 时返回负值，请填空。

```
int my_cmp(char *s,char *t)
{   while(*s==*t){
        if(*s=='\0') return(0);
        ++s;++t;
    }
    return(_________);
}
```

8. 函数 fun 用来在 w 指向的整型数组中插入整数 x。n 为 w 指向的数组中已有数据的个数，w 指向的数组中的数据已按从小到大的顺序排列，插入后 w 指向的数组仍有序，请填空。

```
void fun(int *w,int x,int n)
{   int i,p;
    p=0;
    w[n]=x;
    while(x>w[p]) p++;
    for(i=n;i>p;i--)  w[i]=___________;
    w[p]=x;
}
```

9. 函数 gongyue 的作用是求整数 num1 和 num2 的最大公约数并返回该值，请填空。

```
int gongyue(int num1,int num2)
{   int temp,a,b;
    if(num1______num2)
```

```
    { temp=num1;num1=num2;num2=temp;}
    a=num1; b=num2;
    while_______
    { temp=a%b;a=b;b=temp;}
    return(a);
}
```

10. 以下程序可计算一门课程中 10 名学生成绩的平均分，请填空。

```
float average(float array[])
{   int i;
    float aver,sum=array[0];
    for(i=1;_________;i++)
        sum+=________;
    aver=sum/10;
    return(aver);
}
void main()
{   float score[10],aver;
    int i;
    printf("\ninput 10 scores:");
    for(i=0;i<10;i++)
        scanf("%f",&score[i]);
    aver=_________;
    printf("\naverage score is %5.2f\n",aver);
}
```

三、程序阅读分析题

1. 写出以下程序的运行结果。

```
#include <stdio.h>
int max(int x,int y);
void main()
{
    int a=1,b=2,c;
    c=max(a,b);
    printf("max is %d\n",c);
}
int max(int x,int y)
{   int z;
    z=(x>y)?x:y;
    return (z);
}
```

2. 写出以下程序的运行结果。

```
#include <stdio.h>
void fun(int a,int b,int c)
{c=a+b;}
void main()
{
```

```
    int x=100,y=200,z=300;
    fun(x,y,z);
    printf("%d,%d,%d\n",x,y,z);
}
```

3. 当输入的数值 x 为 4、y 为 3 时，写出以下程序的运行结果。

```
#include <stdio.h>
long fun(long x,long y)
{   int i;
    long t=1;
    for(i=1;i<=y;i++)
        t=t*x%100;
    return t;
}
void main()
{
    long x,y,t;
    printf("\ninput x and y:\n");
    scanf("%ld,%ld",&x,&y);
    t=fun(x,y);
    printf("last=%ld\n",t);
}
```

4. 写出以下程序的运行结果。

```
#include <stdio.h>
void f(int a[])
{
    int i=0;
    while(a[i]<=10){
        printf("%3d",a[i]);
        i++;
    }
}
void main()
{
    int a[]={1,5,10,9,11,7};
    f(a+1);
}
```

5. 分析函数 fun5()的功能，写出运行结果。

```
#include <stdio.h>
unsigned fun5(unsigned  num)
{
    unsigned k=1;
    do{
        k*=num%10;
        num/=10;
    }while(num);
    return(k);
}
main()
```

```
{
    unsigned n=26;
    printf("%d\n",fun5(n));
}
```

四、程序设计题

1．编写一个无返回值函数，要求如下：形式参数 a,b,c 为单精度型，root 为单精度实型数组名。功能：计算 $ax^2+bx+c=0$ 的两个实根(设 $b^2-4ac>0$)，并存入实型数组 root[2]中。

2．设计函数：int isprime(int m)，判断一个正整数是否是素数，若是，则返回 1，否则返回 0。在主函数中调用函数，验证函数的正确性。

3．设计函数：int count(char array[])，字符数组 array 中存储一个字符串，统计 array 数组中大写字母的个数。在主函数中调用函数，验证函数的正确性。

4．设计函数：int stringcat(char s1[],char s2[],char s3[])，将 s2 中的字符串连接到 s1 中的字符串之后存入 s3 中，返回连接后字符串的长度。在主函数中调用函数，验证函数的正确性。

5．设计一个函数，求一维实型数组前 n 个元素的最大值、最小值和平均值。(提示：设计的函数可设置 5 个参数，依次传递数组的首地址、元素的个数、存放最大值变量的指针、存放最小值变量的指针和存放平均值变量的指针，函数无返回值。)

6．编写程序，用递归方法计算 5 名学生的年龄，已知第一名学生年龄最小为 10 岁，其余学生一个比一个大 3 岁，求第 5 名学生的年龄。递归公式如下：

$$\mathrm{age}(n)=\begin{cases}10 & (n=1)\\ \mathrm{age}(n-1)+3 & (n>1)\end{cases}$$

7．编写程序，用递归方法计算 x 的 n 阶勒让德多项式的值。递归公式如下：

$$P_x(x)=\begin{cases}1 & (n=0)\\ x & (n=1)\\ ((2n-1)x-P_{n-1}(x)-(n-1)P_{n-2}(x))/n & (n>1)\end{cases}$$

8．编写程序，设计一个函数，判断输入的三个整型值是否能组成三角形，组成的是等边三角形、等腰三角形还是普通三角形。(提示：可约定，若是等边三角形函数返回 3，若是等腰三角形返回 2，若是普通三角形返回 1，若不能构成三角形返回 0。)

9．编写程序，输入 n，当 n 为偶数时，调用函数求 1/2+1/4+…+1/n；当 n 为奇数时，调用函数求 1/1+1/3+…+1/n。(提示：设计函数 double f1(int n)，求 1/2+1/4+…+1/n 的值；设计函数 double f2(int n) 求 1/1+1/3+…+1/n 的值。在主函数中调 f1 或 f2，尝试使用指向函数的指针变量调用函数)。

第 7 章　用户自定义类型

本章主要内容

- 结构体的概念、定义和使用
- 共用体的概念、定义和使用
- 枚举的概念、定义和使用
- 用 typedef 定义类型标识符
- 动态存储分配与动态数据结构

前面章节中介绍了 C 语言的数据类型有基本类型(整型、实型、字符型)、数组(属于构造类型)和指针类型。进行复杂的数据处理时，如果只有这些数据类型，往往不能满足解决实际问题的需要，有必要使用结构体、共用体等用户自定义类型。

基本类型数据是语言提供的不可分割的最小数据，数组解决了相同类型批量数据的存储问题。在实际问题中，大量的数据不是一个简单数据，比如，日期是由 3 个整数组合而成的，平面上的一个点由横坐标和纵坐标两个数据组成，有关个人的信息主要包括姓名、性别和出生年月等。这样的信息，作为一个整体才能体现出数据的内在联系和整体性，也便于整体操作。结构体类型就是将多个相同或不同类型的数据组合在一起构成的新数据类型。

共用体类型是指不同类型的数据成员组织成一个整体，这些成员在内存中共享一块存储空间。对于内存容量小的系统，程序需要节省存储空间，是一种十分有用的类型，如嵌入式系统等。枚举类型是将所有可能的值用标识符一一列出，在许多场合可以提高程序的可读性。结构体类型、共用体类型和枚举类型都是用户自定义类型，语言提供了这些类型的构造方法。

7.1　结构体

结构体是一种构造类型，是把多个相同或不同类型的数据组织成一个整体，来描述复合数据。通常在源程序文件的开始部分定义结构体类型，以便本文件的所有函数中都能用它定义变量、数组和指针。当然也可以在函数中声明结构体类型，其有效范围仅限于该函数。

7.1.1　结构体类型定义

结构体是若干数据元素的聚集，它的数据元素的数据类型可以不同。结构体中的数据元素又称结构体的成员。结构体与成员之间是一种一对多的关系，即一个结构中可以有多个成员。

例如，日期包括年(整数)、月(整数)、日(整数)三个数据成员；学生基本信息包括学号(整数或字符串)、姓名(字符串)、性别(字符) 、年龄(整数)、入学成绩(浮点数据)等成员；个人基本信息包括姓名(字符串)、性别(字符串)、出生年月(日期数据)、工资(浮点数据)等成员。

上述描述日期、学生基本信息和个人基本信息的类型定义如下：

```
struct date                        /*定义日期结构体类型*/
{
    int year;                      /*年*/
    int month;                     /*月*/
    int day;                       /*日*/
};
struct student                     /*定义学生结构体类型*/
{
    long num;                      /*学号*/
    char name[11];                 /*姓名，最多五个汉字*/
    char sex    ;                  /*性别，F或M*/
    int age;                       /*年龄*/
    float score;                   /*入学成绩*/
};
struct person                      /*定义个人基本信息结构体类型*/
{
    char name[11];                 /*姓名，最多五个汉字*/
    char sex[3];                   /*性别，男或女*/
    struct date birthday;          /*出生年月日*/
    float wage;                    /*工资*/
};
```

结构体类型定义的一般形式为：

```
struct 结构体名
{
    类型1  成员名1;
    类型2  成员名2;
      …      …
    类型n  成员名n;
};
```

其中 struct 是 C 语言的关键字，是结构体类型的标识符。结构体名和成员名 1、成员名 2、……、成员名 n 都必须是合法的标识符。各个结构体成员包含在花括号中，组成一个结构体。结构体各个成员的数据类型可以是任意类型，包括基本数据类型或结构体类型，甚至可以是结构体类型本身(这时成员只能是指针变量)。结构体类型定义语句以分号结束。

结构体类型可以嵌套定义，如上述定义中 struct person 的成员 birthday 是 struct date 类型。struct person 也可以定义为如下形式：

```
struct person                     /*定义个人基本信息结构体类型*/
{
    char name[11];                /*姓名，最多五个汉字*/
    char sex[3];                  /*性别，男或女*/
    struct date{
        int year;
        int month;
        int day;
    } birthday;                   /*出生年月日*/
    float wage;                   /*工资*/
};
```

结构体类型仅仅定义了数据的组织结构形式，只是建立了一种数据类型，是对数据的一种抽象描述，并没有分配内存空间。定义了结构体类型之后，程序员可以像使用基本类型那样，使用结构体类型定义结构体变量、数组、指针等。

7.1.2　结构体类型变量、数组和指针的定义

结构体类型定义后，就可以定义结构体类型变量，以便存储结构体数据。比如，要存储日期数据，可以按下面的形式定义变量。

```
struct date yesterday,today,tomorrow;
```

其中：struct date 是前面定义的日期类型，yesterday、today、tomorrow 是这种结构体类型的变量(注意：C 语言中的结构体名和关键字 struct 要一起使用，表示结构体类型；而在 C++中，用结构体名就可表示结构体类型)。假设一个 int 型数据占两个字节，则上述日期型数据占 6 个字节，即分配给变量 yesterday、today、tomorrow 的内存空间是 6 个字节。为这些变量(如 today)分配的内存如图 7-1 所示。

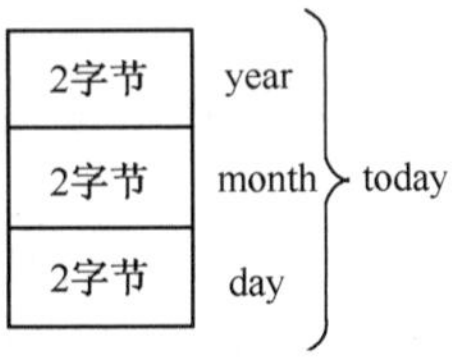

图 7-1　日期类型变量 today 内存分配示意图

结构体类型数据占用内存空间的字节数是结构体中每个成员所占字节数之和。

同样可以定义结构体类型数组、指针，例如：

```
struct date d[10],*pd;
```

d 为结构体数组，该数组有 10 个元素，元素类型是 struct date，该数组可以存储 10 个日期数据；pd 是指向 struct date 类型数据的指针变量，可以指向 yesterday、today、tomorrow

或数组 d 的元素等 struct date 类型变量。

结构体类型变量、数组、指针的定义通常有以下 4 种方法。

(1) 先定义结构体类型，再定义结构体变量。

```
struct date{                /*定义日期结构体类型*/
    int year;
    int month;
    int day;
};
struct person {             /*定义个人基本信息结构体类型*/
    char name[11];
    char sex[3];
    struct date birthday;
    float wage;
   };
struct date yesterday,today,tomorrow;      /*定义结构体变量*/
struct person w1,w2,w[5],*p;               /*定义结构体变量*/
```

(2) 定义结构体类型，同时定义结构体变量。

```
struct date{                    /*定义结构体类型，同时定义变量*/
    int year;
    int month;
    int day;
} yesterday,today,tomorrow;            /*同时定义结构体变量*/
struct person {                 /*定义结构体类型，同时定义变量*/
    char name[11];
    char sex[3];
    struct date birthday;
    float wage;
} w1,w2,w[5],*p;                       /*同时定义结构体变量*/
```

(3) 定义无名结构体类型，同时定义结构体变量。

```
struct{                     /*定义无名结构体类型，同时定义变量*/
    int year;
    int month;
    int day;
} yesterday,today,tomorrow;          /*同时定义结构体变量*/
struct{                     /*定义无名结构体类型，同时定义变量*/
    char name[11];
    char sex[3];
    struct date birthday;
    float wage;
} w1,w2,w[5],*p;                     /*同时定义结构体变量*/
```

(4) 先用 typedef 语句定义类型标识符，再用类型标识符定义变量。

```
typedef struct{          /*定义日期类型标识符 Date*/
    int year;
    int month;
    int day;
} Date;
typedef struct{          /*定义个人基本情况类型标识符 Person*/
    char name[11];
    char sex[3];
    struct date birthday;
    float wage;
} Person;
Date  yesterday,today,tomorrow;          /*定义结构体变量*/
Person  w1,w2,w[5],*p;                   /*定义结构体变量*/
```

上述定义的结构体变量 w1 的内存占用情况如图 7-2 所示。结构体数组 w 的内存占用情况如图 7-3 所示。

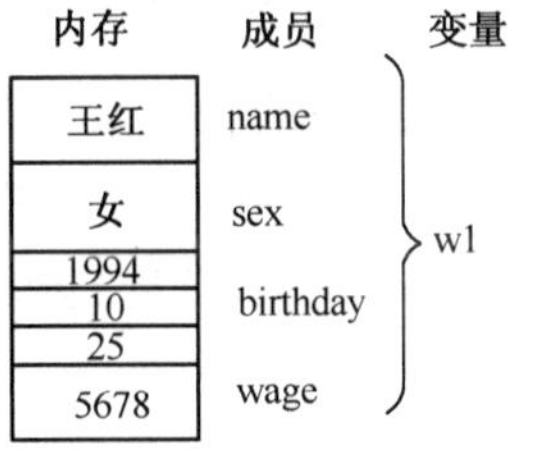

图 7-2　结构体变量 w1 内存分配情况

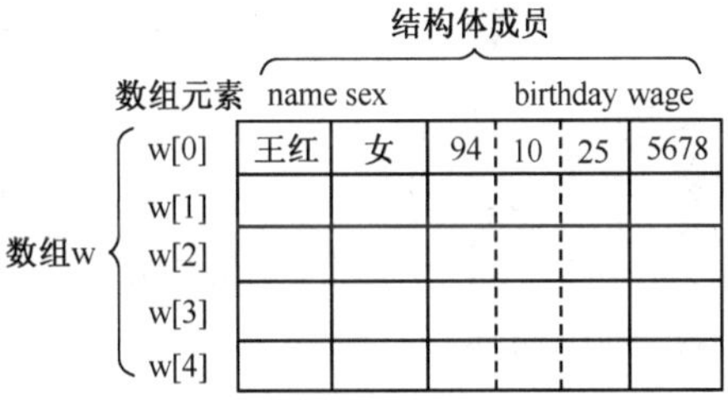

图 7-3 结构体数组 w 的内存分配情况

假设 int 型数据占用两个字节内存，则一个 Person 类型的变量占用 24(=11+3+6+4)个字节。

w 是 Person 类型数组，有 5 个元素，每个元素都是一个 Person 类型的变量。

p 是指向 Person 类型数据的指针变量，可以指向 Person 类型的变量。例如：

```
p=&w1;
```

则 p 指向 Person 类型变量 w1，如图 7-4 所示。

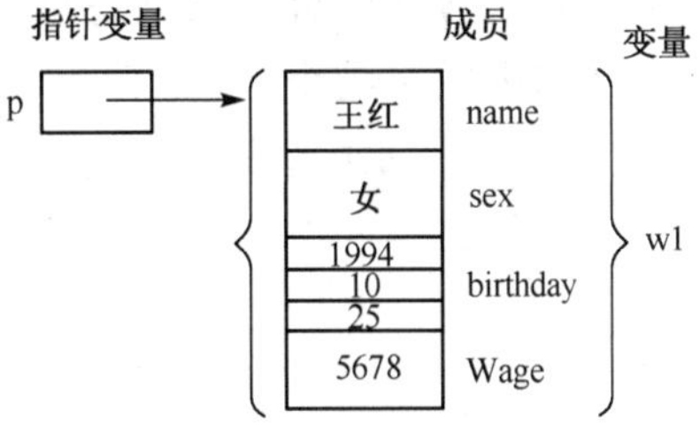

图 7-4　指针变量 p 指向变量 w1

7.1.3　结构体类型变量、数组和指针的初始化

与前面介绍的变量或数组初始化的概念相同，可以在定义结构体变量的同时为变量赋一个初值。例如：

```
struct date{
    int year;
    int month;
    int day;
} today={2018,5,8};     /*对 date 型变量 today 初始化*/
```

结构体变量的初始化数据要用大括号括起来，大括号中的常量数据用逗号隔开，依次初始化对应的成员。上例中，用 2018 初始化 today 变量的 year 成员，用 5 初始化 today 变量的 month 成员，用 8 初始化 today 变量的 day 成员。要注意大括号中常量数据的类型要与对应的成员类型匹配。又如：

```
struct person{
    char name[11];
    char sex[3];
    struct date birthday;
    float wage;
} w1={"王红","女",{1994,10,25},5678},*p=&w1;   /*初始化变量 w1 和 p*/
```

结构体变量 w1 的第一、二个成员是字符数组，大括号中对应的初值数据是字符串，即用字符串对字符数组成员初始化；第三个成员 birthday 本身又是 struct date 类型，可以用在大括号中嵌套大括号的方法初始化，即{1994,10,25}是对 birthday 成员的初始化数据。用 w1 的指针对结构体指针变量 p 初始化。又如：

```
struct person{
    char name[11];
    char sex[3];
    struct date birthday;
    float wage;
} w[5]={{"王红","女",{1994,10,25},5678},
        {"李义","男",{1995, 5, 1},6238},
        {"张庆","男",{1999,12,25},6588},
        {"孙洋","男",{1998,10,28},5588},
        {"赵江","男",{2005, 1,28},3600}};
```

将数组初始化和结构体变量初始化方法结合起来就是对结构体数组初始化方法。

如果初始化的数据个数少于结构中成员的个数，则其余成员将自动初始化为 NULL(实际值为 0)。对于全局的结构体变量，若外部声明变量时没有进行初始化，则其成员的各个变量的初值为 NULL。

7.1.4 结构体类型变量的引用

可以整体引用结构体变量，也可以只引用结构体变量的成员。

只有在同类型结构体变量之间赋值时，结构体变量才可以整体引用，其他情况则只能引用结构体变量的成员。下面是整体引用的例子：

```
struct date  yesterday,today={2018,5,8};
yesterday=today;   /*将 today 变量的值赋值给同类型的变量 yesterday*/
```

```
struct person w1={"王红","女",{1994,10,25},5678};
struct person w2,w[5];
w2=w1;                  /*将 w1 变量的值赋值给同类型的变量 w2*/
w[0]=w1;                /*将 w1 变量的值赋值给同类型数组元素 w[0]*/
```

结构体成员的引用有两种形式：一是使用“.”运算符，通过结构体变量名引用结构体的成员；二是使用“->”运算符，通过指向结构体数据的指针引用结构体的成员。

（1）通过“.”运算符引用

“.”是结构体成员的访问运算符，用结构体变量访问其成员的一般形式如下：

结构体变量名 . 成员名

例如：

```
struct date  yesterday, today={2018,5,8};
printf("%d-%d-%d\n", today.year, today.month, today.day);
```

其中，today.year 引用结构体变量 today 的 year 成员，其他类似。上述程序段的输出结果是：2018-5-8。

若要将日期 2018-5-7 用赋值的方法存储在变量 yesterday 中，可用下面的语句实现：

```
yesterday.year=2018;
yesterday.month=5;
yesterday.day=7;
```

如果结构体是嵌套定义的，则用“.”运算符逐级引用。例如，person 结构体中 birthday 成员的类型是结构体类型 date，可以使用以下方式引用结构体变量 w1 的 birthday 的成员：

```
struct person w1={"王红","女",{1994,10,25},5678},w2;
printf("%s,%s,%d-%d-%d,%.2f\n",w1.name,w1.sex,w1.birthday.year,
                        w1.birthday.month,w1.birthday.day,w1.wage);
```

其中，w1.birthday 本身是一个结构体变量，w1.birthday.year 才是一个整型变量，使用了两次“.”运算符。

若要将数据{"李义","男",{1995, 5, 1},6238} 存储在变量 w2 中，可用下面的语句实现：

```
strcpy(w2.name,"李义");     /*复制字符串"李义"到变量 w2 的 name 数组成员中*/
strcpy(w2.sex,"男");        /*复制字符串"男"到变量 w2 的 sex 数组成员中*/
w2.birthday.year=1995;
w2.birthday.month=5;
w2.birthday.day=1;
w2.wage=6238;
```

“.”运算符的优先级在所有 C 语言的运算符中最高。

（2）通过“->”运算符引用

“->”是指向结构体成员运算符，用结构体指针访问所指结构体成员，一般形式如下：

结构体指针变量名 –> 成员名

“->”由连续的两个字符“-”和“>”组成。与“.”运算符不同的是，“->”运算符用来访问结构体指针所指向的结构体数据的成员。

“->”运算符的优先级与“.”运算符的优先级是相同的，也是优先级最高的运算符。

例如：

```
struct person w1={"王红","女",{1994,10,25},5678},*p;
p=&w1;              /*指针变量 p 指向结构体变量 w1*/
printf("%s,%s,%d-%d-%d,%.2f\n",p->name,p->sex,p->birthday.year,
                           p->birthday.month,p->birthday.day,p->wage);
```

其中，p->birthday 是引用 p 所指结构体变量的 birthday 成员，p->birthday 本身是一个 date 类型的结构体变量，继续引用 year 成员的方法是 p->birthday.year，前一个运算符是“->”，后一个运算符是“.”。另外，p->name 等价于(*p).name，但前一种写法感觉更加直观易懂，绝大多数场合使用前一种写法；在(*p).name 表达式中圆括号是必需的，因为“.”运算符的优先级比间接访问运算符“*”高。

通过指针变量引用结构体数据成员时，需要先将结构体数据的指针赋值给结构体指针变量，再使用“->”运算符访问结构体成员。

7.1.5 结构体应用举例

【例 7-1】 输入两个复数，计算并输出它们的和与乘积。

分析：在 C 语言中没有复数类型，为了进行复数运算并体现复数的整体性，可以定义结构体类型表示复数。复数由实部和虚部组成，声明两个浮点类型的变量表示它们。在复数的结构体上，按照复数相加及相乘的规则求出它们的和与乘积，最后输出结果。

```
#include <stdio.h>
struct complex                              /* 定义复数类型 */
{
    float real;                             /* 实部 */
    float imag;                             /* 虚部 */
};
int main(void)
{
    struct complex  x, y, s, p;             /* 定义复数变量 */
    scanf("%f,%f", &x.real, &x.imag);  /* 输入第一个复数的实部和虚部 */
    scanf("%f,%f", &y.real, &y.imag);  /* 输入第二个复数的实部和虚部 */
    s.real = x.real + y.real;               /* 复数相加 */
    s.imag = x.imag + y.imag;
    p.real = x.real * y.real - x.imag * y.imag;         /* 复数相乘 */
    p.imag = x.real * y.imag + x.imag * y.real;
    printf("两复数的和为：%.2f+%.2fi\n", s.real, s.imag);    /*结果输出*/
    printf("两复数的积为：%.2f+%.2fi\n", p.real, p.imag);
    return 0;
}
```

程序运行结果如图 7-5 所示。其中，前两行是输入的数据，后两行是输出的计算结果。

【例 7-2】 输入平面上两个点的坐标，求这两个点之间的距离。

分析：平面上的一个点有横坐标 x 和纵坐标 y，可以定义结构体类型表示平面上的一个点。

```
#include <stdio.h>
#include <math.h>
struct point                              /* 定义点类型 */
{
    float x;                              /* X坐标 */
    float y;                              /* y坐标 */
};
int main(void)
{
    struct point  a,b;                    /* 定义点变量 */
    float distance;
    scanf("%f,%f", &a.x, &a.y);       /* 输入第一个点的坐标,存储在变量 a 中*/
    scanf("%f,%f", &b.x, &b.y);       /* 输入第二个点的坐标,存储在变量 b 中*/
    distance=sqrt((a.x-b.x)*(a.x-b.x)+(a.y-b.y)* (a.y-b.y));
    printf("两点之间的距离为：%.2f\n",distance);
    return 0;
}
```

程序运行结果如图 7-6 所示。其中，前两行是输入的数据，第三行是输出的计算结果。

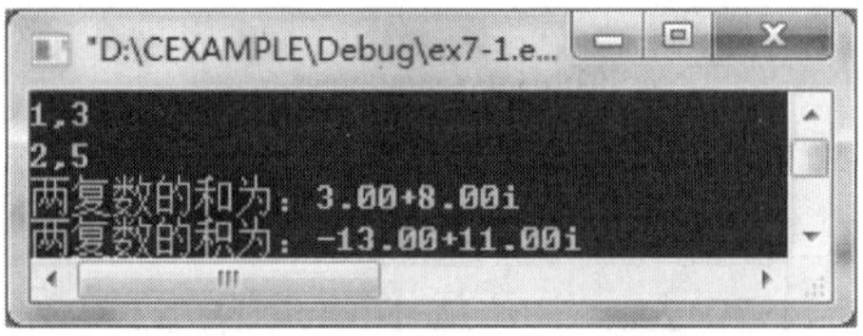

图 7-5 【例 7-1】运行结果

图 7-6 【例 7-2】运行结果

【例 7-3】 候选人票数统计。假设有 3 名候选人，姓名依次是“zhao”“qian”“sun”，有若干人投票，只能投票给一名候选人，给出其姓名即可。输入投票人给出的姓名，统计每名候选人的得票数。

分析：每名候选人有一个姓名和一个得票数，将候选人姓名和得票数定义成结构体类型。为了程序控制，输入的姓名为“end”时，表示输入数据结束。

```
#include <stdio.h>
#include <string.h>
struct candidate{                         /* 定义候选人类型 */
    char name[11];                        /* 候选人姓名 */
    int vote;                             /* 得票数 */
};
int main(void)
{   struct candidate  c[3]={{"zhao",0},{"qian",0},{"sun",0}};
                                          /* 定义候选人数组并初始化 */
    char name[11];                        /* 存储键盘输入的姓名 */
    int i;
    scanf("%s",name);                     /* 第一个人投票 */
```

```
    while(strcmp(name,"end")!=0)
    {
        for(i=0;i<3;i++)                /* 某个候选人票数加 1 */
            if(strcmp(name,c[i].name)==0)
                c[i].vote++;
        scanf("%s",name);               /* 下一个人投票 */
    }
    for(i=0;i<3;i++)                    /* 输出投票结果 */
        printf("%10s: %d\n",c[i].name,c[i].vote);
    return 0;
}
```

程序运行结果如图 7-7 所示。其中，前 7 行是输入的数据，后 3 行是输出的统计结果。

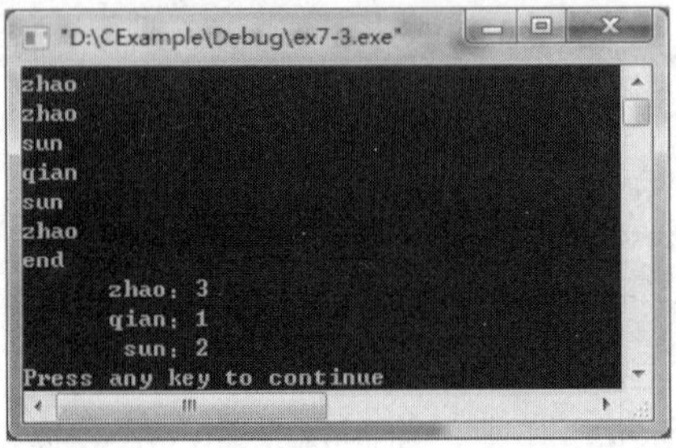

图 7-7 【例 7-3】运行结果

【例 7-4】 建立某个班级的学生情况表，包括班号、总人数，每一名同学的学号、姓名、性别、年龄、两门课程(数学、英语)的成绩、总分和平均分，情况表最后要有该班的平均年龄和各门课程的平均分(假设学生人数不超过 30 人，学号从 1 号开始)。

分析：将学生信息和班级信息都定义为结构体类型。先建立学生信息结构体类型 student，其成员有：no(学号)、name(姓名)、sex(性别)、age(年龄)、math(数学成绩)、engl(英语成绩)、total(总分)和 ave(均分)。再建立班级的结构体类型 Class，其成员有：cno(班号)、num(人数)、stud(学生信息数组)、avmath(数学均分)、avengl(英语均分)和 avage(平均年龄)。

图 7-8 所示为学生情况表的内存使用情况。

cno(班号)							
num (全班人数)							
1	张庆	男	20	86	65	151	76
2	王芳	女	19	76	98	174	87
…	…	…	…	…	…	…	…
30	张江	男	18	86	89	175	88
avmath(数学均分)							
avengl(英语均分)							
avage(平均年龄)							

共 30 名学生

图 7-8　学生情况表

```
#include <stdio.h>
struct student                 /* 定义学生结构体类型 student */
{   int no;                    /* 学号 */
    char name[11];             /* 姓名 */
    char sex[3];               /* 性别 */
    int age;                   /* 年龄 */
    float math;                /* 数学成绩 */
    float engl;                /* 英语成绩 */
    float total;               /* 总分 */
    float ave;                 /* 均分 */
};
struct Class                   /* 定义班级结构体类型 Class */
{   int cno;                   /* 班号 */
    int num;                   /* 全班人数*/
    struct student stu[31];    /* 学生信息 */
    float avmath;              /* 数学平均成绩 */
    float avengl;              /* 英语平均成绩 */
    int avage;                 /* 平均年龄 */
};
void main(void)
{   struct Class cla;                               /* 声明结构体变量 */
    int i;
    float summath = 0, sumengl = 0, sumage = 0, average;
    scanf("%d,%d", &cla.cno, &cla.num);             /* 输入班号，人数 */
    for(i = 1; i <= cla.num; i++)                   /* 输入每个学生信息 */
    {   cla.stu[i].no = i;
        printf("输入姓名：");
        scanf ("%s", cla.stu[i].name);
        printf("输入性别：");
        scanf ("%s",cla.stu[i].sex);
        printf("输入年龄：");
        scanf ("%d", &cla.stu[i].age);
        printf("数学成绩：");
        scanf ("%f", &cla.stu[i].math);
        printf("英语成绩：");
        scanf ("%f", &cla.stu[i].engl);
        cla.stu[i].total = cla.stu[i].math + cla.stu[i].engl;/* 学生的总分 */
        cla.stu[i].ave = cla.stu[i].total / 2;          /* 学生的均分 */
        summath += cla.stu[i].math;                 /* 求全班数学总分 */
        sumengl += cla.stu[i].engl;                 /* 求全班英语总分 */
        sumage += cla.stu[i].age;                   /* 求全班年龄总和 */
    }
    cla.avmath = summath / cla.num;                 /* 求全班数学均分 */
    cla.avengl = sumengl / cla.num;                 /* 求全班英语均分 */
    cla.avage = sumage / cla.num;                   /* 求全班平均年龄 */
}
```

本例中出现了结构体数组，引用某同学数学成绩的代码是 cla.stu[i].math，通过本例可以知道结构体中数组成员的引用方法。另外，上述程序没有输出结果，读者可以根据实际需要增加结果输出语句，完善该程序。

7.1.6　结构体指针与函数

C 语言函数的参数传递都是传值的，一些应用程序需要用结构体数据作为参数进行传递。一般情况下，虽然说 C 语言允许传递结构体数据，但是结构体使用的存储空间可能比较大，这就可能导致传送数据量过大，影响程序的运行效率。如果选择结构体变量作为参数，那么只能在该结构体使用的字节数比较少时使用。

函数之间如果需要传递结构体数据，有经验的程序员一般采用传递结构体指针的方法，这样就大幅减少了参数传递时的数据传送量，也意味着程序运行速度得以提高。

函数返回时道理也一样，在结构体的字节数比较多时，应该尽量避免返回一个结构类型的数据，而尽可能返回一个指向结构体的指针变量。

1. 指向结构体的指针变量作为函数参数

函数间传递结构体数据时，函数参数可以是结构体变量的成员，也可以是结构体变量，还可以是指向结构体的指针。

常见的做法是将指向结构体的指针作为函数的实参，传递给调用的函数。这种传递方式相当于地址传递，指针形参变量和实参指针指向同一内存空间。需要注意的是，采用这种参数传递方式，在被调用的函数中如果对结构体成员进行赋值，则会改变上一级函数中结构体变量的值。通过以下例子，介绍这种参数传递方式的效果。

【例 7-5】 某学校增加教师的工资。假设工资根据教师的职称增加：教授增加 500 元，副教授增加 300 元，讲师增加 200 元，助教增加 100 元。教师的信息有姓名、年龄、职称和工资等，编写程序，计算每位教师增加后的工资(假设共有 100 位老师)。

分析：教师的基本信息包括：name(姓名)、age(年龄)、post(职称)和 wages(工资)。采用结构体类型存储基本信息。增加工资用 add()函数实现，实参和形参采用指向结构体类型的指针。

```
#include <stdio.h>
#include <string.h>
#define N 100
struct teach                          /*teach 结构体定义*/
{
    char name[11];
    int age;
    char post[11];
    float wages;
};
float add(struct teach *);            /*add 函数声明*/
void main()
```

```
{
    struct teach man[N];
    int i;
    for(i=0;i<N;i++)                    /*输入教师的基本信息*/
    {   printf("输入第%d个教师的基本信息\n",i+1);
        printf("姓名：");
        scanf ("%s", man[i].name);
        printf("年龄：");
        scanf ("%d", &man[i].age);
        printf("职称：");
        scanf ("%s", man[i].post);
        printf("原工资：");
        scanf ("%f", &man[i].wages);
    }
    for(i=0; i<N; i++)          /*对每个教师调用add函数，求调整后工资*/
        printf("姓名：%s 调整后工资：%.2f\n",man[i].name,add(&man[i]));
}
float add(struct teach *q)
{   float addwage;
    if(strcmp(q->post,"教授")==0)
        q->wages += 500;
    else if(strcmp(q->post,"副教授")==0)
        q->wages += 300;
    else if(strcmp(q->post,"讲师")==0)
        q->wages += 200;
    else
        q->wages += 100;
    addwage = q->wages;
    return(addwage);
}
```

2. 函数返回结构体指针

函数的返回值可以是一个结构体指针，即结构的首地址，用来实现函数间的数据的传递。这是一种高效率的数据传递。返回结构体指针函数定义的一般形式为：

struct 结构体名 *函数名(形参表)

例如，下面定义了一个函数 func，该函数返回指向结构体 person 的指针。需要注意的是，接收返回值的变量必须与调用的函数具有相同类型的结构体指针变量。

```
struct person *func(int x,int y){…}
```

【例7-6】 设计一个函数 find()，对【例7-4】的学生情况表按学号进行查询，如果找到该学号的学生，则返回学生数据的地址，否则返回 NULL。

分析：首先需要编写 find()函数，再修改【例7-4】的程序，增加一些必要的内容。find()

函数源程序代码如下，将其添加到【例 7-4】的程序的最后。

```
struct student *find(struct Class *p_cla, int n)
{
    int i;
    for(i=1;i<=p_cla->num;i++)
        if(p_cla->stu[i].no == n)
            return(&p_cla->stu[i]);
        else
            return NULL;
}
```

在【例 7-4】程序的声明部分，main()函数之前，增加以下定义和声明：

```
struct student *result;
int number;
struct student *find(struct Class *, int);
```

在 main()函数的最后补充以下内容，调用 find()函数进行查找：

```
printf("输入学号：");
scanf("%d",&number);
result=find(&cla, number);
if(result!=NULL)
{   printf("学号：%d\n", result->no);
    printf("姓名：%s\n", result->name);
    printf("数学成绩：%.2f\n", result->math);
}
else
    printf("无此学号！\n");
```

7.1.7 位域

一些信息在存储时并不需要占用完整的字节或更长的整数，只需占用几个二进制位。这时可以使用 C 语言的位域。

位域是一种特殊的结构体类型，声明其每个成员时，成员变量不是基本类型数据，而是以二进制位为单位的若干二进制位。例如：

```
struct file_date
{
    unsigned int day:5;            /*day 成员是 5 位二进制整数*/
    unsigned int month:4;          /*month 成员是 4 位二进制整数*/
    unsigned int year:7;           /*year 成员是 7 位二进制整数*/
};
```

该结构体定义中，每个成员后面的数指定了它占用二进制位数的长度。其存储分配情况如图 7-9 所示。

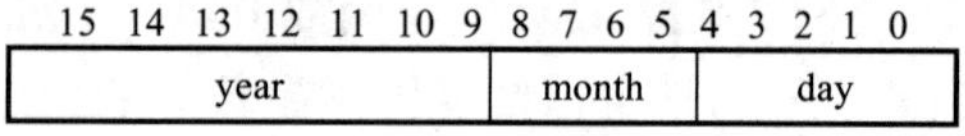

图 7-9　位域的存储分配情况

声明位域成员时，需要注意以下几点：

(1) 位域成员的类型只能为 int、unsigned int 或 signed int。因为 int 类型有符号位，为了避免出现二义性，大多使用 unsigned int 类型声明位域成员。

(2) 因为位域没有地址，取地址运算符&不能用于位域。

(3) 位域存储在整型单元中，整型存储单元通常是 8 位、16 位和 32 位。位域从二进制低位开始，依次使用整数的若干位，如图 7-9 中的位域 day 使用第 0～4 位，month 使用第 5～8 位，year 使用第 9～15 位(思考：用 7 位二进制表示年够用吗？几位合适？)，当存储单元剩下的空间不够存放一个位域时，则跳到下一个存储单元，并重新从低位开始存放。

(4) 可以指定从另外一个存储单元存放位域，例如：

```
struct my_bit
{
    unsigned int a:4;
    unsigned int  :0;
    unsigned int b:8;
};
```

上述定义中，由于有 0 长度的位域，那么从 0 长度位域的下一个成员开始，位域存储在新存储单元的起始位置中。这个例子中，a 位域和 b 位域分别存放在不同的存储单元中。

(5) 可以声明无名位域成员，例如：

```
struct my_bit
{
    unsigned int a:2;
    unsigned int  :3;              /*无名字段*/
    unsigned int b:4;
};
```

上述定义中，位域 a 后面的字段为无名字段，该字段不使用。

定义了有位域的结构体变量之后，就可以引用结构体中的位域，引用方法与结构体完全相同。需要注意的是，位域的取值范围不同于整数，是由其位数来决定的。位域也可以像整数一样按格式输出。例如：

```
struct file_date thisday;
thisday.day = 31;
thisday.month = 7;
thisday.year = 2012;
printf("%d-%02d-%02d\n", thisday.year, thisday.month, thisday.day);
```

7.2 动态存储分配

使用计算机语言编写程序，处理数据时，有可能出现数据数量的多少不可预知的情况。例如，同一计算机操作系统中有多少应用程序同时被执行是未知。

程序中，声明变量用来存储数据，对于数量不确定的数据而言，定义的变量空间大了，有可能造成内存空间的浪费，定义的变量空间小了，有可能无法正常处理数据。使用动态存储的方法可以有效地解决这个问题。

C 语言程序中可以采用两种基本的方法存储数据，一种方法是前面介绍过的，在程序中定义变量来存储数据，运行时访问声明的变量。这些变量定义之后，存储数据的空间大小不会发生变化。第二种方法是利用 C 语言中的动态内存分配功能，根据程序运行中的实际情况，动态地申请和分配适当大小的内存空间，作为数据的存储空间来使用。根据实际情况，申请的存储空间可大可小，使用完毕后需要释放这些空间。

C 语言中的指针可以指向变量、数组和函数，也可以指向结构体。而动态申请的空间可以作为一个变量、数组或结构体等的存储空间来使用。这样，就可以动态申请内存空间作为结构体的存储单元，用指针变量指向申请的空间，实现对结构体的访问。如果结构体中有指针成员，就可以将结构体连接在一起，形成链表、树和其他高度灵活的数据结构。

7.2.1 内存的分配与释放

动态存储的操作包括建立、引用和释放。一般用指针变量存放动态申请的内存空间的首地址，根据指针类型的不同，这些内存空间可以作为指针类型的基类型变量空间来使用，非常灵活。可以说，任意类型、任意大小(只要不超过虚拟内存空间)的存储空间都可以通过动态申请得到分配。

为了使用动态存储，程序执行过程中需要动态地申请和释放内存空间。C 语言标准库函数中有 4 个函数用来动态地申请和释放内存空间，这些函数的原型在头文件<stdlib.h>中。

1. malloc()

函数 malloc()用来给程序动态分配内存空间，该函数的原型如下：

```
void *malloc(unsigned long);
```

它只有一个参数，是 unsigned long 类型，即一个无符号长整数类型。该参数用来指定所分配内存空间的字节数；若分配成功，则返回分配空间的起始地址，否则返回值为 NULL。

2. calloc()

函数 calloc()用来给程序动态分配作为数组的内存空间，该函数的原型如下：

```
void *calloc(unsigned long, unsigned long);
```

它的第一个参数是数组的元素个数，第二个参数是数组元素的字节数。该函数会清除分配内存空间的数据。例如，以下语句用于分配 n 个元素的字符数组空间。

```
char *pc;
pc =(char *)calloc(n,sizeof(char));
                        /*与 pc=(char *)malloc(n*sizeof(char));等价*/
```

另外一个例子是分配结构体数组空间，以下语句用于分配 n 个结构体元素。

```
struct person *ps;
ps =(struct person*)calloc(n, sizeof(struct person));
        /*与 ps=(struct person*)malloc(n*sizeof(struct person));等价*/
```

malloc()与 calloc()相比，malloc()更具有通用性，而 calloc()更适用于为数组分配内存空间。

3. realloc()

函数 realloc()用于调整已经分配的内存空间的大小，该函数的原型如下：

```
void *realloc(void *, unsigned long);
```

它的第一个参数必须是先前用函数 malloc()或 calloc()得到的内存空间首地址，第二个参数是新的内存空间的字节数。先前申请的存储空间大小不合适，特别是存储空间过小时，可以使用该函数调整申请的内存空间的大小。重新分配的空间中保留了原来空间中的数据。

4. free()

函数 free()用来释放动态分配的内存空间，该函数的原型如下：

```
void free(void *p);
```

参数 p 用来指定需要释放的内存空间的起始地址，通常代入 mallloc()函数返回的地址，释放由 p 指向的内存区域。例如：

```
int *point;
point=(int *)malloc(10*sizeof(int));
…
free(point);
```

上述这段程序通过 sizeof(int)检测 int 型数据的字节数，然后在内存中分配长度为 10*sizeof(int)字节的内存块，并将该内存块的起始地址赋给指针变量 point。调用 free(point)则释放指针变量 point 指向的内存空间。

需要注意的是，malloc()函数分配内存空间时一定要检查函数的返回值，以保证在使用指针时，它的值不为 NULL，否则程序将出错，得到不可预知的结果。例如，使用下面程序进行内存分配错误的处理。

```
if(point==NULL)          /* 如果 malloc()函数的返回值为 NULL，则退出 */
{
    printf("out memory.\n");
    exit(1);
}
```

【例 7-7】 使用动态存储的简单例子。

```
#include <stdio.h>
#include<stdlib.h>
#include<string.h>
struct student
{
    char name[11];
    int num;
};
int main(void)
```

```
{
    struct student *p, *q, *r;
    p=(struct student*)malloc(sizeof(struct student)); /*分配一个新单元*/
    q=(struct student*)malloc(sizeof(struct student)); /*分配另一个新单元*/
    strcpy(p->name, "BOY");
    p->num=5;
    strcpy(q->name, "GIRL");
    q->num=10;
    r=p;
    printf("%s, %d\n", r->name, r->num);
    printf("%s, %d\n", q->name, q->num);
    free(p);
    free(q);
}
```

其中 p, q, r 指针的指向及存储情况如图 7-10 所示。需要指出的是，用 malloc() 函数分配的存储空间，必须用 free() 函数释放，否则计算机系统的内存有可能出现丢失现象。

程序运行结果如图 7-11 所示。

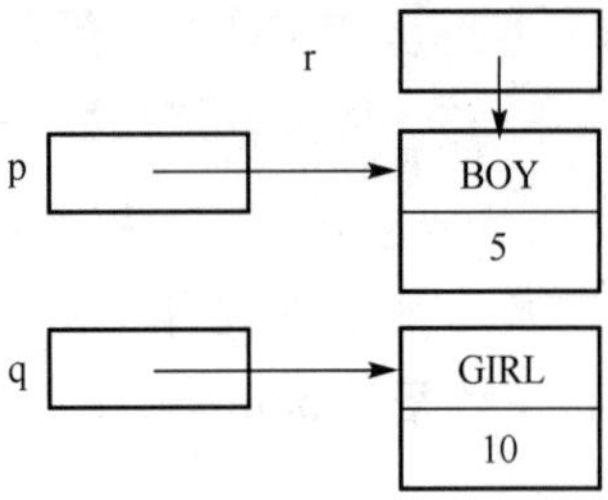

图 7-10　动态存储与指针

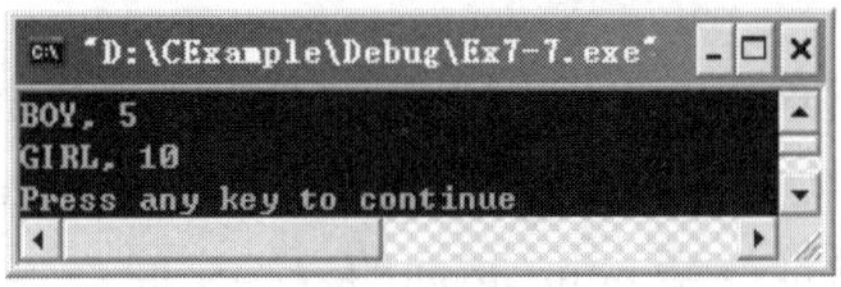

图 7-11 【例 7-7】运行结果

7.2.2　内存动态分配应用举例

下面通过几个例子，了解动态存储分配与定义变量(或数组)的异同点，以及内存分配在动态数据结构中的应用。

【例 7-8】 编写一个冒泡排序程序。要求：使用数组存储数据。

分析：声明一个长度为 N 的数组，用于存储 N 个整数；使用 C 语言标准库函数中的随机数发生函数得到 N 个整数，给数组赋值；为了让每次生成的随机数都不一样，使用当前时间作为产生随机数的随机种子；冒泡排序是对数组进行多遍(最多 N–1 遍)扫描，如果发现相邻两个数中，前一个大于后一个，则交换它们，第一遍将最大值交换到倒数第一个位置，第二遍将次大值交换到倒数第二个位置，以此类推，如果某一遍没有发生交换，则说明排序完毕。排序之前和排序之后，均输出数组中的所有数据，以便了解排序前后数组中数据的变化，确认排序处理是否正确。注意程序的模块，即功能的函数化。

```
#include<stdio.h>
#include<stdlib.h>
#include<time.h>
#define N 10
```

```
void getData(int [], int);
void outputData(int [], int);
void sort(int [], int);
int main(void)
{   int i;
    int a[N];
    srand((unsigned)time(NULL));       /* 初始化随机数序列 */
    getData(a, N);                     /* 获得数据放入数组 a 中 */
    printf("排序前: ");
    outputData(a, N);                  /* 输出数组 a 的数据 */
    sort(a, N);                        /* 冒泡排序：对数组 a 中的元素进行排序 */
    printf("排序后: ");
    outputData(a, N);                  /* 输出数组 a 的数据 */
}
void getData(int d[], int n)
{   int i;
    for(i=0; i < n; i++)
        d[i] = rand() % 100;           /* 获得 0～99 之间的整数值 */
}
void outputData(int d[], int n)
{   int i;
    for(i=0; i < n; i++)
        printf("%d ", d[i]);
    printf("\n");
}
/* 交换指针所指的变量的值 */
void exchange(int *p, int *q)
{   int temp;
    temp = *p;
    *p = *q;
    *q = temp;
}
/* 排序函数，对数组 d 的元素排序 */
void sort(int d[], int n)
{   int i, j, count=1;
    for(i=0; count>0 && i<n-1; i++)
    {   count = 0;
        for(j=0; j<n-i-1; j++)
            if(d[j] > d[j+1]) {
                exchange(d+j, d+j+1);   /* 交换两个相邻的数 */
                count++;
            }
    }
}
```

其中，srand()函数为随机数发生函数置初值，避免每次产生相同的随机数；函数 time(NULL)返回从 1970 年 1 月 1 日 0 时 0 分 0 秒到此刻的秒数；函数 getData()用于获得数据送到数组 a 中，程序中是通过随机函数获得数据，也可以将其改写成从标准输入获得数据；函数 outputData()用于输出数组 a 中的数据；函数 sort()是冒泡排序函数，其中变量 count 用于计数每一遍的交换次数，如果不需要交换(0 次)，则说明排序完成。

程序运行结果如图 7-12 所示。

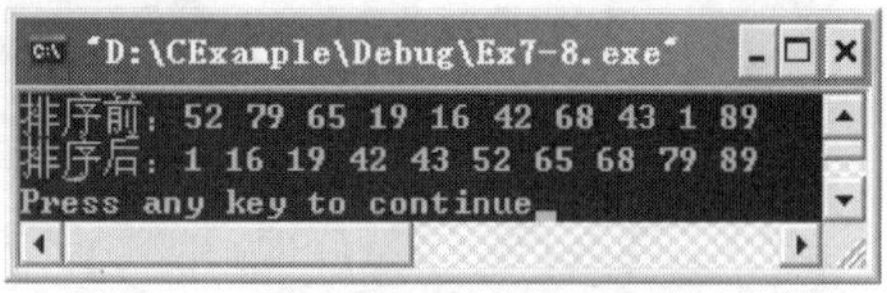

图 7-12 【例 7-8】运行结果

下面通过一个功能与【例 7-8】完全相同，但使用动态存储分配方式的例子，比较其与使用数组的异同点。

【例 7-9】 编写一个冒泡排序程序。要求：使用内存动态分配函数 malloc()，分配一块存储 n 个数据的内存空间。

分析：由于【例 7-8】的程序已经结构化，所以只需要改写其中 main()函数，申请一块动态存储空间作为数组来使用。

main()函数如下(除 main()函数及不需要定义的字符常量 N 之外，程序的其他部分都与【例 7-8】完全相同)：

```
int main(void)
{   int n, i;
    int *pa;
    printf("请输入数据个数：");
    scanf("%d", &n);
    pa=(int *)malloc(n*sizeof(int)); /* 动态分配存储 n 个整数的内存空间*/
    srand((unsigned)time(NULL));     /* 初始化随机数序列*/
    getData(pa, n);
    printf("排序前：");
    outputData(pa, n);        /* 输出指针 pa 所指空间中的前 n 个数据 */
    sort(pa, n);              /* 对指针 pa 所指空间中的前 n 个数据排序 */
    printf("排序后：");
    outputData(pa, n);        /* 输出指针 pa 所指空间中的前 n 个数据 */
    free(pa);
}
```

其中，int 型指针变量 pa 用于指向动态存储单元，并作为数组名来使用；申请内存空间时需要考虑数据类型的字节数，所以总字节数是 n*sizeof(int)(n 为数组元素个数)；使用运算符 sizeof 得到数据类型的字节数，使程序不依赖于运行环境，具有可移植性；使用内存分配函数 malloc()申请内存空间作为数组使用，使用完毕必须用函数 free()释放申请的内存空间；调用各个功能函数时，使用指针变量作为参数，传送的是地址，这与【例 7-8】是等价的(因为数组名是数组元素的首地址)。

程序运行结果如图 7-13 所示。

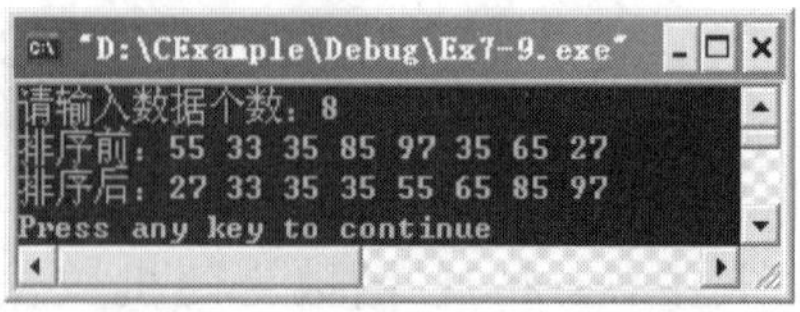

图 7-13 【例 7-9】运行结果

将【例 7-8】与【例 7-9】进行比较可知，虽然两个程序在功能上是相同的，但是使用动态存储分配可以使程序更加灵活。【例 7-8】只能对固定大小的数组进行排序处理，而【例 7-9】则可以对任意给定个数的数据进行排序处理，程序通用性强。

以下是内存分配在动态数据结构——链表中应用的例子。

【例 7-10】 编写程序，允许输入若干整数。每输入一个整数，就动态地建立一个数据节点存放输入的数据，并且总是保证链表中的数据是按照从小到大次序存放，随时可以输出链表中的数据。

链表是一种常见的数据结构，如图 7-14 所示。对于每个节点可以使用一个结构体来描述，包括一个整数和一个指向后一个节点的指针。最后一个节点的指针值为 NULL，表示没有下一个节点。

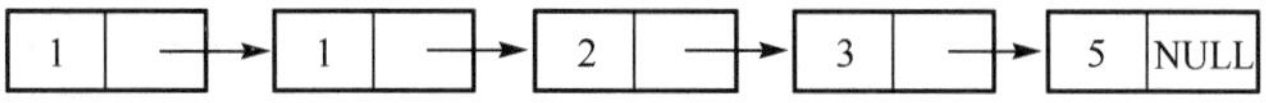

图 7-14　节点为整数的有序链表

```
struct node              /*定义节点结构类型*/
{
    int value;
    struct node *next;  /*用到了节点结构类型本身，只能定义指针成员*/
};
```

分析：编写 main() 函数实现整体逻辑，每个功能由函数来实现；编写 getData() 函数实现数据输入；编写 outputData() 函数实现链表数据的输出；编写 insert() 函数实现将输入的数据插入到链表中的合适位置，保证链表中的数据是有序的。动态链表需要一个头指针用于存放动态链表第一个节点的地址，以免动态链表丢失。为了简化程序逻辑，链表中增加头节点，如图 7-15 所示。

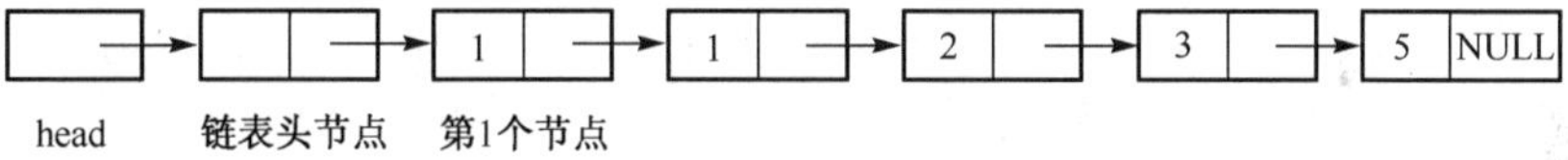

图 7-15　【例 7-10】的有序链表

有序动态链表插入算法(插入一个数据到链表的处理)步骤如下。

第 0 步：建立链表头节点，并让头指针 head 指向头节点。

第 1 步：为要插入的新数据建立一个节点。该节点的值为要插入的数据，指针为 NULL。

第 2 步：如果头节点的指针为空，则让头节点的指针指向第 1 步中建立的新节点。插入处理结束。

第 3 步：如果要插入的数据值小于头节点指针指向的节点的值，则第 1 步中建立的新节点指针指向头节点指针所指向的节点，头节点指针指向新节点。

第 4 步：如果上述第 1 步和第 2 步条件都不成立，则将头节点作为当前节点，重复执行以下第 5 步至第 9 步，直到当前节点指针为空。

第 5 步：如果要插入的数据值小于当前节点指针所指的节点的值，则新节点的指针指向当前节点指针所指向的节点，并且当前节点指针指向新节点。

第 6 步：如果第 5 步条件不成立，并且要插入的数据值大于当前节点指针所指向节点的值，则转第 7 步，否则转第 9 步。

第 7 步：把当前节点的下一节点作为当前节点(当前节点向前挪一个)。

第 8 步：如果当前节点的指针为空(NULL)，则当前节点指针指向新节点，算法结束，否则转第 5 步执行。

第 9 步：新节点指针指向当前节点的下一节点，当前节点的指针指向新节点，算法结束。

程序设计如下：

```
#include <stdio.h>
#include <stdlib.h>
struct node                         /*定义节点结构类型*/
{
    int value;
    struct node *next;
};
void getData(int *);                /*函数声明*/
void insert(struct node *, int);
void outputData(struct node *);
void freeNodes(struct node *);
int main(void)
{   struct node *head = NULL;
    char code;
    int val;
    /* 建立链表头节点 */
    head = (struct node *) malloc(sizeof(struct node));
    head->value = 0;
    head->next = NULL;
    for(;;) {
        printf("请输入操作选择(i:输入数据,p:输出结果,e:结束程序): ");
        scanf("%c", &code);
        while(getchar() != '\n');  /* 跳过行结束符 */
        switch(tolower(code)) {
            case 'i':  getData(&val);
                       insert(head, val);
                       break;
            case 'p':  outputData(head);
                       break;
            case 'e':  printf("程序运行结束！！！\n\n");
                       freeNodes(head);
                       return 0;
            default:  printf("输入选择错误\n");
        }
    }
}
void getData(int *pint)
{   printf("请输入数据: ");
    scanf("%d", pint);
    while(getchar() != '\n');       /* 跳过行结束符 */
}
```

```
void insert(struct node *p, int v)
{   struct node *pn;
    struct node *pt = p;
    pn = (struct node *) malloc(sizeof(struct node));
    pn->value = v;
    pn->next = NULL;
    if(p->next == NULL) {
        p->next = pn;
    } else if(v < p->next->value) {
        pn->next = p->next;
        p->next = pn;
    } else {
        while(pt->next) {
            if(v > pt->next->value) {
                pt = pt->next;
                if(pt->next == NULL) {
                    pt->next = pn;
                    break;
                }
            } else {
                pn->next = pt->next;
                pt->next = pn;
                break;
            }
        }
    }
}
void outputData(struct node *p)
{   if(p->next == NULL)
        printf("没有数据!!!\n");
    else {
        printf("结果: ");
        while(p->next) {
            p = p->next;
            printf("%d ", p->value);
        }
        printf("\n");
    }
}
void freeNodes(struct node *p)
{   struct node *q;
    while(p) {
        q = p;
        p = p->next;
        free(q);
    }
}
```

其中，main()函数实现了程序的整体逻辑，包括程序流程的控制；getData()函数用于从标准输入得到一个数据，并且跳过包括换行符在内的一行字符，下一个输入从新的一行开始读入；insert()函数实现了有序动态链表插入算法；outputData()函数用于输出链表中的数据；freeNodes()函数用于回收程序运行过程中申请到的所有内存空间，程序结束前必须回收所有分配的内存。

程序运行结果如图 7-16 所示。该运行实例考虑到链表在各种情况下的数据插入和输出，包括链表是空、数据插入到第一个节点(插入数据小于或等于链表中的所有数据)、数据插入到某两个节点中间(插入数据与链表中数据相比，不是最大或最小)、数据插入到最后一个节点(插入数据比链表中的所有数据大)等情况，覆盖了各种可能性。

上述程序由于是按照结构化编程，每个功能都被封装到相互独立并且功能单一的函数中，提高了程序的可修改性。例如，若不是标准输入数据时，只需要修改 getData()函数；若不是将结果输出到标准输出时，只需要修改 outputData()函数。

图 7-16 【例 7-10】运行结果

7.3 共用体

从语法的角度来看，共用体与结构体大同小异，只是关键字不同。从引用方法来看，二者之间没有区别。使用共用体的目的是节省共享成员的存储单元，节省内存单元的使用。

下面介绍共用体类型的定义、变量的声明及引用。

7.3.1　共用体类型的定义

共用体又称联合，它也是构造数据类型。共用体类型的定义与结构体类似，一般形式为：

union 共用体名
{
　　类型　成员名 **1;**
　　类型　成员名 **2;**
　　…
　　类型　成员名 **n;**
};

与结构体类似，它定义了一种新的数据类型，其成员可以由不同数据类型的数据组成。共用体类型与结构体类型不同的是，它的所有成员共同占用一块内存区域，整个区域的大小是由使用最大内存的成员来决定的。例如：

```
union num
{   short x;
    float y;
    double z;
};
```

num 有三个成员 x、y 和 z，但是程序并不是分别给它们分配 2 字节、4 字节和 8 字节合计 14 字节的存储空间，而是按照成员中的最大存储字节数分配一个 8 字节的成员变量空间。如图 7-17 所示，共用体成员 x、y 和 z 共同使用此内存空间。

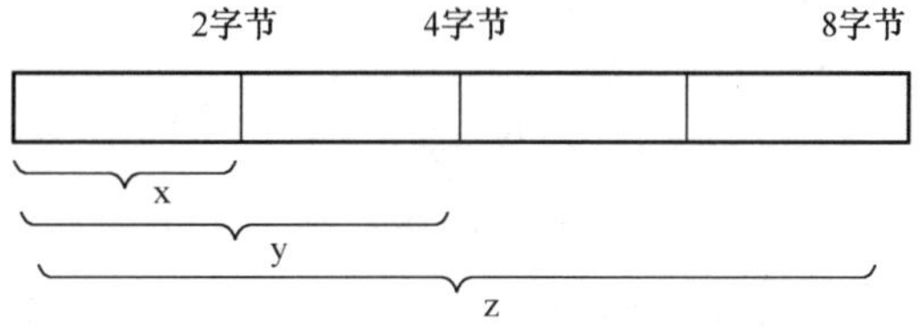

图 7-17　共用体的存储分配情况

对于共用体而言，对其中某个成员变量进行赋值时，都有可能改变其他成员的值。所以，一般情况下，共用体内的成员变量是分时使用的，这样就不会相互影响。

由于 C 语言有共用体类型，所以 C 语言在编写内存比较小的计算机硬件系统的程序时具有优势。

7.3.2　共用体变量定义

使用共用体类型时可以定义共用体类型的变量。例如：

```
union num data, *p;
```

也可以在定义共用体类型的同时定义共用体变量。例如：

```
union num
{   short x;
    float y;
    double z;
} data, *p;
```

同结构体类型类似，定义了共用体类型变量之后，就可以引用共用体变量了。引用共用体变量的方法与结构体完全相同。C 语言中不能引用整个共用体，只能引用共用体变量中的各个成员，即基本类型变量。

```
p = &data;
data.x = 10;
p->y = 10.0;
data.z = 16.00;
```

由于共用体成员重叠使用相同的内存单元，因此程序执行过程的某个期间，应该只使用其中的某个成员，不使用其他成员，否则可能造成成员的值不可预知，引起程序逻辑混乱。共用体变量中有意义的成员是最后一次赋值的成员，一个成员赋值后，其他成员的值就失去意义了。例如，进行上述的三次赋值运算后，只有 data.z 是有意义的。如果使用以下语句输出 data.x 值，会得到无意义的结果。

```
printf("%d", data.x);
```

初始化共用体时，通常只对共用体的第一个成员的值进行初始化。例如：

```
union num data={10};
```

以下两种初始化是错误的：

```
union num data={10.0};
union num data ={10, 10.0, 10.00};
```

在 C 语言中，不能把共用体变量作为函数的参数，也不能使函数返回共用体变量，但是可以使用指向共用体的指针作为参数类型和返回类型。共用体和结构体之间可以互相嵌套，即共用体的成员可以是结构体，结构体的成员也可以是共用体。

【例 7-11】 阅读下面一段程序，体会共用体的用法。

```
#include <stdio.h>
union num
{
    int x;
    float y;
};
int main(void)
{   union num data;
    data.x = 100;                          /*对成员 x 赋值*/
    printf("%d, %f\n", data.x, data.y);
    data.y=100.0;                          /*对成员 y 赋值*/
```

```
        printf("%d, %f\n", data.x, data.y);
    }
```

上述程序编译运行，结果如图 7-18 所示。

图 7-18 【例 7-11】运行结果

从中可以看出，对 x 赋值会影响 y 的值，对 y 赋值也会影响 x 的值；第一次对成员 x 赋值，data.y 的值无意义(不确定)；第二次对成员 y 赋值，data.y 为确定的值，data.x 的值无意义(不确定)。需要注意的是，对于不确定的值，不同的计算机硬件和操作系统环境下，其输出结果可能不一样。

7.4 枚举类型

计算机使用编码表示现实世界中的问题，最有代表性的是 ASCII 编码，参见附录 A 的 ASCII 对照表。这样每个字符就有了一个十进制的值，就可以进行像字符转换为十进制数、十进制数转换成字符和大小写转换之类的计算。使用整数编码表示现实世界中的问题是为了使计算机能够更加高效地进行计算处理。

C 语言程序中通常使用整数表示月份、星期和颜色等值。但是在程序中如果遇到一个整数值，往往很难推测其所表示的含义。如果能用一个易懂的单词符号表示一个整数值，就会提高程序的可阅读性，使读者容易理解程序的含义。

枚举类型可以解决上述问题，本节介绍枚举类型的定义和使用。

7.4.1 枚举类型的定义

在程序设计中，有时要用到某些很难用标准数据类型和构造数据类型表示的数据。例如，一个星期的 7 天、一年中的 12 个月、扑克牌的花色、7 种颜色等。这样的数据只有几种可能的值，C 语言中的枚举类型用来描述这样的数据。

枚举类型通过枚举一系列有序的标识符来定义。程序员根据需要确定这些标识符的值，这些标识符称为枚举常量，各自对应一个整数值。枚举常量本质上是整数，可以进行比较等运算。

枚举类型的定义语句由关键字 enum 开头。例如：

```
    enum week {sun, mon, tue, wed, thu, fri,sat };
```

定义了一个枚举类型 week，其中 sun, mon, tue, … , sat 为枚举常量。没有特别指明时，第一个枚举常量 sun=0 起，其后的枚举常量自然增 1，即 mon=1, tue =2, …, sat=6，以此类推。

还可以指定枚举常量的值。例如：

```
    enum week {sun=1, mon, tue, wed, thu, fri, sat};
```

这里由于第一个枚举常量被指定为 1，其后的枚举常量自然增 1，所以这些枚举常量的值分别为 sun=1, mon=2, tue=3, …, sat=7。

7.4.2 枚举类型数据的使用

定义了枚举类型之后，还需要定义实际的枚举类型变量，才能使用枚举类型数据。例如：

```
enum week weekday;
```

weekday 是 week 枚举类型变量，一般情况下其值是枚举常量中的一个。例如：

```
weekday = wed;
printf("%d", weekday);
if (weekday > sat)
…
```

枚举类型变量除能够进行赋值运算和关系运算之外，还能够像整数一样进行有关计算。但是程序员一般不会将枚举类型变量当作整数变量来使用，那样的话就失去了定义枚举变量的意义。

【例 7-12】 编写一个程序，输入今天星期几，输出昨天和明天是星期几。

分析：用枚举类型(值为 0～6)表示星期几，输入一个 0～6 的整数作为今天星期几，据此计算出昨天和明天是星期几，并且输出计算结果。与实际日常生活习惯一样，星期日的前一天是星期六，星期一的前一天是星期日。

```
#include <stdio.h>
#include <stdlib.h>
int main(void)
{
    enum week {sun,mon,tur,wed,thu,fri,sat};        /* 定义枚举类型 week */
    enum week yesterday,today,tomorrow;             /* 定义枚举变量 */
    int i;
    printf("请输入 0～6 内的整数：");
    scanf("%d",&i);                                 /* 输入今天的星期数 */
    if((i<0)||(i>6))                                /* 判定输入是否正确 */
    {
        printf("数据输入错误");
        exit(0);
    } else
        switch (i)
        {
            case 0: yesterday = sat; tomorrow = mon; break;
            case 1: yesterday = sun; tomorrow = tur; break;
            case 2: yesterday = mon; tomorrow = wed; break;
            case 3: yesterday = tur; tomorrow = thu; break;
            case 4: yesterday = wed; tomorrow = fri; break;
            case 5: yesterday = thu; tomorrow = sat; break;
            case 6: yesterday = fri; tomorrow = sun; break;
            default: break;
        }
    printf("昨天是%d,明天是%d\n", yesterday, tomorrow);
}
```

程序运行时，输入整数 0 的输出结果如图 7-19 所示。

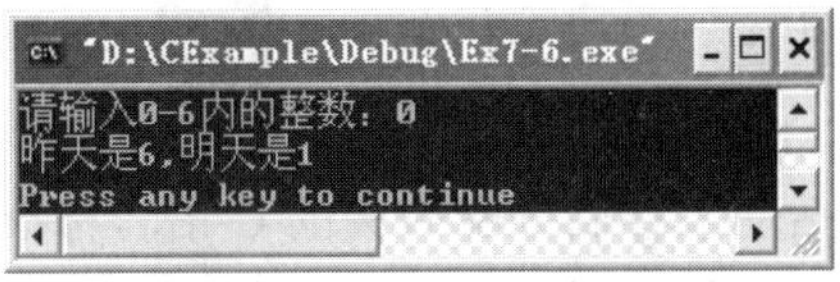

图 7-19 【例 7-12】运行结果

7.5 类型标识符的定义

C 语言中允许程序员定义自己的数据类型标识符。使用关键字 typedef 定义新的数据类型标识符，标识某种已存在的数据类型。注意，定义新的类型标识符不是定义新的类型。

typedef 语句的一般形式如下，其中，标识符是定义的新类型名。

typedef　类型说明符　标识符；

例如：

```
typedef float real;
typedef suruct node Node;
```

定义标识符 real 标识的数据类型是 float，或者说，real 与 float 等价；Node 标识结构体类型 struct node。需要注意的是，定义的新类型标识符是已有类型标识符的补充，已有类型依然存在，并没有被取代。有了上述类型标识符定义之后，程序员可以使用新类型标识符定义变量。例如：

```
real x, y;              /*与 float x,y; 等价*/
Node data;              /*与 struct  node data; 等价*/
```

还可以用 typedef 为更复杂的数据类型定义标识符。例如：

```
typedef  struct {
    int data;
    char name[11];
} Person;                   /* 定义新类型名 Person,为结构体类型 */
Person peo[10];             /* 定义 peo 为 Person 型数组 */
```

定义了一个新的结构体类型标识符 Person，并且用该类型标识符声明结构体数组。

又如：

```
typedef int Num[100];   /* 定义新类型名 Num，为有 100 个整型元素的数组类型 */
typedef int *Point;     /* 定义新类型名 Point，为整型指针类型 */
Num a;                  /* 定义 Num 类型变量 a，与 int a[100]; 等价 */
Point p;                /* 定义 Point 类型变量 p，与 int *p; 等价 */
```

使用 typedef 定义新类型标识符可以提高程序的可读性，使程序具有通用性，便于移植。

本章小结

本章主要介绍了以下内容。

（1）结构体：包括结构体的定义、结构体变量的声明和结构体变量的访问。同时介绍了函数调用时结构体数据的传递，以及如何返回结构体数据。还介绍了结构体指针和位域等相关的内容。

（2）动态存储分配：包括动态存储分配有关的 C 语言标准库函数，以及它们的用法。通过实例介绍了如何使用动态存储分配有关函数、结构体及指针变量，实现动态数据结构。

（3）共用体：简单介绍了共用体的定义、共用体变量的声明及访问。

（4）枚举类型：简单介绍了枚举类型变量的声明和使用。

（5）自定义数据类型：简单介绍了自定义数据类型及其用法。

习题七

一、选择题

1．声明一个结构体变量时，分配给它的存储单元字节数是(　　)。

A．各成员存储单元字节数的总和　　B．结构体中第一个成员存储单元字节数

C．占用存储单元最多成员的字节数　　D．结构体最后一个成员的存储单元字节数

2．C 语言结构体类型变量在程序执行期间(　　)。

A．所有成员一直驻留在内存中　　B．只有一个成员驻留在内存中

C．部分成员驻留在内存中　　D．没有成员驻留在内存中

3．以下程序中，指针变量 p 指向一个整型变量的存储单元，括号中的内容应该是(　　)。

```
int *p;
p=(    )malloc(sizeof(int));
```

A．int　　B．int *　　C．(* int)　　D．(int *)

4．有关 C 语言共用体类型数据，以下叙述中正确的是(　　)。

A．可以对共用体变量直接赋值

B．一个共用体变量中可以同时存放其所有成员

C．一个共用体变量中不能同时存放其所有成员

D．共用体类型定义中不能出现结构体类型的成员

5．以下程序的运行结果是(假定计算机内存是 32 位的) (　　)。

```
#include <stdio.h>
main()
{
    union {
        long a;
        int b;
        char c;
    } m;
    printf("%d\n",sizeof(m));
}
```

A．2　　B．4　　C．6　　D．8

6．有关 typedef，以下叙述中不正确的是（　　）。

A．用 typedef 可以定义各种类型名，但不能用来定义变量

B．用 typedef 可以增加新类型

C．用 typedef 只是将已存在的类型用一个新的标识符来标识

D．使用 typedef 有利于程序的通用和移植

7．用结构体数组元素访问结构体成员时，需要使用的运算符是（　　）。

A．*　　B．&　　C．.　　D．->

8．用结构体的指针变量访问结构体成员时，需要使用的运算符是（　　）。

A．*　　B．&　　C．.　　D．->

9．用以下语句定义枚举类型，那么 green 的值是（　　）。

```
enum week {red, orange , yellow=2, green, cyan, blue, purple};
```

A．2　　B．1　　C．3　　D．0

10．结构体成员的名字必须是（　　）。

A．关键字　　B．标识符　　C．分隔符　　D．运算符

二、填空题

1．用已有的类型定义一种新的类型标识符时，需要使用的关键字是________。

2．C 语言程序中，使用共用体可以减少内存的使用，定义它的关键字是________。

3．共用体变量使用的存储字节数等于________________的成员的字节数。

4．有定义：struct stu　x,*p;，通过赋值语句________，可使 p 指向 x。

5．有定义：struct stu{char name[20]; double score;} ex;，变量 ex 占用的字节数是________。

三、程序阅读分析题

1．阅读程序，写出程序的运行结果。

```
#include<stdio.h>
struct st
{
    int x,y;
} data[2]={1,10,2,20};
void main(void)
{
    struct st *p = data;
    int i;
    for(i=0;i<2;i++,p++)
        printf("%d,%d\n",data[i].x,p->y);
}
```

2．阅读程序，写出程序的运行结果。

```
#include<stdio.h>
struct n {
    int x;
    char c;
};
```

```
func(struct n b)
{   b.x = 20;
    b.c = 'y';
}
void main(void)
{   struct n a = {10, 'x'};
    func(a);
    printf("%d,%c\n", a.x, a.c);
}
```

四、程序设计题

1．定义一个日期结构体类型 Date，成员包括年、月、日。从键盘上输入一个日期，存储在 Date 类型变量中，求该日期是本年中的第几天。

2．写一个函数：int days(Date date)，实现第 1 题的计算，函数返回日期 date 是本年中的第几天。在主函数中输入一个日期，调用函数 days( )计算，输出结果。

3．输入 10 名学生的相关信息(每名学生包括学号、姓名、性别、年龄、成绩等)，统计男、女生人数，计算平均年龄、平均成绩，并将低于平均成绩的学生输出。

4．表示仓库中零部件的结构体定义如下：

```
struct part {
    int number;                /* 零部件编号，零部件的唯一标识 */
    char name[NAME_LEN+1];     /* 零部件名称 */
    int on_hand;               /* 零部件库存数量 */
}
```

用以下语句声明结构体变量，用于表示零部件的库存情况：

```
struct part inventory[MAX_PARTS];
```

上述 NAME_LEN 和 MAX_PARTS 是预定义的整数符号常量。

编写一个程序，用于管理仓库零部件的出、入库，输入数据为零部件编号和出、入库数量(正整数为入库，负整数为出库)，要求有以下功能。

(1) 查找功能：用零部件编号在数组中查找，将零部件编号、零部件名称和库存数量输出到显示器。

(2) 入、出库功能：用零部件编号在数组中查找，如果还没有该部件，则在数组中建立一个元素，否则数量累加。

(3) 结束程序运行：输入选择的功能，结束程序运行。

5. 用随机函数生成若干整型数据，把它们有序地放入链表中。首先按照随机生成的顺序输出这些数，然后输出链表中的数据(参考本章例题程序)。

第8章　文　　件

本章主要内容

- 文件的概念
- 文件类型指针
- 文件的打开和关闭
- 顺序文件的读/写
- 随机文件的读/写

如果你在计算机上调试过C语言程序，一定有保存程序的概念。保存程序就是将编辑好的C语言程序以文件的形式存储在计算机的外存储器上，比如存储在磁盘上，形成源程序文件。对源程序进行编译、链接后会产生目标文件和可执行文件。

在前面各章的程序中，程序处理的数据往往需要从键盘输入，程序处理的结果总是输出到显示器上。在程序调试过程中，每运行一次程序就要输入一次数据，如果输入数据较多，则是一件相当麻烦的事情，也容易出错。为了使数据可重复、永久使用，可将程序处理的数据存放在文件中，需要时将文件中的数据读入内存，供程序处理。同样，程序的处理结果也可以保存在文件中，供其他程序使用或显示输出。事实上，计算机处理的诸如数字、文字、图形、声音、图像、视频等大量的数据都是存储在文件中的。

8.1　文件概述

8.1.1　文件的基本概念

文件是信息的集合。在C语言中，包括磁盘文件和设备文件。磁盘文件是存储在磁盘上的信息的集合，而所有能进行输入/输出的终端设备都被视为设备文件。如键盘是标准输入文件，显示器是标准输出文件。如果文件中存储的是程序，这样的文件称为程序文件；如果文件中存储的是供程序处理的数据，则称为数据文件。本章介绍的文件一般指数据文件。

C语言把文件视为一个字节(字符)序列，即文件是由字节(字符)组成的序列，允许以字节(字符)为单位进行读/写。就好像在程序和文件或设备之间有字节流在流动，所以将这种组织形式和存取方式的文件形象地称为流式文件。

根据数据的组织形式，可以把文件分为两类：文本文件和二进制文件。

文本文件中的每个字节存放一个ASCII码，代表一个字符。二进制文件中的数据以数据在内存中的形式存放。

例如，整数2012，由4个字符组成，按文本格式写入文件，保存的是4个字符的ASCII码，在文件中占4字节，如图8-1(a)所示。若按二进制格式写入文件，保存的是该整数在内存的存储格式，即2字节整数，在文件中占2字节，如图8-1(b)所示。

(a)	(b)
00110010 00110000 00110001 00110010	0000011111011100
(a) 整数2012在文本文件中的存储格式	(b) 整数2012在二进制文件中的存储格式

图8-1　整数2012在文本文件和二进制文件中的存储格式

文本文件中的一个字节对应一个字符，便于对字符逐个处理，也便于输出字符；但一般要占用较多的磁盘空间，而且在读入内存或写入文件时要进行格式转换，需要转换时间。二进制文件中的数据格式与数据在内存的存储形式相同，占用较少的磁盘空间，读入内存或写入文件时也不进行格式转换，数据的输入/输出速度较快。

对流式文件的处理方式有两种，缓冲文件系统和非缓冲文件系统。所谓缓冲文件系统是指系统自动地为每个正在使用的文件开辟一个缓冲区(内存的某个特定区域)；如果从内存向磁盘写数据，数据先写入缓冲区中，当缓冲区写满之后或文件关闭时，才把缓冲区的内容一次全部写入磁盘文件；如果从磁盘读数据到内存，系统先一次性从磁盘文件读入一批数据送入内存缓冲区，然后再从缓冲区取数据供程序处理。非缓冲文件系统不会为使用的文件自动建立缓冲区，程序需为每个文件设定缓冲区。

在传统的UNIX系统中，用缓冲文件系统处理文本文件，而用非缓冲文件系统处理二进制文件。由于这两种文件系统中有许多功能是重叠的，因此ANSI C标准建议只保留缓冲文件系统，并扩展了它的功能。这样在ANSI C中，缓冲文件既用于处理文本文件，又用于处理二进制文件。

8.1.2　文件类型和常用函数

C语言中没有输入/输出语句，对文件的所有操作都是用库函数实现的。下面是与文件操作有关的类型定义和常用函数的原型，这些内容可参考头文件stdio.h。

1. 文件类型定义

```
typedef struct {
    short           level;      /*缓冲区“满”或“空”的程度*/
    unsigned        flags;      /*文件状态标志*/
    char            fd;         /*文件代号*/
    unsigned char   hold;       /*无缓冲区时，不读字符*/
    short           bsize;      /*缓冲区大小，默认为512字节*/
    unsigned char   *buffer;    /*数据缓冲区位置*/
    unsigned char   *curp;      /*当前活动指针*/
    unsigned        istemp;     /*临时文件标识*/
    short           token;      /*用于有效性检查*/
} FILE;                         /*定义FILE为文件类型*/
```

2. 相关常量定义

```
#define  NULL         0         /*定义NULL为空指针*/
#define  EOF        (-1)        /*定义EOF为文件结束标志*/
```

```
#define  SEEK_SET     0        /*定义 SEEK_SET 为 0 */
#define  SEEK_CUR     1        /*定义 SEEK_CUR 为 1 */
#define  SEEK_END     2        /*定义 SEEK_END 为 2 */
```

3. 文件操作函数原型

```
FILE     *fopen(char *filename, char *mode); /*打开文件*/
int      fclose(FILE *fp);                   /*关闭文件*/
int      feof(FILE *fp);                     /*测试文件尾*/
int      fgetc(FILE *fp);                    /*从文件中读一个字符*/
int      fputc(int ch, FILE *fp);            /*写一个字符到文件中*/
char     *fgets(char *s, int n, FILE *fp);   /*从文件中读一个字符串*/
int      fputs(char *s, FILE *fp);           /*写一个字符串到文件中*/
unsigned fread(void *ptr, unsigned size, unsigned n, FILE *fp);
                                  /*从文件中读 n 个 size 字节的数据块*/
unsigned fwrite(void *ptr, unsigned size, unsigned n, FILE *fp);
                                  /*写 n 个 size 字节的数据块到文件中*/
int      fscanf(FILE *fp, char *format, ...);   /*按格式从文件中读数据*/
int      fprintf(FILE *fp, char *format, ...); /*按格式写数据到文件中*/
int      getw(FILE *fp);                     /*从文件中读一个字(int) */
int      putw(int w, FILE *fp);              /*写一个字(int)到文件中*/
void     rewind(FILE *fp);                   /*置读写位置指针于文件开头*/
int      fseek(FILE *fp,long offset,int whence);   /*读写位置指针定位*/
long     ftell(FILE *fp);                    /*返回读写位置指针当前值*/
int      ferror(FILE *fp)                    /*测试文件操作是否出错*/
void     clearerr(FILE *fp);                 /*清除错误和文件尾标志*/
int      fcloseall(void);                    /*关闭所有打开的文件*/
```

程序中有文件操作时，在程序开始处应写上：#include <stdio.h>。

8.1.3 文件类型指针

文件类型 FILE 是一个存放文件属性的结构体，其定义如前所述。当打开一个文件时，将自动开辟一块 FILE 类型的空间，用来存放文件的有关信息(如缓冲区“满”或“空”的程度、文件状态标志、文件代号等)，该空间只能使用指针访问，所以程序中有文件操作时，在说明部分应定义文件类型指针。文件类型指针定义的一般形式为：

FILE　*标识符 1，*标识符 2，…;

例如：

```
FILE  *fp;
```

定义 fp 是一个指向 FILE 类型数据的指针变量，可使用 fp 指向打开文件时开辟的 FILE 类型空间，从而通过该指针变量访问文件。如果要打开 n 个文件，相应地，应说明 n 个 FILE 类型的指针变量，以便访问多个文件。

另外，在头文件 stdio.h 中还为标准设备文件定义了文件型指针，在程序中可直接使用，无须说明和打开，也不用关闭，如表 8-1 所示。

表 8-1　为标准设备定义的文件型指针

文件型指针	设 备 名	设 备 名 称	备　注
stdin	CON	键盘	标准输入设备
stdout	CON	显示器	标准输出设备
stderr	CON	显示器	标准错误输出设备
stdaux	AUX	串行口	标准串行输出设备
stdprn	PRN	打印机	标准打印设备

8.2　文件的打开与关闭

对文件操作的步骤一般有三步：①打开文件；②对文件进行读/写；③关闭文件。

所谓打开文件，就是建立程序和文件之间的通信通道，并为文件操作建立缓冲区。C 语言程序通过文件类型指针与文件建立联系，程序中的一个文件类型指针就代表一个文件。文件打开后，就可以使用库函数对文件进行读/写操作了。程序结束或不再继续使用文件时，要关闭文件。关闭文件的目的是要释放相关的资源，如缓冲区等。

8.2.1　文件的打开

打开文件用 fopen()函数完成，其函数原型如下：

FILE　*fopen(char *filename, char *mode);

其中，filename 指向的字符串是要打开的磁盘文件名；mode 指向的字符串指明文件的使用方式，文件使用方式串如表 8-2 所示。这两个参数对应的实参是字符串常量、字符数组名或指向字符串的指针变量。

该函数的功能是按指定的使用方式打开指定的文件，并为其分配缓冲区。若文件打开成功，函数返回 FILE 类型指针；否则，返回空指针 NULL。

表 8-2　文件使用方式串

文件使用方式串	含　义
"r"	以读方式打开文本文件
"w"	以写方式打开新文本文件
"a"	向文本文件尾写数据
"rb"	以读方式打开二进制文件
"wb"	以写方式打开新二进制文件
"ab"	向二进制文件尾写数据
"r+"	以读/写方式打开文本文件
"w+"	以读/写方式打开新文本文件
"a+"	以读/写方式打开文本文件，默认向文件尾写数据
"rb+"	以读/写方式打开二进制文件
"wb+"	以读/写方式打开新二进制文件
"ab+"	以读/写方式打开二进制文件，默认向文件尾写数据

在文件使用方式串中含有字符 w 时，打开文件函数将建立一个新文件；若存在同名文

件，则同名文件的内容将被覆盖。文件使用方式串中若不含字符 w，则打开的文件必须存在，否则文件打开失败，fopen()函数返回空指针 NULL。同样，对以只读方式打开的文件试图进行写操作或对以只写方式打开的文件试图进行读操作，将导致错误；只有以读/写方式打开的文件，才能同时进行读或写操作。例如：

```
FILE  *fp;
…
fp=fopen("c:\\abc.txt", "w");
```

上述语句的作用是以写方式打开 C 盘根目录下名为 abc.txt 的文本文件，也就是要在 C 盘根目录下建立一个名为 abc.txt 的新文本文件，并将函数的返回值赋值给 fp，使 fp 与文件 abc.txt 相关联。在此之后，对文件 abc.txt 的读/写都是通过 fp 完成的。为叙述方便，将对 fp 相关联文件的读/写，简称为对 fp 读/写，fp 代表了与其相关联的文件。

8.2.2　文件的关闭

关闭文件使用 fclose()函数实现，其函数原型如下：

int　fclose(FILE *fp);

其功能是关闭文件 fp，同时释放分配给文件的缓冲区。若正确关闭文件，函数返回 0，否则返回非 0。例如：

```
fclose(fp);
```

用于关闭文件 fp。函数 fclose()只能关闭一个文件，当要关闭多个文件时，应多次使用 fclose()函数或用 fcloseall()关闭所有文件。

在实际应用中，文件打开和关闭的常用代码为：

```
FILE  *fp;                                /*定义文件类型指针*/
  …
if((fp=fopen("abc.dat", "w"))==NULL)      /*判断文件打开是否成功*/
    {
        printf("Can not open file\n");  /*打开失败，输出相关信息*/
        exit(1);                          /*结束程序运行*/
    }
  …                                       /*读/写文件*/
fclose(fp);                               /*关闭文件*/
```

这里 exit()函数的功能是关闭所有打开的文件并强迫程序结束运行。一般 exit()带参数值 0 表示正常结束，非 0 表示出错后结束，操作系统可以接收返回的参数值。

8.3　文件的读/写

以合适的方式打开文件后，就可以对文件进行读数据或写数据的操作。对文件的读/写有两种方式，即顺序读写和随机读写。所谓**顺序读写**是指写入文件的数据按写入顺序依次存放在文件中，或者说，写入了 n–1 个数据后，才能写入第 n 个数据；从文件中读取数据时，先读取第一个数据，再读取第二个数据，以此类推，只有读取了前 n–1 个数据后，才能读取第 n 个数据。**随机读写**是指可以读取文件中任意位置的数据或写数据到文件的任意位置。为了标识读取或写入文件中数据的位置，引入读写位置指针的概念，用读写位置指针指示读写数据的位置(注意与文件型指针的区别)；打开文件时，读写位置指针指向文件的开头；顺序读/写时，每读/写一个字节，位置指针就指向下一个字节。如果能将位置指针任意移动，就可实现随机读/写。所有的文件读/写函数都是从读写位置指针指示的位置进行读/写的。本节首先介绍文件顺序读/写函数的使用，再介绍文件的随机读/写。

8.3.1 顺序文件的读/写

1. 文件尾测试函数

读取文件中的数据时，需要测试读写位置指针是否已指向文件尾，若指向文件尾，则不能继续读取数据。文件尾测试函数的原型如下：

int feof(FILE *fp);

其功能是测试文件 fp 的读写位置指针是否指向文件尾。若指向文件尾，函数返回非 0；否则返回 0。文件尾是指一个文件最后一个数据后面的位置。

通常，在读取文件数据前，要用 feof()测试文件尾，不是文件尾则读取数据，是文件尾则不能读取数据。所以读文件数据的程序结构常采用如下形式：

```
…
while(!feof(fp))          /*若不是文件尾*/
    {…}                   /*读取数据并处理*/
```

另外，文本文件使用一个特殊字符 EOF 作为文件结束的标记。

2. 字符读/写函数

字符读/写函数的原型如下：

int fgetc(FILE *fp);

int fputc(int ch, FILE *fp);

函数 fgetc()的功能是从文件 fp 中读取一个字符(字节)。函数以整数形式返回所读取的字符，若遇文件尾，则函数返回文件结束标志 EOF。

函数 fputc()的功能是将 ch 中的字符(整数的低 8 位)写入文件 fp 中。若写入成功，函数返回所写的字符，否则，函数返回 EOF。

【例 8-1】 在 C 盘根目录下建立一个名为 abc.txt 的文本文件，从键盘输入一些字符写入该文件中，直到输入一个^Z(Ctrl+Z)为止(^Z 是键盘输入的文件结束标志)。

```
#include <stdio.h>
#include <stdlib.h>
void main()
```

```
{
    char ch;
    FILE *fp;                                   /*定义文件类型指针*/
    if((fp=fopen("c:\\abc.txt","w"))==NULL)     /*以写方式打开文本文件*/
    {
        printf("Can not open file\n");
        exit(1);
    }
    ch=getchar();                               /*从键盘读入一个字符*/
    while(ch!=EOF)                              /*不是^Z 则循环*/
    {
        fputc(ch,fp);                           /*写字符到文件*/
        ch=getchar();                           /*从键盘读入下一个字符*/
    }
    fclose(fp);                                 /* 关闭文件 */
}
```

程序中的语句“ch=getchar();”还可写成“ch=fgetc(stdin);”，其作用是从标准输入设备(键盘)读入一个字符。

【例 8-2】 显示【例 8-1】建立的文件 abc.txt 中的内容。

```
#include <stdio.h>
#include <stdlib.h>
void main()
{
    char ch;
    FILE *fp;                                   /*定义文件类型指针*/
    if((fp=fopen("c:\\abc.txt","r"))==NULL)     /*以读方式打开文本文件*/
    {
        printf("Can not open file\n");
        exit(1);
    }
    ch=fgetc(fp);                               /*从文件中读入一个字符*/
    while(ch!=EOF)                              /*不是文件尾则循环*/
    {
        putchar(ch);                            /*显示字符*/
        ch=fgetc(fp);                           /*从文件读入下一个字符*/
    }
    fclose(fp);                                 /*关闭文件*/
}
```

程序中的语句“putchar(ch);”还可写成“fputc(ch,stdout);”，其作用是写字符 ch 到标准输出设备(显示器)。

【例 8-3】 使用带参数的主函数，实现磁盘文件的复制。

```
#include<stdio.h>
#include<stdlib.h>
void main(int argc,char *argv[])
```

```
{
    FILE  *fr,*fw;                          /*定义两个文件类型指针*/
    if(argc!=3)                             /*判断命令行参数是否是两个*/
    {
        printf("Parameter error\n");
        exit(1);
    }
    if((fr=fopen(argv[1],"r"))==NULL)       /*以读方式打开源文件*/
    {
        printf("Can not open %s\n",argv[1]);
        exit(1);
    }
    if((fw=fopen(argv[2],"w"))==NULL)       /*以写方式打开目标文件*/
    {
        printf("Can not open %s\n",argv[2]);
        exit(1);
    }
    while(!feof(fr))                        /*源文件读写位置指针不到尾*/
        fputc(fgetc(fr),fw);                /*从源文件读字符写入目标文件*/
    fclose(fr);                             /*关闭文件*/
    fclose(fw);
}
```

假设上述程序以 Ex8-3.c 保存，编译、链接后形成可执行程序 Ex8-3.exe。则在 DOS 提示符下，按以下格式输入命令将完成文件的复制。

```
Ex8-3 源文件名 目标文件名
```

3. 字符串读/写函数

字符串读/写函数的原型如下：

char   *fgets(char *s, int n, FILE *fp);

int   fputs(char *s, FILE *fp);

函数 fgets()的功能是从文件 fp 中读取 n–1 个字符，存储在指针 s 所指向的内存中，自动在末尾加字符'\0'作为串的结束标记。若在读完 n–1 个字符之前，遇到换行符或结束标记 EOF，读入即结束，换行符也是读取的有效字符之一。读入成功，函数返回 s 的值，否则返回 NULL。

函数 fputs()的功能是将指针 s 所指向的字符串写入文件 fp 中，不输出串结束标记，也不换行。若写入成功，函数返回写入文件的最后一个字符，否则，函数返回 EOF。

【例 8-4】 从键盘输入三行字符，写入文件 string.txt，再显示 string.txt 文件的内容。

```
#include<stdio.h>
#include<stdlib.h>
#define  N  81
void main()
{
    char str1[N],str2[N];
```

```
    int i;
    FILE *fp;                              /*定义文件类型指针*/
    if((fp=fopen("string.txt","w"))==NULL) /*以写方式打开文本文件*/
    {
        printf("Can not open file\n");
        exit(1);
    }
    for(i=0;i<3;i++)
    {
        gets(str1);                        /*键盘输入一行字符保存在数组 str1 中*/
        fputs(str1,fp);                    /*将数组 str1 中的字符串写入文件 fp*/
        fputs("\n",fp);                    /*将换行字符写入文件 fp*/
    }
    fclose(fp);                            /*关闭文件*/
    if((fp=fopen("string.txt","r"))==NULL) /*以读方式重新打开文件*/
    {
        printf("Can not open file\n");
        exit(1);
    }
    for(i=0;i<3;i++)
    {
        fgets(str2,N,fp);                  /*从文件读取N-1个字符保存在数组str2中*/
        fputs(str2,stdout);                /*将数组 str2 中的字符串输出至显示器*/
    }
    fclose(fp);                            /*关闭文件*/
}
```

程序中的函数调用 gets(str1)是否可以写成 fgets(str1,N,stdin)？函数调用 fputs(str2,stdout)是否可以写成 puts(str1)？答案是不可以，它们之间是有区别的，即对换行字符和结束标记的处理不同。

4．格式读/写函数

格式读/写函数的原型如下：

int fscanf(FILE *fp, char *format, …);

int fprintf(FILE *fp, char *format, …);

函数 fscanf()的功能是按格式从文件 fp 中读取数据。若读入成功，函数返回所读数据的个数，否则返回 EOF。

函数 fprintf()的功能是按格式写数据到文件 fp 中。若写入成功，函数返回写入数据的个数，否则返回 EOF。

在前面的章节中，一直使用函数 scanf()和 printf()进行输入和输出，大家已经非常熟悉了。函数 fscanf()和 fprintf()的使用方法与函数 scanf()和 printf()相仿，无非是 scanf()从键盘读数据，而 fscanf()从文件读数据，printf()输出数据到显示器，而 fprintf()输出数据到文件。事实上，scanf(…)与 fscanf(stdin,…)的功能相同；printf(…)与 fprintf(stdout,…)的功能相同。

【例 8-5】 分析下面程序的运行结果。

```
#include<stdio.h>
#include<stdlib.h>
void main()
{
    char c1='A',c2,s1[10]={"Program"},s2[10];
    int i1=168,i2;
    float f1=95.56,f2;
    FILE *fp;                                    /*定义文件类型指针*/
    if((fp=fopen("format.dat","w"))==NULL) /*以写方式打开文本文件*/
    {
        printf("Can not open file\n");
        exit(1);
    }
    printf("%c,%d,%7.2f,%s\n",c1,i1,f1,s1);      /*输出数据到显示器*/
    fprintf(fp,"%c,%d,%7.2f,%s\n",c1,i1,f1,s1);  /*输出数据到文件*/
    fclose(fp);
    if((fp=fopen("format.dat","r"))==NULL)       /*以读方式重新打开文件*/
    {
        printf("Can not open file\n");
        exit(1);
    }
    fscanf(fp,"%c,%d,%f,%s",&c2,&i2,&f2,s2);     /*从文件中按格式读取数据*/
    printf("%c,%d,%7.2f,%s\n",c2,i2,f2,s2);      /*输出数据到显示器*/
    fclose(fp);
}
```

运行程序，输出结果如图 8-2 所示。

程序在显示数据(图 8-2 中第一行数据)的同时以相同的格式输出到文件中，即文件中的数据与屏幕显示的数据格式相同，如图 8-3 所示是文件 format.dat 的内容。

程序第二次以读方式打开文件，按格式读取了其中的数据并显示了如图 8-2 所示的第二行数据。

图 8-2 【例 8-5】运行结果

图 8-3 写入文件 format.dat 的数据

以上介绍的文件读/写函数适用于对文本文件的顺序读写。

5. 数据块读/写函数

数据块读/写函数的原型如下：

unsigned fread(void *ptr, unsigned size, unsigned n, FILE *fp);

unsigned　fwrite(void *ptr, unsigned size, unsigned n, FILE *fp);

函数 fread()的功能是从文件 fp 中读取 n 个 size 字节的数据块，存储在指针 ptr 所指向的内存中。若读入成功，函数返回所读数据块的个数，否则返回 0。

函数 fwrite()的功能是将指针 ptr 所指向的 n 个 size 字节的数据块写入文件 fp 中。若写入成功，函数返回写入数据块的个数，否则返回 0。

函数 fread()和 fwrite()主要用于对二进制文件进行读/写。在二进制文件中相同类型的数据所占的字节数是相同的，这样便于计算数据块的大小；而在文本文件中相同类型的数据所占的字节数可能不相同，无法计算数据块的大小。

【例 8-6】 某大奖赛中，有 N 名选手参加比赛，M 名评委为其打分，参赛选手的最后得分是去掉一个最高分和一个最低分后的平均值。编写程序，将所有参赛选手的得分情况(M 名评委分)保存在磁盘文件 score.dat 中。然后从该文件中读取每名参赛选手的得分情况，求得最后得分并显示在屏幕上。

```
#include<stdio.h>
#include<stdlib.h>
#define  N  5                                      /* 5 名参赛选手 */
#define  M  10                                     /* 10 名评委 */
void main()
{
    float s[M],max,min,sum,ave;
    int i,j;
    FILE *fp;                                      /*定义文件类型指针*/
    if((fp=fopen("score.dat","wb"))==NULL)  /*以写方式打开二进制文件*/
    {
        printf("Can not open file\n");
        exit(1);
    }
    for(i=0;i<N;i++)                               /*输入 N 名选手的得分情况，并写入文件*/
    {
        printf("输入第%d 个选手的%d 个评委分\n",i+1,M);
        for(j=0;j<M;j++)
            scanf("%f",&s[j]);                     /*输入的数据保存在数组 s 中*/
        fwrite(s,sizeof(float),M,fp);              /*数组 s 中 M 个浮点数据写入文件*/
    }
    fclose(fp);                                    /*关闭文件*/
    if((fp=fopen("score.dat","rb"))==NULL)  /*以读方式打开二进制文件*/
    {
        printf("Can not open file\n");
        exit(1);
    }
    for(i=0;i<N;i++)          /*从文件读取 N 名选手的得分情况，并求最后得分*/
    {
        fread(s,sizeof(float),M,fp);      /*读取一名选手的得分数据到数组 s 中*/
        max=min=sum=s[0];
        for(j=1;j<M;j++)
```

```
        {
            if(max<s[j])  max=s[j];
            if(min>s[j])  min=s[j];
            sum+=s[j];
        }
        ave=(sum-max-min)/(M-2);           /*求选手的最后得分*/
        for(j=0;j<M;j++)                   /*显示一名选手的 M 个评委分*/
            printf("%7.2f",s[j]);
        printf("  %7.2f\n",ave);           /*显示一名选手的最后得分*/
    }
    fclose(fp);                            /*关闭文件*/
}
```

程序中，函数调用 fwrite(s,sizeof(float),M,fp)的作用是将以 s 为起始地址的 M 个 float 类型数据(即数组 s 中的 M 个 float 类型数据)写入文件 fp 中。fwrite()的调用形式还可写成 fwrite(s,M*sizeof(float),1,fp)。前者将数组 s 中的数据作为 M 个数据块，每个数据块为 sizeof(float)个字节；后者将数组 s 中的数据作为 1 个数据块，数据块为 M*sizeof(float)个字节。同样，可以写出 fread()的另一种调用形式。

8.3.2 随机文件的读/写

随机文件读/写主要是针对二进制文件而言的。在二进制文件中，相同类型的数据所占的存储空间是一样的。通过简单计算可以知道数据在文件中的位置，从而移动读写位置指针至这个位置，读取该位置开始的数据或写入数据到该位置，而无须从文件头开始读/写，达到随机读/写文件的目的。

1. 文件头定位函数

文件头定位函数的原型如下：

void rewind(FILE *fp);

函数的功能是移动读写位置指针，指向文件的开头。函数没有返回值，一般要在重新读写文件时使用。

【例 8-7】 建立一个职工工资数据文件 wage.dat，写入 5 名职工的工资数据，然后读取文件中的数据并显示在屏幕上。

```
#include<stdio.h>
#include<stdlib.h>
#define  N  5
struct staff{                   /*定义职工结构体类型*/
    char  name[11];             /*姓名*/
    int  salary;                /*收入*/
    int  cost;                  /*支出*/
};
void main()
{
```

```
    struct staff worker;
    int i;
    FILE *fp;
    if((fp=fopen("wage.dat","wb+"))==NULL) /*以读写方式打开二进制文件*/
    {
        printf("Can not open file\n");
        exit(1);
    }
    for(i=0;i<N;i++)          /*从键盘输入 N 名职工的工资数据，写入文件中*/
    {
        printf("输入第 %d 名职工的姓名 收入 支出:\n",i+1);
        scanf("%s%d%d", worker.name,&worker.salary,&worker.cost);
        fwrite(&worker,sizeof(struct staff),1,fp);
    }
    rewind(fp);               /*移动读写位置指针至文件开始*/
    for(i=0;i<N;i++)          /*从文件中读取 N 名职工数据，并显示*/
    {
        fread(&worker,sizeof(struct staff),1,fp);
        printf("%s,%d,%d\n", worker.name,worker.salary,worker.cost);
    }
    fclose(fp);
}
```

文件是以读/写方式打开的，可以同时对文件进行读/写操作。将 N 名职工工资数据写入文件后，读写位置指针指向文件尾。为了能从文件开始处读取数据，调用函数 rewind(fp) 将读写位置指针指向文件头。

2. 读写位置定位函数

读写定位函数的原型如下：

int　fseek(FILE *fp, long offset, int whence);

其功能是移动文件 fp 的读写位置指针，从 whence 指定的参照位置偏移 offset 个字节，指向新的位置。若函数执行正确，返回 0，否则，返回非 0。

参数 whence 是位置指针偏移的参照点，有三个取值，含义如下：

0	SEEK_SET	文件开始
1	SEEK_CUR	当前位置
2	SEEK_END	文件末尾

参数 offset 是相对于 whence 偏移的字节数，是长整型数，其为正数时向文件尾方向移动，为 0 时不移动，为负数时向文件头方向移动。

例如：

```
fseek(fp,100L,0);          /*使位置指针指向距文件头 100 字节处*/
fseek(fp,50L, 1);          /*使位置指针向文件尾方，向移动 50 字节*/
fseek(fp,-50L,SEEK_END);   /*使位置指针指向距文件尾 50 字节处*/
```

fseek()函数一般用于二进制文件，因为文本文件要发生字符转换，计算位置时往往会发生混乱。

使用 fseek()的定位功能，便可实现对文件的随机读/写。

【例 8-8】 在【例 8-7】中建立了存储 5 个职工工资数据的文件 wage.dat。读取该文件中第三名和最后一名职工的工资数据并显示。

```
#include<stdio.h>
#include<stdlib.h>
struct staff{
    char  name[11];          /*姓名*/
    int  salary;             /*收入*/
    int  cost;               /*支出*/
};
void main()
{
    struct staff worker;
    FILE *fp;
    if((fp=fopen("wage.dat","rb+"))==NULL) /*以读写方式打开二进制文件*/
    {
        printf("Can not open file\n");
        exit(1);
    }
    fseek(fp,2L*sizeof(struct staff),SEEK_SET);
    fread(&worker,sizeof(struct staff),1,fp);
    printf("%s,%d,%d\n", worker.name,worker.salary,worker.cost);
    fseek(fp,-1L*sizeof(struct staff),SEEK_END);
    fread(&worker,sizeof(struct staff),1,fp);
    printf("%s,%d,%d\n", worker.name,worker.salary,worker.cost);
    fclose(fp);
}
```

程序中，函数调用语句 fseek(fp,2L*sizeof(struct staff),SEEK_SET); 的作用是使读写位置指针指向距文件头 2L*sizeof(struct staff) 个字节的位置，sizeof(struct staff) 是存储一个职工工资数据所需的字节数，即读写位置指针指向第三个职工数据的开始处。函数调用语句 fseek(fp,-1L*sizeof(struct staff),SEEK_END); 的作用是使读写位置指针指向离文件尾 1L*sizeof(struct staff) 个字节的位置，即读写位置指针指向最后一个职工数据的开始处。读写位置指针定位后，用 fread() 读取一名职工的数据，也可以用 fwrite() 写入一名职工的数据，实现了文件的随机读/写。

3. 读写位置函数

读写位置函数的原型如下：

long ftell(FILE *fp);

其功能是得到文件 fp 的读写位置指针的当前位置，用距文件头的字节数表示。若函数返回–1L，表示函数调用时出错。

【例 8-9】 分析下面的程序和运行结果，理解读写位置指针及其移动过程。该程序显示文件 wage.dat 中每名职工工资数据的存储位置。

```
#include<stdio.h>
#include<stdlib.h>
struct staff{
    char  name[11];                 /*姓名*/
    int  salary;                    /*收入*/
    int  cost;                      /*支出*/
};
void main()
{   struct staff worker;
    long l;
    FILE *fp;
    if((fp=fopen("wage.dat","rb"))==NULL)   /*以读方式打开二进制文件*/
    {   printf("Can not open file\n");
        exit(1);
    }
    while(!feof(fp))
    {   l=ftell(fp);                /*将当前位置值赋值给 l*/
        printf("%5ld",l);           /*输出当前位置值*/
        fread(&worker,sizeof(struct staff),1,fp);  /*读取一个职工数据*/
    }
    fclose(fp);
}
```

程序运行结果如图 8-4 所示。

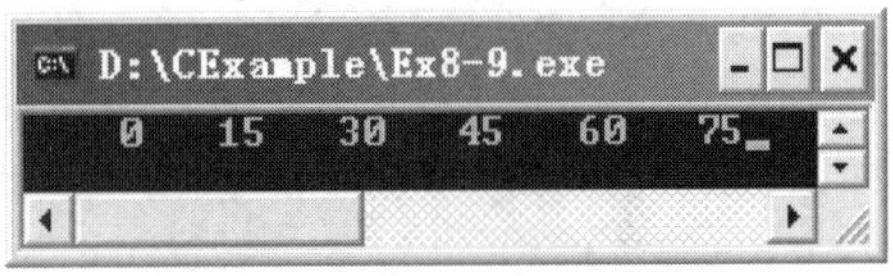

图 8-4 【例 8-9】运行结果

文件打开时，位置指针指向文件的开始，即距文件头 0 字节，所以输出第一个数据为 0。读取一个职工数据后，位置指针指向下一个职工数据；因每个职工数据占 15 字节，可知第二个职工数据距文件头 15 字节，所以输出第二个数据为 15，以此类推。

8.4　程序举例

【例 8-10】 编写程序，将指定文本文件中的所有小写字母转换为大写字母。

```
#include<stdio.h>
#include<stdlib.h>
void main()
{   char ch,filename[15];
    FILE *fp;
    printf("Input filename:");
    gets(filename);                        /*输入文件名*/
    if((fp=fopen(filename,"r+"))==NULL) /*以读写方式打开文本文件*/
```

```
    {   printf("Can not open file\n");
        exit(1);
    }
    while(!feof(fp))                            /*位置指针不到文件尾，则循环*/
    {   ch=fgetc(fp);                           /*读取一个字符*/
        if(ch>='a'&&ch<='z')                    /*若是小写字母，则转换*/
        {   ch-=32;
            fseek(fp,-1L,SEEK_CUR);             /*读写位置指针前移一个字节*/
            fputc(ch,fp);                       /*在原位置写入转换后的字母*/
            fseek(fp,0L,SEEK_CUR);              /*重新定位位置指针，读下一个字符 */
        }
    }
    fclose(fp);
}
```

【例 8-11】 编写程序，统计并输出一个 C 语言源程序文件中关键字 if、else、while、char、int 和 return 出现的次数。设连续的若干字母组成一个单词，之间用分隔符分隔。

```
#include<stdio.h>
#include<stdlib.h>
#include<string.h>
struct key{      /*定义结构体，成员数组 word 存储关键字，count 记录出现次数*/
        char word[10];
        int count;
    }keyword[6]={"if",0,"char",0,"int",0,"else",0,"while",0,"return",0};
void getword(FILE *fp,char *buf)    /*定义函数，从 fp 文件中读取一个单词*/
{   int i=0;
    char c;
    while(!feof(fp))     /*读文件，跳过单词前的非字母字符*/
    {
        c=fgetc(fp);
        if(c>='a'&&c<='z'||c>='A'&&c<='Z') break;
    }
    while(!feof(fp))     /*读一个单词，存储在数组 buf 中*/
    {
        buf[i++]=c;
        c=fgetc(fp);
        if(!(c>='a'&&c<='z'||c>='A'&&c<='Z')) break; /*非字母字符，单词结束*/
    }
    buf[i]='\0';         /*为读取的单词串加结束标记*/
}
void lookup(char *s)     /*定义函数，检查 s 指向的串是否是指定的关键字之一*/
{
    int i;
    for(i=0;i<6;i++)
        if(strcmp(s,keyword[i].word)==0)
        {
            keyword[i].count++;
```

```
                break;
            }
}
void main()
{   char fname[20],buf[100];
    int i;
    FILE *fp;
    printf("Input file name:");
    gets(fname);                         /*输入文本文件名*/
    if((fp=fopen(fname,"r"))==NULL) /*以读方式打开文件*/
    {
        printf("Can not open file: %s\n",fname);
        exit(0);
    }
    while(!feof(fp))
    {
        getword(fp,buf);                 /*读一个单词*/
        lookup(buf);                     /*是关键字之一，则计数器加 1*/
    }
    fclose(fp);
    for(i=0;i<6;i++)                     /*输出统计结果*/
        printf("%20s: %d\n",keyword[i].word,keyword[i].count);
}
```

若将以上源程序作为统计对象且保存为 Ex8-11.cpp，程序运行结果如图 8-5 所示。

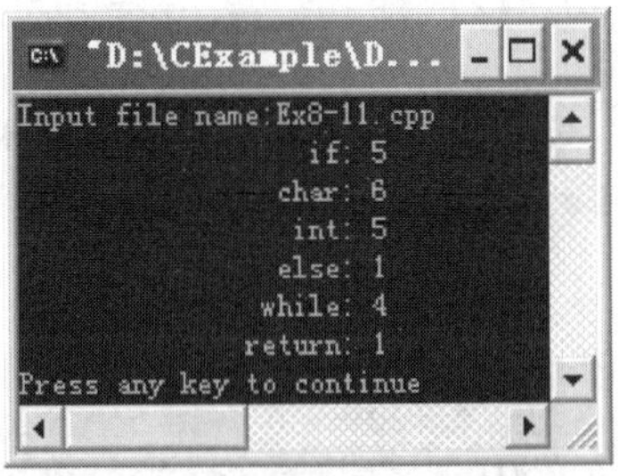

图 8-5 【例 8-11】运行结果

【例 8-12】 在文本文件 input.dat 中有如图 8-6 所示的数据(可自己收集组织数据)。

图 8-6 文件 input.dat 的内容

第一个数据是整数 n(=15)且不超过 100，表示其后有 n 个浮点数。求这 n 个浮点数的标准差 s，计算公式为：

$$s=\sqrt{\frac{\sum_{i=1}^{n}(x_i-x_0)^2}{n-1}}$$

其中，$x_0=\frac{1}{n}\sum_{i=1}^{n}x_i$。

```
#include<stdio.h>
#include<stdlib.h>
#include<math.h>
void main()
{   int i,n;
    float x[100],x0=0,sum=0,s;
    FILE *fp;
    if((fp=fopen("input.dat","r"))==NULL)   /*以读方式打开文件*/
    {
        printf("Can not open file: \n");
        exit(1);
    }
    fscanf(fp,"%d",&n);                    /*读取文件中的第一个整数*/
    for(i=0;i<n;i++)                       /*循环读取其后的 n 个数据存储在数组 x 中*/
    {
        fscanf(fp,"%f",&x[i]);
        x0+=x[i];                          /*同时求这些数据的和*/
    }
    x0/=n;                                 /*求 n 个数据的平均值*/
    for(i=0;i<n;i++)
        sum+=(x[i]-x0)*(x[i]-x0);          /*求方差*/
    s=sqrt(sum/(n-1));                     /*求标准差*/
    printf("s=%f\n",s);                    /*输出结果*/
}
```

程序运行结果如图 8-7 所示。

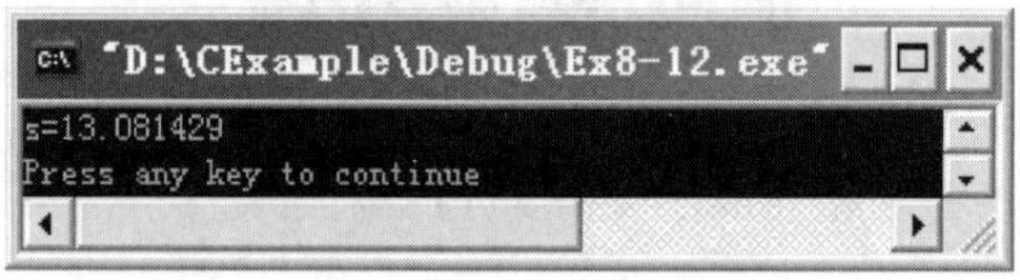

图 8-7 【例 8-12】运行结果

本章小结

(1) 文件是信息的集合，可分为磁盘文件和设备文件。磁盘文件是存储在磁盘或其他外部存储介质上的一个数据集。设备文件是与计算机相连的各种外部输入/输出设备。

按照文件中对数据的编码组织形式，文件可分为文本文件（ASCII 文件）和二进制文件。

按照文件的操作方式，将文件分为顺序文件和随机文件。

(2) 文件的操作过程大致分为三步：打开文件；对文件进行读/写；关闭文件。

(3) 文件操作用到的内容主要有文件类型指针，文件打开、读/写、定位、关闭等函数。

习题八

一、单项选择题

1．高级语言中对文件操作的步骤一般是(　　)。

A．打开文件—读/写文件—关闭文件　　B．读/写文件—修改文件—关闭文件

C．读/写文件—打开文件—关闭文件　　D．读文件—写文件—关闭文件

2．C 语言中标准输入文件 stdin 是指(　　)。

A．键盘　　B．显示器　　C．鼠标　　D．磁盘

3．C 语言中标准输出文件 stdout 是指(　　)。

A．键盘　　B．显示器　　C．鼠标　　D．磁盘

4．C 语言中，将内存中的数据写入文件中，称为(　　)。

A．输入　　B．输出　　C．修改　　D．删除

5．为了显示一个文本文件的内容，在打开文件时，文件的打开方式应当为(　　)。

A．"r+"　　B．"w+"　　C．"wb+"　　D．"ab+"

6．若读写位置指针已指向了文件 fp 的末尾，则函数 feof(fp)的返回值是(　　)。

A．0　　B．−1　　C．非 0　　D．NULL

7．下列语句中，正确说明文件型指针 w 的是(　　)。

A．FILE w;　　B．FILE *w;　　C．file w;　　D．file *w;

8．打开一个已存在的非空文件 file，对文件内容进行修改，正确的语句是(　　)。

A．fp=fopen("file","r");　　B．fp=fopen("file","a+");

C．fp=fopen("file","w");　　D．fp=fopen("file","r+");

9．下面程序的功能是(　　)。

```
#include<stdio.h>
#include<stdlib.h>
void main()
{    FILE *fp;
     fp=fopen("abc","r+");
     while(!feof(fp))
         if(fgetc(fp)=='*')
         {
             fseek(fp,-1L,SEEK_CUR);
             fputc('$',fp);
             fseek(fp,ftell(fp),SEEK_SET);
         }
     fclose(fp);
}
```

A．将文件 abc 中的所有“*”都替换成“$”　B．查找文件 abc 中的所有“*”
C．查找文件 abc 中的所有“$”　D．将文件 abc 中的所有字符都替换成“$”

10．下面程序的功能是（　）。

```
#include<stdio.h>
#include<stdlib.h>
void main()
{
    FILE *fp;
    char str[]="HELLO";
    fp=fopen("CON","w");
    fputs(str,fp);
    fclose(fp);
}
```

A．在屏幕上显示 HELLO　B．把 HELLO 存入文件 CON 中
C．在打印机上打印出 HELLO　D．以上都不对

二、填空题

1．根据数据的组织形式，可以把文件分为________和________。long 型数据 65535 写入文本文件，在文件中占________个字节；若写入二进制文件，在文件中占________个字节。

2．FILE *p;的作用是定义一个________，FILE 是在头文件________中定义的。

3．为了显示 D 盘根目录下的文本文件 abc.txt，打开函数：fopen(________、________)；

4．与 fgetc(stdin)功能相同的函数是________。

5．与 fputs(buff,stdout)功能相同的函数是________。

6．在文件操作过程中，使文件 fp 的位置指针回到文件头的函数调用语句是________，将文件 fp 的位置指针移至距文件开头 72 个字节处的函数调用语句是________。

7．假设有数组说明：int a[10];，则 fwrite(a, sizeof(int),10,fp)的功能是________。

8．函数 fread()和 fwrite()主要用于对________文件读/写。

9．使用 fprintf()输出到显示器的函数调用形式是________。

10．在文件使用方式串中出现字符 w，其含义是________。

三、应用题

1．为什么要打开和关闭文件？

2．使用读/写函数对文件进行读或写操作后，读写位置指针将如何变化？

3．有两个磁盘文件 data1 和 data2，各存放若干整数，并且这些整数是按从小到大的顺序存放的。将这两个文件中的数据合并输出到文件 data 中，data 中的数据要求有序。

4．输入 *N* 名学生的信息(包括学号、姓名、5 科成绩、总分)，统计所有学生的总分，存入二进制文件 stu_sc.dat 中。然后读取该文件，查找总分最高的学生，并输出该学生的所有信息。

5．将上题 stu_sc.dat 中的数据按总分排序(降序)，并写入新文件 stu_sort 中。

第 9 章　编译预处理

本章主要内容

- 编译预处理的概念
- 宏定义
- 文件包含
- 条件编译

在前面章节的程序中曾经使用了以符号“#”开头的命令，例如：

```
#define  N  10
#include  <stdio.h>
```

这些命令不是 C 语言本身的组成部分，而是由 C 编译系统提供的。在通常的编译(词法和语法分析、代码生成、优化等)之前，编译系统要预先对这些命令进行处理，因此称为“编译预处理”命令。编译预处理可以改善程序设计环境，提高编程效率，有助于编写易移植、易调试的程序，是 C 语言的特色内容之一。

C 编译系统的预处理功能主要包括宏的处理、文件包含的处理、条件编译的处理三种。所有预处理命令均以“#”开始，末尾不加分号，以区别于一般的 C 语句。

9.1　宏定义

【例 9-1】 阅读下面程序，注意第二行、第七行和第八行。

```
#include<stdio.h>
#define  PI  3.14159
void main()
{
    float r,l,s;
    scanf("%f",&r);
    l=2*PI*r;
    s=PI*r*r;
    printf("l=%7.2f,s=%7.2f\n",l,s);
}
```

程序的第二行内容：“#define　PI　3.14159”就是一个宏定义，PI 称为宏名，其作用是用标识符 PI 代表 3.14159 这样一串字符。在此之后的程序中就可以用标识符 PI 代替 3.14159 了，称为宏引用。预处理时，程序中的 PI 将被所定义的串 3.14159 替换，称为宏展开或宏替换。如程序中的语句“l=2*PI*r;”和“s=PI*r*r;”的宏展开后，分别为“l=2*3.14159*r;”和“s=3.14159*r*r;”。

宏可分为两种形式：不带参数的宏和带参数的宏。

9.1.1 不带参数的宏定义

不带参数的宏定义，其一般形式为：

#define 标识符 一串字符

其作用是用标识符代表其后一串字符。标识符习惯上使用大写字母。一串字符为任意字符组成的字符序列，除非是表示一个字符串常量，一般不用双引号括起。

说明：

（1）宏名的前后应有空格，以便准确地识别宏名。

（2）宏定义是用宏名代替一个字符序列，是一种简单的替换，不进行正确性检查。例如，将【例 9-1】中的第二行代码写成以下的形式：

```
#define  PI  3.l4l59
```

其中的数字 1 被误写成小写字母 l，预处理时也原样代入，不管含义是否正确。显然宏展开后的语句是错误的，编译时将提示第七、八行有错误。

（3）在一串字符中如果出现运算符，要注意宏展开后的结果。通常可以在所定义字符序列的适当位置加括号，以避免一些运算上的错误。例如：

```
#define  PI  2+1.14159
...
s=PI*r*r;
```

语句“s=PI*r*r;”宏展开后的形式是“s=2+1.14159*r*r;”，其运算结果错误。若将宏的定义写为：“#define PI (2+1.14159)”，则该语句宏展开后的形式是“s=(2+1.14159)*r*r;”，其运算结果才是正确的。

（4）在宏定义的一串字符中，可以引用已定义的宏名，称为嵌套宏定义。

【例 9-2】 求半径为 3.0 的圆的面积。

```
#include<stdio.h>
#define  PI  3.14159
#define  RADIUS  3.0
#define  AREA  PI*RADIUS*RADIUS
void main()
{   printf("area=%f\n",AREA);
}
```

在第三个宏定义中，引用了在此之前已定义的宏名 PI 和 RADIUS。预处理时，printf()函数中宏名 AREA 被展开为 3.14159*3.0*3.0，程序的输出是:

```
area=28.274310
```

上述程序中，宏的展开过程可以理解为分两步完成。首先，对第三个宏定义中引用的宏名展开，即：

```
#define  AREA  3.14159*3.0*3.0
```

其次，对 printf()函数中的宏名 AREA 进行展开，可得：

```
printf("area=%f\n",3.14159*3.0*3.0);
```

按此方法，可对多层嵌套宏名层层展开。

（5）若用双引号引起来的字符串常量中出现了与宏名相同的内容，不能将其理解为宏名，更不能展开。例如：

```
#define  PI  3.14159
void main()
{
    printf("PI=%f\n",PI);
}
```

printf()函数中前一个 PI 是字符串的一部分，后一个 PI 才是宏名。

（6）宏名也有其作用范围，即作用域。宏名的作用域是从定义点开始到本源文件结束或用预处理命令#undef 取消定义之前。例如：

```
#define  PI  3.14159
#define  G  9.8
void main()
{
    …
}
#undef  G
func()
{ … }
```

宏名 PI 的作用域是从定义点开始到本源文件结束，在函数 main()和 func()中都可以引用，宏名 G 的作用域是从定义点开始到命令#undef G 之前，在函数 main()中引用是正确的，而在 func()中引用则是错误的。使用命令#undef 可以灵活控制宏名的作用域。

【例 9-3】 使用宏定义简化程序清单。

```
#include<stdio.h>
#define  FORMAT  "%f,%f,%f,%f,%f"
void main()
{
    float  f1,f2,f3,f4,f5;
    scanf(FORMAT,&f1,&f2,&f3,&f4,&f5);
    printf(FORMAT,f1,f2,f3,f4,f5);
}
```

程序中多次使用的某串符号可以定义为宏，从而简化源程序的书写和输入。

【例 9-4】 使用宏便于修改程序。求一组数据中所有小于 20 的元素之和。

```
#include<stdio.h>
#define SIZE 20
#define LIMIT 20
void main()
{
    int array[SIZE],i,sum=0;
    for(i=0;i<SIZE;i++)
        scanf("%d",&array[i]);
    for(i=0;i<SIZE;i++)
        if(array[i]<LIMIT)
            sum+=array[i];
    printf("sum=%d\n",sum);
}
```

程序中把数组的大小定义为 20，当需要在 30 个数据中求和时，只需将宏定义：

```
#define  SIZE  20
```

修改为：

```
#define  SIZE  30
```

即可，程序的其他部分可以不动。如果不使用宏定义，在需要的地方写上数字本身，那么当需要在 30 个数据中求和时，需要查找程序中所有的 20，而且还要注意并不是所有的 20 都代表元素的个数。

9.1.2 带参数的宏定义

带参数的宏定义是对不带参数宏定义的扩充，它不是进行简单的字符串替换，而是还要进行参数替换。带参数宏定义的一般形式为：

#define　标识符(形参表)　一串字符

其作用是用标识符代表一串字符。标识符习惯上使用大写字母。形参表为用逗号分隔的若干个标识符。一串字符为任意字符组成的字符序列，其中包含形参表中指定的标识符。

宏引用的一般形式为：

宏名(实参表)

其中，实参一般是程序中已声明的变量或表达式。

预处理时，程序中所有的宏引用“宏名(实参表)”替换成对应的一串字符。

【例 9-5】 求圆的面积。

```
#include<stdio.h>
#define  AREA(R)  3.14159*(R)*(R)    /*定义带参数的宏，R 是形参*/
void main()
{   float  r,s;
    scanf("%f",&r);
    s=AREA(r);                        /*引用带参数的宏，r 是实参*/
    printf("area=%f\n",s);
}
```

程序的第二行就是带参数的宏定义，宏名是 AREA，形参是 R，在其后的一串字符中包含形参 R。第六行的语句中引用了宏 AREA，其后括号中的 r 为实参。预处理进行宏展开时，先用实参表中的 r 替换一串字符中的形参 R，替换后的一串字符为 3.14159*(r)*(r)，然后再用替换参数后的一串字符替换宏引用 AREA(r)，所以，第六行的宏引用展开后的语句为：

```
s=3.14159*(r)*(r);
```

说明：

(1) 带参数的宏展开时，是用宏引用中的实参字符串替换宏定义时一串字符中的形参，如将【例 9-5】中的语句“s=AREA(r);”改为“s=AREA(r+10);”宏展开后为：

```
s=3.14159*(r+10)*(r+10);
```

注意：用 r+10 替换了形参 R。

如果将【例 9-5】中的第二行改为：

```
#define  AREA(R)  3.14159*R*R
```

则语句“s=AREA(r+10);”宏展开后为：

```
s=3.14159*r+10*r+10;
```

将产生错误的结果。所以，定义带参数的宏时，应将一串字符中的参数加上圆括号。

【例 9-6】 写出下面程序的输出结果。

```
#include<stdio.h>
#define  M(a,b)  (a)>(b)?(a):(b)
void main()
{
    int i=10,j=15;
    printf("%d\n",10*M(i,j));
}
```

程序输出表达式 10*M(i,j)的值，而表达式中有宏引用，宏展开后该表达式为：

```
10*(i)>(j)?(i):(j)
```

根据运算级别，先进行乘法运算，再进行条件运算，表达式的值为 10。所以程序的输出结果为 10。若将程序的第二行改为：

```
#define  M(a,b)  ((a)>(b)?(a):(b))
```

程序的输出结果是什么？

(2) 在定义带参数的宏时，宏名与后面的圆括号之间不能有空格，否则将空格之后的内容都作为替代字符串的一部分。例如：

```
#define  M  (a,b)  (a)>(b)?(a):(b)
```

被认为是定义了一个不带参数的宏 M，它代表字符序列“(a,b)　(a)>(b)?(a):(b)”，而不是把圆括号中的内容作为宏的参数。

(3) 宏引用和函数调用形式上相似，但要注意宏引用与函数调用的区别。

- 函数调用是在程序运行时进行的，多次函数调用就多次执行相同的程序段；而宏展开是在编译预处理阶段完成的，只进行简单的字符串替换，多次宏引用就在多处产生 C 代码。
- 函数的参数要定义类型，而宏不存在类型的概念，它的参数只是一个符号代表。函数调用时，先求实参表达式的值，传递给形参后执行函数，而使用带参数的宏只是进行简单的字符串替换。
- 函数调用要分配内存单元、保留现场、参数传递等，需占用运行时间；而宏引用没有这些过程，不占运行时间，只占编译时间。
- 对于简短的表达式计算，为了提高程序的执行效率，应采用宏。如果是繁杂的计算，需要较长的 C 代码，或者为了节省程序代码所占的内存，则应采用函数调用。

【例 9-7】 判断某年是否为闰年。

方法一：使用带参数的宏实现。

```
#include<stdio.h>
#define LEAP(Y)  (Y)%4==0&&(Y)%100!=0||(Y)%400==0
void main()
{
    int year;
    printf("year:");
    scanf("%d",&year);
    if(LEAP(year)) printf("%d 是闰年\n",year);
    else printf("%d 不是闰年\n",year);
}
```

方法二：使用函数实现。

```
#include<stdio.h>
int leap(int y)
{
    if(y%4==0&&y%100!=0||y%400==0) return(1);
    else return(0);
}
void main()
{
    int year;
    printf("year:");
    scanf("%d",&year);
    if(leap(year)) printf("%d 是闰年\n",year);
    else printf("%d 不是闰年\n",year);
}
```

分析以上两种方法。方法一中定义带参数的宏 LEAP(Y)表示年份 Y 是否是闰年的条件；方法二中定义函数 leap(y)判断年份 y 是否是闰年，若是，则返回 1，否则返回 0。方法一中只有一个函数，即 main()函数；方法Ⅱ中有两个函数，即 main()和 leap()函数。

9.2 文件包含

一个 C 语言程序由若干源程序文件组成，而一个源文件还可以将另一个源文件的全部内容包含进来，即将指定的源文件包含在当前文件中。例如，有两个源文件 file1.c 和 file2.c，文件的内容分别如下。

file1.c：

```
int max(int x,int y)
{
    int z;
    if(x>y) z=x;
    else z=y;
    return z;
}
```

file2.c：

```
#include<stdio.h>
#include "file1.c"
void main()
{
    int a,b,c;
    printf("Input a,b:");
    scanf("%d,%d",&a,&b);
    c=max(a,b);
    printf("c=%d\n",c);
}
```

源文件 file2.c 的第二行#include "file1.c"是一条文件包含命令，其作用是用文件 file1.c 的全部内容代替该命令行。也就是说，对源程序文件 file2.c 编译预处理后，file2.c 的内容如下：

```
int  max(int x,int y)
{   int z;
    if(x>y) z=x;
    else z=y;
    return z;
}
main()
{   int a,b,c;
    scan("%d,%d",&a,&b);
    c=max(a,b);
    printf("c=%d\n",c);
}
```

可以看出，在 file2.c 中，file1.c 的内容代替了命令：#include "file1.c"。在实际应用中，当需要将另一文件的内容包含到当前文件中时，在文件的开始使用文件包含命令即可。文件包含命令的一般形式为：

#include <文件名>

或

#include "文件名"

它的作用是用指定文件的全部内容代替本文件中的这一行。其中，文件名指定的文件是由 C 语句和编译预处理命令组成的文本文件。

说明：

(1) 使用前一种格式(文件名用尖括号括住)时，预处理程序仅在系统指定的磁盘和路径下搜索包含文件。例如，在 Turbo C 集成环境中，通过菜单 Option-Directories-Include directories 指定一个用于从中查找被包含文件的路径名单，多个路径之间用分号分隔。若在系统指定的磁盘和路径下搜索不到被包含的文件，将给出文件不能打开的错误信息。使用后一种格式(文件名用双引号引起来)时，则首先在当前目录中搜索要包含的文件，若找不到再在系统指定的路径下搜索。

(2) C 编译系统提供了大量后缀为.h 的文件，通常保存在编译系统文件所在目录的下级目录(如：…\include)中。这些文件的内容包括常量定义、带参数宏的定义、库函数的函数原型及系统中固定使用的结构体或共用体的类型定义等，如前面使用过的 stdio.h 和 math.h 等。这些文件的内容一般要求放在源程序的开头，所以把它们称为“头文件”。编写程序时，若需要这些文件中的常量定义、函数声明、类型定义等内容，就用包含命令将其包含进来，从而避免了重复劳动。

(3) 用户常用的一些符号常量和带参数的宏可单独存放在一个文件中。例如，源程序中经常使用下列常量:

```
#define  PI  3.14159
#define  G  9.18
#define  E  2.71828
#define  YES  1
#define  NO  0
```

把这些宏定义命令存放在一个文件中，需要这些常量的时候，就将这个文件包含到自己编写的源程序中。这样，不但避免了重复书写，而且当常量的值改变时，只需修改该文件的内容，无须对用户源程序进行修改，十分方便。

(4) 一个包含命令只能包含一个文件，要包含多个文件时，需使用多个包含命令。

(5) 被包含文件的内容必须是 C 语言源程序，否则在编译时会出现编译错误。

(6) 由多个文件组成的 C 语言程序可以使用文件包含命令合并成一个较大的文件后，再进行编译运行。例如，一个 C 语言程序由 file1.c、file2.c 和 file3.c 三个文件组成，可以再编辑一个文件 file.c，其内容如下：

```
#include  "file1.c"
#include  "file2.c"
#include  "file3.c
```

编译文件 file.c，实际上是编译由 file1.c、file2.c 和 file3.c 合并而成的文件。

9.3　条件编译

所谓条件编译就是编译源程序时，对源程序中的部分语句有选择地进行编译。符合条件的部分或没有限制条件的部分参与编译，不符合条件的那部分不参与编译。

通常，源程序中所有的语句都参与编译。但有些情况下，如在程序调试时，在程序中加一些输出语句来跟踪中间结果，在程序调试完毕后又不需要这些语句，只要使这些语句在程序调试阶段参与编译，而在程序调试完毕后不参与编译即可，无须将这些语句删除，简化了程序的调试。又如，在开发大型应用程序时，为满足不同的需求，可以利用条件编译选取需要的功能进行编译，以便生成不同的应用程序，供不同用户使用。

【例 9-8】 下面程序的功能是求两个 N×N 矩阵的乘积。

```
#include<stdio.h>
#define DEBUG
#define N 3
void matrix_mul(int  x[N][N],int y[N][N],int z[N][N])  /*求矩阵乘积:z=x×y*/
{
    int i,j,k;
    for(i=0;i<N;i++)
        for(j=0;j<N;j++)
        {
            z[i][j]=0;
            for(k=0;k<N;k++)
                z[i][j]+=x[i][k]*y[k][j];
        }
    #ifdef  DEBUG  /*如果是调试，输出中间结果，否则此段代码不参加编译*/
        for(i=0;i<N;i++)
        {
            for(j=0;j<N;j++)
                printf("%5d",z[i][j]);
            printf("\n");
        }
    #endif
}
void main()
{
    int i,j,a[N][N],b[N][N],c[N][N];
    for(i=0;i<N;i++)          /*输入 a 矩阵数据*/
        for(j=0;j<N;j++)
            scanf("%d",&a[i][j]);
    for(i=0;i<N;i++)          /*输入 b 矩阵数据*/
        for(j=0;j<N;j++)
            scanf("%d",&b[i][j]);
    matrix_mul(a,b,c);        /*调用函数 matrix_mul()求矩阵乘积*/
    for(i=0;i<N;i++)          /*输出结果*/
```

```
    {
        for(j=0;j<N;j++)
            printf("%5d",c[i][j]);
        printf("\n");
    }
}
```

上述程序的函数 matrix_mul()中，输出乘积矩阵 z 的程序段在“#ifdef DEBUG”和“#endif”之间，其作用是如果定义了宏名 DEBUG，则“#ifdef DEBUG”与“#endif”之间的程序段参与编译，否则不参与编译。该程序开始处定义了宏名 DEBUG，此时编译运行，则输出中间结果；程序调试正确后，取消宏定义“#define DEBUG”后，编译运行，则不输出中间结果。其中的“#ifdef…#endif”就是条件编译命令。

条件编译命令有如下三种形式：

（1）**#ifdef　标识符**

　　程序段 1

　#else

　　程序段 2

　#endif

该预处理命令的功能是判断标识符是否在前面用#define 定义过，若定义过，则程序段 1 参加编译；否则，程序段 2 参加编译。其中，命令中的#else 及其后的程序段 2 可以省略。【例 9-8】中使用的就是上述条件编译命令，且没有使用#else 部分。

（2）**#ifndef　标识符**

　　程序段 1

　#else

　　程序段 2

　#endif

该预处理命令的功能与第一种形式类似，只是作用相反。功能是判断标识符是否在前面用#define 定义过。若没有定义过，则程序段 1 参加编译；否则，程序段 2 参加编译。

（3）**#if　表达式**

　　程序段 1

　#else

　　程序段 2

　#endif

该预处理命令中的表达式必须是常量表达式，若表达式的值非 0(真)，则程序段 1 参加编译；否则，程序段 2 参加编译。其中，命令中的#else 及其后的程序段 2 可以省略。

【例 9-9】 分析下面程序的编译情况和程序功能。

```
#include<stdio.h>
#define  N  10
#define  FLAG  1
void main()
```

```
    {
        int a[N],m,i;
        for(i=0;i<N;i++)
            scanf("%d",&a[i]);
        m=a[0];
        for(i=1;i<N;i++)
        #if  FLAG
            if(m<a[i]) m=a[i];
        #else
            if(m>a[i]) m=a[i];
        #endif
        printf("m=%d\n",m);
    }
```

该程序在预处理时，由于程序开始处定义的符号常量 FLAG 的值为 1(非 0)，通过宏展开和条件编译后，使被编译的程序为：

```
    void main()
    {
        int a[10],m,i;
        for(i=0;i<10;i++)
            scanf("%d",&a[i]);
        m=a[0];
        for(i=1;i<10;i++)
            if(m<a[i]) m=a[i];
        printf("m=%d\n",m);
    }
```

显然，程序的功能是求键盘输入 10 个整数中的最大值。若将宏定义：

```
    #define  FLAG  1
```

改为：

```
    #define  FLAG  0
```

则程序的功能是求键盘输入 10 个整数中的最小值。

编译预处理是 C 语言的特色内容之一。宏定义可以简化 C 语言程序的编写，文件包含可以减少重复编写工作，条件编译可以编写易移植、易调试的程序。

本章小结

本章主要介绍了以下内容。

(1) 编译预处理的概念

编译预处理不是 C 语言本身的内容，是 C 编译系统提供功能。C 编译系统提供一些命令，以改善程序设计环境，提高编程效率。在通常的编译之前，编译系统要预先对这些命令进行处理，之后才对 C 程序进行编译，生成目标代码。

(2) 三种预处理命令

C 编译系统的提供了宏定义、文件包含、条件编译三种预处理命令。所有预处理命令均以“#”开始，末尾不加分号。一行中只能写一条预处理命令。

习题九

一、单项选择题

1. 下列宏定义命令正确的是(　　)。

   A. define　MYNAEM　MARY　　　B. define　MYNAME　MARY;

   C. #define　MYNAEM　MARY　　　D. #define　MYNAME　MARY;

2. 宏定义的作用域是从定义处开始，到源文件结束，但可以使用(　　)取消定义。

   A. #define　　B. #ifdef　　C. #undefine　　D. #undef

3. 设有以下宏定义，则执行语句：z=2*(N+Y(5+1));后，z 的值是(　　)。

```
#define  N  3
#define  Y(n)  ((n+1)*n)
```

   A. 42　　B. 78　　C. 84　　D. 出错

4. 下面不正确的叙述是(　　)

   A. 宏展开不占运行时间　　　B. 宏名无类型

   C. 宏展开只是字符替换　　　D. 宏名必须使用大写字母

5. 在文件包含命令的两种形式中，文件名用尖括号(<>)括起时，搜索被包含文件的搜索顺序是(　　)。

   A. 直接搜索系统指定的目录　　　B. 先搜索当前目录，再搜索系统指定的目录

   C. 仅搜索当前目录　　　D. 先搜索系统指定的目录，再搜索当前目录

二、填空题

1. 设有宏定义：#define　F(N)　2*N，表达式 F(2+3)的值是________。
2. 在程序中要使用数学方面的库函数时，在程序的开始处应写上命令________。
3. 所有的预处理命令都是以字符________开始的。
4. 条件编译命令的作用是通知________程序，对源程序中的语句有选择地进行编译。
5. 程序中有预处理命令时，在________之前要先对其进行处理。

三、程序阅读分析题

1. 阅读程序，写出程序的输出。

```
#include  <stdio.h>
#define  PR1(a)  printf("a=%d",(a))
#define  PR2(a)  PR1(a);putchar('\n');
#define  PR3(a,b)  PR1(a);PR2(b)
void main()
{
```

```
    int x=10,y=20;
    PR3(x,2*y);
}
```

2. 阅读程序，找出错误并修改。

```
#include  <stdio.h>
#define  HELLO  How are you
void main()
{
    printf(HELLO);
}
```

3. 阅读程序，写出程序的输出。

```
#include  <stdio.h>
#define  DEBUG      /*删除该行后，输出有何变化*/
void main()
{
    int a=20,b=8,c;
    c=a/b;
    #ifdef  DEBUG
        printf("a=%d,b=%d,",a,b);
    #endif
    printf("c=%d\n",c);
}
```

四、应用题

1. 定义一个带参数的宏，使两个参数的值交换。编写程序，输入两个数作为引用宏时的实参，输出交换后的两个值。

2. 输入两个整数，求它们相除的余数(用带参数的宏实现)。

3. 举例说明使用文件包含将多文件 C 语言程序进行编译、链接的操作过程。

4. 输入一行字母，使用条件编译命令，或者将字母全部转换为大写输出，或者将字母全部转换为小写输出。

第10章　上 机 实 验

本章主要内容

- Visual C++6.0 集成开发环境
- 简单程序设计
- 分支结构程序设计
- 循环结构程序设计
- 数组应用程序设计
- 指针应用程序设计
- 模块化程序设计
- 结构体应用和文件操作程序设计

“C 语言程序设计”是一门理论性和实践性很强的课程，必须十分重视实践环节。许多实际的知识不是靠听课和看书学到的，而是通过长时间的实践积累掌握的，提倡通过实践去掌握知识的方法。通过本课程的上机实验，可以使学生了解 C 语言编译系统，掌握 C 语言程序的编辑、编译、链接和运行过程；理解高级语言中的数据类型、常量、变量、运算符、表达式、程序基本结构、数组、指针、函数、结构体等基本概念；掌握 C 程序的组成、C 语句的使用和常用算法的设计和实现。使学生建立起程序设计概念，掌握结构化程序设计方法，逐步积累算法设计和程序设计的常用技巧。本课程要求学生能采用任意一种 C 语言编译系统，对特定需求的问题进行程序实现。

1．上机实验的目的

（1）加深对讲授内容的理解，尤其是一些语法规定，它们是很重要的，初学者的程序往往出错在语法上。通过多次上机实验，就能逐渐熟练掌握这些语法规定，减少语法错误。通过上机来掌握语法规则是行之有效的方法。

（2）了解和熟悉 C 语言程序的开发环境。要熟练掌握计算机系统的使用，熟练掌握某种 C 语言编译系统的使用，如 Visual C++6.0 集成开发环境。

（3）学会上机调试程序。善于发现程序中的错误，并能很快排除这些错误，使程序能正确运行。能依据编译或链接时给出的错误信息提示，找到错误所在位置并改正错误。调试程序的能力是每个程序设计人员应掌握的一项基本功。

2．上机实验步骤

（1）启动 C 工作环境(如 Visual C++6.0 集成开发环境)。

（2）在程序编辑窗口输入已编写好的程序。输入程序并检查是否有错，如发现错误要及时改正。

(3) 编译、链接程序。如果在编译或链接过程中发生错误，在屏幕上会给出错误信息提示，根据提示找到错误的位置和原因，改正错误，再进行编译，……，如此反复，直到编译或链接通过。

(4) 运行程序。分析程序的运行结果是否和预期的结果一致，若不一致，则说明程序存在逻辑错误。同时要注意输入不同数据时所得到的输出结果是否正确。

(5) 记录程序清单和运行结果。

3. 实验报告

每个实验结束后要及时撰写实验报告，实验报告项目要填写齐全。实验报告格式参考附录 E。

上机实验时，要求完成实验内容的所有题目，在实验报告中至少给出三道题目的分析、解决问题的方法或算法设计、源程序代码和运行结果，并记录遇到的问题和解决方法。

本上机实验指导只介绍 Visual C++6.0 集成开发环境，所有的实验程序均在该环境下编辑、编译、链接和运行。在熟悉 Visual C++6.0 集成开发环境后，学生可以在其他开发环境(如 Dev C++、Qt、Visual Studio 等)下开发 C 语言程序。

实验一　C 语言程序的运行环境和运行过程

【目的与要求】

1. 了解 Visual C++6.0 集成开发环境。
2. 了解在该环境如何编辑、编译、链接和运行一个 C 语言程序。
3. 通过运行简单的 C 语言程序，初步了解 C 语言源程序的特点。

【实验环境介绍】

C 语言是一种编译型的程序设计语言，它采用编译的方式将源程序翻译成目的程序(机器代码)。运行一个 C 语言程序，从输入源程序开始，要经过编辑源程序文件(.c)、编译生成目标文件(.obj)、链接生成可执行文件(.exe)和运行程序这几个步骤。

1. Visual C++6.0 集成开发环境介绍

Visual C++ 6.0 是 Microsoft 公司推出的基于 Windows 系统平台、可视化的集成开发环境，它的源程序按 C++语言的要求编写，并加入了微软公司提供的功能强大的 MFC(Microsoft Foundation Class，微软基础类)类库。它不仅支持 C++语言的编程，也兼容 C 语言的编程。Visual C++ 6.0 集成开发环境功能强大，不仅提供了大量的向导(Wizard)，还有完备的帮助功能(MSDN)。初学者学习 C 语言编程，并不需要了解开发环境的全部功能，可以在安装 Visual C++ 6.0 时安装 MSDN，在遇到问题时去查阅 MSDN 中的相关说明。

与大多数的 Windows 应用程序一样，Visual C++ 6.0 集成开发环境是一个组合窗口，如图 10-1 所示。窗口的最上端是标题栏，标题栏的下方为菜单栏，包括“文件”“编辑”“查看”“插入”“工程”“组建”“工具”“窗口”及“帮助”等菜单。菜单栏的下方是工具栏，包括常用的工具按钮。左侧窗口是项目管理窗口，可以在 ClassView 选项卡的 Globals 全局选项中查看正在开发程序的全局变量和全局函数，在 FileView 选项卡中查看当前项目中的文件。右侧窗口是编辑窗口，可以同时编辑多个源程序文件。编辑窗口的下面是编译或链接错误信息输出窗口，用于显示编译、链接的信息及错误提示，图中显示：

```
Ex1-1.obj - 0 error(s), 0 warning(s)
```

表示当前程序编译无错误。若将程序中的 sum 改为 Sum，再编译，窗口如图 10-2 所示。

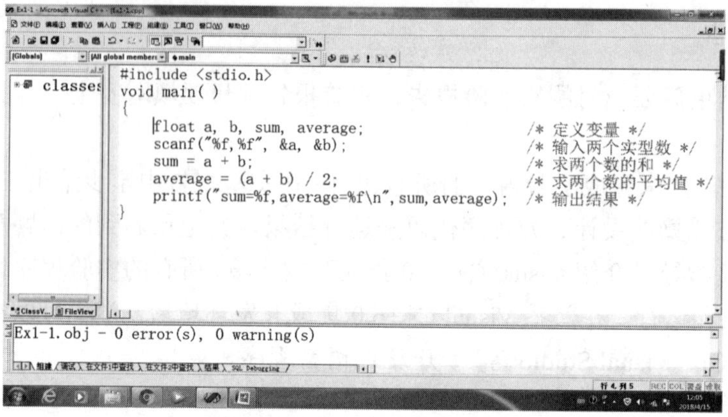

图 10-1　Visual C++ 6.0 集成开发环境

由图 10-2 可知，程序有一个错误，调整错误输出窗口可看到错误提示信息，双击错误提示信息，会在编辑窗口打开错误所在的源程序文件，并将光标快速定位在出错行上，错误行的前面会出现一个蓝色箭头。这样，程序员可快速找到错误行并进行修改。附录 F 给出了常见错误的中文解释和错误原因，调试程序时可参考。

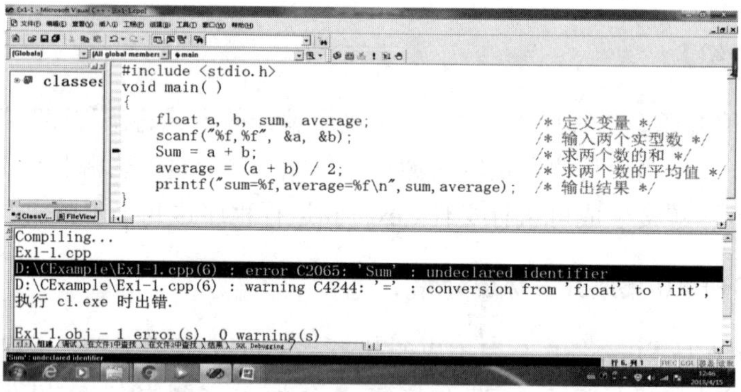

图 10-2　利用错误信息提示快速找到错误行

2. 运行一个 C 语言程序的步骤

在 Visual C++ 6.0 集成开发环境中，运行一个 C 语言程序的步骤如下。

(1) 新建源程序文件

单击“文件”→“新建”命令，打开“新建”对话框，选择“文件”选项卡，显示新建对话框如图 10-3 所示。

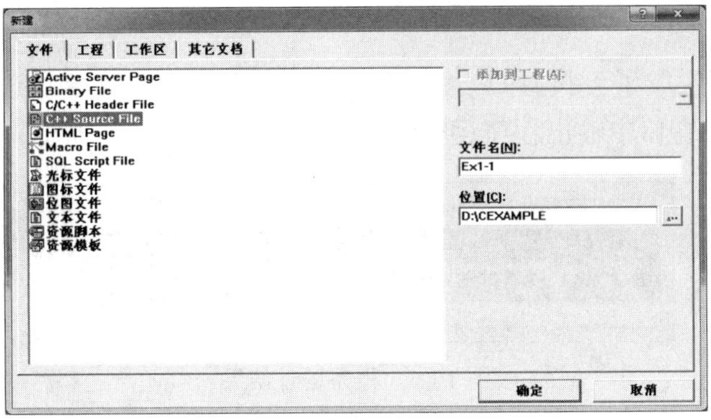

图 10-3　新建文件界面

首先在“文件”选项卡的左侧窗口中选择“C++ Source File”，接着在右侧的文件名框中输入文件名，如 Ex1-1，文件扩展名默认是.cpp，若希望文件的扩展名是.c，则输入文件名 Ex1-1.c。还需要在右侧的位置框中输入或选择文件的保存位置。最后单击“确定”按钮，打开程序编辑窗口，如图 10-1 所示。

（2）编辑源程序代码

在编辑窗口中输入 C 语言源程序代码。若程序有错误，也是在此窗口中修改错误。在输入源程序代码时，要采用内嵌语句右缩进格式，使程序结构清晰、易读。

（3）编译程序

单击“组建”菜单，选择“编译”命令。如果程序是第一次编译，会弹出如图 10-4 所示的对话框。

对话框询问是否为项目建立工作空间，单击“是”按钮，继续弹出如图 10-5 所示的对话框，询问是否保存源程序文件，单击“是”按钮，保存程序。

图 10-4　建立工作空间对话框

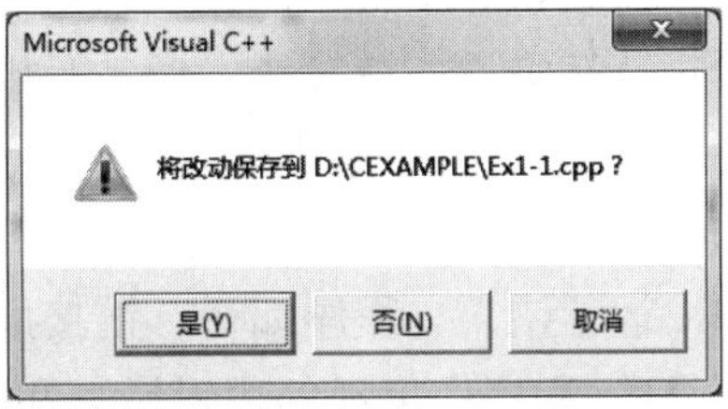

图 10-5　保存程序文件对话框

如果源程序中存在语法错误，编译结束后会在编辑窗口下面的窗口中显示出错信息。根据显示的错误信息，在编辑窗口中修改程序，然后再次编译。如果程序中没有错误，窗口会提示：

```
Ex1-1.obj - 0 error(s), 0 warning(s)。
```

（4）链接程序

编译成功后，还需要进行链接，生成可执行程序。打开“组建”菜单，选择“组建”。如果没有错误，在编辑窗口下面的窗口中显示：

```
Ex1-1.exe - 0 error(s), 0 warning(s)。
```

(5) 运行程序

链接成功后，生成了可执行(应用)程序。单击“组建”菜单，选择“执行”命令，在如图 10-6 所示的窗口中输出程序运行结果。

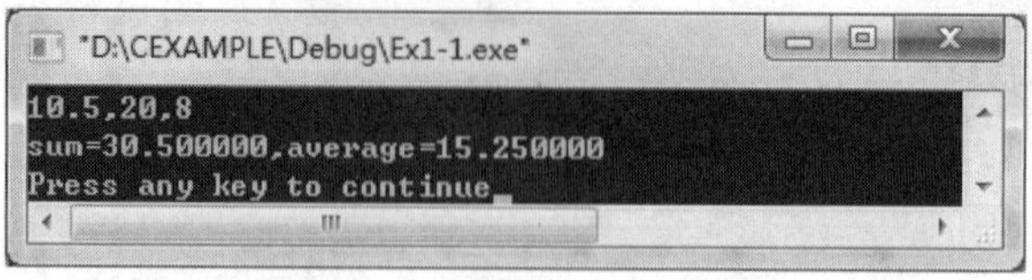

图 10-6　程序运行结果

程序运行结束后，单击“文件”菜单，选择“关闭工作空间”命令。继续下一个程序文件的建立、编辑、编译、链接和运行。

对源程序的编译、链接和运行也可以使用工具栏中的工具按钮完成，如图 10-7 所示。

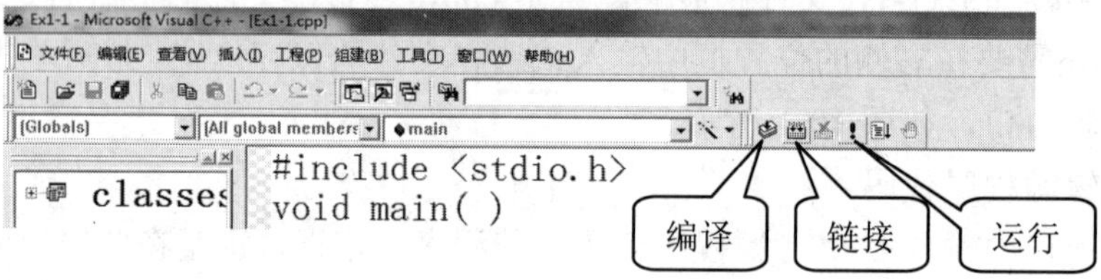

图 10-7　工具栏中的编译、链接和运行按钮

3. 常见错误

在对源程序编辑、编译、链接和运行时，不可避免地会出现一些错误，大致分为三类：①编译错误；②链接错误；③运行错误。

(1) 编译错误。编译错误是由于违反了 C 语言语法规则而产生的，又称语法错误，如保留字输入错误、括号不匹配、语句缺少分号、变量未定义等。

(2) 链接错误。链接错误通常是由于函数名错误，或者缺少包含函数库文件，或者包含文件的路径错误等原因造成的。如使用输入/输出函数时，没有在程序中包含头文件“stdio.h”，即#include<stdio.h>。

(3) 运行错误。程序编译、链接成功后，能够在计算机上运行，程序是否就一定正确呢？不是的。程序中出现的逻辑错误和算法错误导致程序的运行结果往往和预想的不一致。常见的运行错误如程序算法不正确、程序逻辑与算法不完全吻合、使用变量 x 写成了使用变量 y 等，虽然没有语法错误，但意思完全错了，又如程序死循环、内存访问冲突等。

错误按照出错程度分为严重错误(fatal error)、一般错误(error)和警告(warning)。警告信息虽然不会影响程序的执行，但可能会使运行结果错误。编译或链接出错时，系统会给出错误位置(行号)以及错误类别等信息(详见附录 F)，程序员可依据这些信息修改程序。

关于程序调试的方法，可查阅相关书籍或在网上搜索。

【实验内容】

1. 输入并运行第 1 章【例 1-1】和【例 1-2】中的程序，熟悉 C 语言程序的编辑、编译、链接和运行的过程。

2．参照第 2 章【例 2-1】，编写一个 C 语言程序，输出以下信息：

```
****************************
       Hello，World!
****************************
```

3．输入并运行第 2 章【例 2-2】和【例 2-3】中的程序。

实验二　简单程序设计

【目的与要求】

1．掌握 C 语言数据类型，熟悉如何定义一个整型、字符型、浮点型变量，以及对它们赋值的方法，了解以上类型数据输入或输出时所用的格式说明符。

2．学会使用 C 语言的有关算术运算符，以及进行包含这些运算符的表达式的计算，特别是自增(++)和自减(– –)运算符的使用。

3．掌握赋值语句和输入/输出函数的使用。

4．进一步熟悉 C 语言程序的编辑、编译、链接和运行的过程。

【实验内容】

1．求下面算术表达式的值(先自己分析，再用程序求解，比较得到的结果是否一致)。

(1) 设有：int x=2, a=7,y=4;，求 x+a%3*x+y%2/4;

(2) 设有：int a=2, b=3; float x=3.5,y=2.5;，求(float)(a+b)/2+(int)x%(int)y。

2．设有：int a=10, n=5;，求下面表达式运算后 a 的值。

(1) a+=a　　(2) a–=2　　(3) a*=2+3　　(4) a/=a+a

(5) a%=n%=2　　(6) a+=a–=a*=a;

3．运行第 3 章【例 3-4】、【例 3-7】中的程序，通过输出结果理解对应的格式说明。

4．运行第 3 章【例 3-8】、【例 3-10】中的程序，注意输入数据的格式。

5．已知圆柱体半径 r=1.5，圆柱高 h=3，编程求圆柱体底面周长 c、底面积 s、侧面积 $s1$、表面积 $s2$ 和圆柱体积 v。要求用 scanf()函数输入圆柱体的半径和高，用 printf()函数输出数据，保留两位小数。相关公式如下：

$c = 2\cdot\pi\cdot r$　　$s = \pi\cdot r^2$　　$s1 = c\cdot h$　　$s2 = 2\cdot s + s1$　　$v = s\cdot h$

实验三　分支结构和循环结构程序设计(1)

【目的与要求】

1．理解 C 语言程序的顺序结构、选择结构和循环结构。

2．掌握常用的 C 语言语句，熟练应用赋值、输入、输出语句。

3．学会正确使用关系运算符、逻辑运算符以及关系表达式、逻辑表达式。

4．熟练掌握 if 语句、switch 语句、while 语句、do-while 语句和 for 语句的用法。

5．理解递推算法策略，掌握递推算法的程序实现和特点。

【实验内容】

1．输入三个整数，分别表示一个盒子的长、宽、高。判断盒子是正方体还是长方体，若是正方体，则输出“此盒子是正方体”，否则输出“此盒子是长方体”。

2．有三个整数 *a*、*b*、*c*，由键盘输入，输出其中最大的数。

3．输入一百分制成绩，要求输出成绩等级 A、B、C、D、E。90 分以上为 A，80～89 分为 B，70～79 分为 C，60～69 分为 D，60 分以下为 E。要求分别用 if 语句和 switch 语句实现。

4．设银行定期存款年利率 rate 为 2.25%，存款本金为 capital 元，按年存款，一年后本息之和再存一年，以此类推。编写程序计算 *n* 年后的本利之和 deposit。要求存款利率、存款年限和本金均由键盘输入(递推法)。

5．求 $s = a + aa + aaa + \cdots + aa\cdots a$ 的值，其中 *a* 代表一位数字，最后一项由 *n* 个 *a* 组成。例如：*a*=2，*n*=5 时，s=2+22+222+2222+22222。从键盘输入 *a* 和 *n* 的值，输出 *s* 的值。

6．利用公式：$\frac{\pi}{4}=1+\frac{1}{3}+\frac{1}{5}+\frac{1}{7}+\cdots$，求 π 的近似值，直到最后一项的绝对值小于 10^{-6} 为止(fabs(t)表示 t 的绝对值，1e−6=$1*10^{-6}$)。

实验四　分支结构和循环结构程序设计(2)

【目的与要求】

1．熟练掌握 if 语句、switch 语句、while 语句、do-while 语句和 for 语句的使用。

2．理解 break 语句和 continue 语句的作用。

3．掌握循环嵌套程序设计。

4．理解穷举算法策略，掌握穷举算法的程序实现和特点。

【实验内容】

1．输入一个不小于 3 的正整数，判断其是否是素数，若是，输出“Yes”，否则输出“No”。

2．输入一个正整数，求该整数各位数字的累加和。

3．一个数如果恰好等于它的因子之和，这个数就称为完数。例如，6 是完数，因为 6=1+2+3。求 1000 之内的所有完数，并按下面的格式输出其因子(穷举法)。

4．卡车撞人目击破案。一辆卡车违反交通规则撞人后逃跑，现场有 3 人目击事件，但都没有记住车牌号，只记下车牌号的一些特征。甲说：牌照的前两位数字相同；乙说：牌照的后两位数字相同，但与前两位不同；丙是一位数学家，他说：4 位数的车牌号刚好是一个整数的平方。现在你是警察，请根据以上线索，求出车牌号(穷举法)。

5．编写程序，输出下面的图形(必须使用循环语句控制输出，输出 1～*n* 整数的个位数，第一行有 1 个数字，第二行有 2 个数字，……，以此类推)。

1
23
456
7890

6．在 C 语言允许的整数范围内验证哥德巴赫猜想，即任意大于 6 的偶数都可以表示为两个素数之和，如 100=3+97。

实验五　数组应用和字符串处理程序设计

【目的与要求】

1．掌握数组的定义、初始化和数组元素的引用方法。
2．掌握与数组有关的算法，如求最大(小)值，排序等。
3．理解字符数组与字符串的关系，掌握字符串的处理过程和常用的字符串处理函数。
4．理解穷举算法策略，掌握穷举算法的程序实现和特点。

【实验内容】

1．输入 10 个整型数据，存入数组 a 中，找出其最大值、最小值及其所在元素的下标。
2．有一个已经排好的数组，要求输入一个数后，按原来排序的规律将它插入数组中。
3．输入 10 个整型数据，存入数组 a 中，用选择法或冒泡法对数组中的数据排序。
4．飞镖靶盘问题。图 10-8 是一个飞镖靶盘，靶盘周围标出了 1～20 之间的数字，求相邻 4 个数之和最大的 4 个数(穷举法，按顺时针或逆时针方向求靶盘上所有连续 4 个数字的和)。

图 10-8　飞镖靶盘

5．按下列公式计算 s 的值，其中 n(n<100)和 $x_1, x_2,\cdots, x_n$ 由键盘输入。

$$s=\sum_{i=1}^{n}(x_i-x_0)^2$$

其中，x_0 是 $x_1, x_2,\cdots,x_n$ 的平均值。

6．输出如下含有 10 行的杨辉三角形(进一步，可按宝塔形输出)。

```
1
1   1
1   2   1
1   3   3   1
1   4   6   4   1
1   5  10  10   5   1
…   …   …
```

7．输入一个 M 行 N 列的矩阵，求该矩阵的鞍点，即该位置上的元素在行上最大、在列上最小(也可能没有鞍点)。

8．输入一个英文句子，把句子中每个单词的第一个字母改为大写字母。

9．有一篇文章，共有 3 行文字，每行有 80 个字符。要求分别统计出其中英文大写字母、小写字母、数字、空格及其他字符的个数。

实验六　指针应用程序设计

【目的与要求】

1．理解指针的概念，掌握指针变量的定义和赋值。
2．掌握与指针有关的运算，特别是运算符“&”和“*”的使用。
3．掌握使用指针访问内存空间的方法。
4．学会使用指针访问数组中的数据。
5．学会使用指针处理字符串。

【实验内容】

1．输入并运行第 5 章【例 5-1】、【例 5-3】中的程序，观察输出结果，理解指针、指针变量和使用指针访问数据的方法。

2．输入并运行第 5 章【例 5-5】中的程序，分析程序中使用指针或指针变量访问数组元素的方法。

3．输入 10 个整型数据，存入数组 a 中，使用指针找出最大值及其所在元素的下标。

4．输入一行字符，使用指针将字符串中的字符逆序存放后输出。

5．“回文”是一种顺序读和反序读都一样的字符串，如“121”“abcba”“ABCCBA”。编写程序，判断输入的字符串是否为回文，若是，输出“Yes”，否则输出“No”。

6．输入一个英文句子，使用指针把句子中每个单词的第一个字母改为大写字母。

7．输入一个字符串和一个指定字符，将字符串中出现的指定字符全部删除。

8．输入一个字符串，内有数字和非数字字符，例如：A123x456 17860? 302tab5876，将其中连续的数字转换为一个整数，依次存放到数组 a 中。例如：123 存放在 a[0]中，456 存放在 a[1]中……，以此类推。统计共有多少个整数，输出这些整数(假设不超过 100 个)。

实验七　模块化程序设计

【目的与要求】

1．理解模块化程序设计方法。
2．掌握 C 语言中函数的定义、调用和声明方法。
3．掌握主调函数和被调函数之间的参数传递方式。
4．理解递归调用和递归函数的设计。
5．了解变量的作用域和存储类别。

【实验内容】

1．设计函数：int isprime(int m)，判断一个正整数是否是素数，若是，返回 1，否则返回 0。在主函数中调用函数，验证函数的正确性。

2．在主函数中调用上题中的函数，验证哥德巴赫猜想。

3．设计函数：int count(char array[])，在字符数组 array 中存储一个字符串，统计 array 数组中字母字符的个数。在主函数中调用函数，验证函数的正确性。

4．设计函数：int stringcat(char s1[],char s2[],char s3[])，将 s2 中的字符串连接到 s1 中的字符串后面，并存入 s3 中，返回连接后字符串的长度。在主函数中调用函数，验证函数的正确性。

5．编写一个程序，设计如下的函数：

(1) 设计函数：void input(int a[],int n)，其功能是输入 n 个任意整数存放在数组 a 的前 n 个元素中。

(2) 设计函数：void output(int a[],int n)，其功能是输出数组 a 的前 n 个数据。

(3) 设计函数：void sort(int a[],int n)，其功能是用冒泡法或选择法对数组 a 的前 n 个元素从大到小排序。

(4) 设计函数：int search(int a[],int n,int x)，其功能是用折半查找法在数组 a 的前 n 个元素中查找 x，若存在，返回 x 所处的位置(下标+1)，否则返回 0。

(5) 在主函数中定义数组等，验证上述函数的正确性。

6．设计一个函数，求一维实型数组前 n 个元素的最大值、最小值和平均值。在主函数中调用函数，验证所设计函数的正确性。(提示：设计的函数可设置 5 个参数，依次传递数组的首地址、元素的个数、存放最大值变量的指针、存放最小值变量的指针和存放平均值变量的指针，函数无返回值。)

实验八　结构体应用和文件操作程序设计

【目的与要求】

1．理解结构体的概念、了解结构体的作用，掌握结构体类型定义方法。

2．掌握结构体变量、数组和指针的定义和初始化方法。

3．掌握结构体变量和结构体成员的引用方法。

4．理解文件和文件类型指针的概念，掌握文件类型指针的定义。

5．掌握文件操作过程，学会使用文件打开、关闭和读写等文件操作函数。

【实验内容】

1. 定义一个描述平面上矩形的结构体类型 Rectangle，包括 4 个成员：左上角坐标(left，top)和右下角坐标(right，bottom)。编写程序实现如下功能(假设矩形的边与坐标轴平行)：

(1) 输入一个矩形左上角和右下角的坐标；

(2) 求矩形对角线的长度；

(3) 求矩形的面积。

2．下列程序的功能为：学生姓名(name)和年龄(age)存于结构体数组 person 中，函数

func()的功能是：找出年龄最小的那名学生。输入以下程序并调试，纠正程序中存在的错误，使程序实现其功能。

```
#include<stdio.h>
struct stud
{
    char name[20];
    int age;
};
func(struct stud person[],int n)   /*有错误*/
{
    int min,i;
    min=0;
    for(i=0;i<n;i++)
        if(person[i] <person[min]) min=i;       /*有错误*/
    return (person );                  /*有错误*/
}
void main()
{
    struct stud a[]={{"Zhao",21},{"Qian",20},{"Sun",19},{"LI",22}};
    int n=4;
    struct stud  minpers;
    minpers=func(a,n);
    printf("%s 是年龄小者,年龄是: %d\n",minpers.name,minpers.age);
}
```

3．从键盘输入一系列字符，写入文本文件 test1.txt 中，然后从文件 test1.txt 中读取字符，将其中的大写字母转换为小写，小写字母转换为大写，保存在文件 test2.txt 中。

4．有 5 名学生，每名学生有三门课的成绩，从键盘输入学生数据(包括学号、姓名、三门课成绩)，将学生数据存放在二进制文件 stud.dat 中。

5．将上题 stud.dat 文件中的学生数据按平均分进行排序处理，将已排序的学生数据存入一个新文件 stusort.dat 中。

6．设计一个学生通讯录系统，通讯录数据包含姓名、电话、通信地址、邮编等信息。编写程序，要求实现功能：①为通讯录文件添加数据；②按姓名查找某个学生的通讯录信息；③修改某个学生的通讯录数据；④退出系统。

附录 A　ASCII 码字符表

低 4 位 \ 高 3 位	000	001	010	011	100	101	110	111
0000	NUL	DLE	空格	0	@	P	`	p
0001	SOH	DC1	!	1	A	Q	a	q
0010	STX	DC2	"	2	B	R	b	r
0011	ETX	DC3	#	3	C	S	c	s
0100	EOT	DC4	$	4	D	T	d	t
0101	ENQ	NAK	%	5	E	U	e	u
0110	ACK	SYN	&	6	F	V	f	v
0111	BEL	ETB	'	7	G	W	g	w
1000	BS	CAN	(	8	H	X	h	x
1001	HT	EM	)	9	I	Y	i	y
1010	LF	SUB	*	:	J	Z	j	z
1011	VT	ESC	+	;	K	[	k	{
1100	FF	FS	,	<	L	\	l	|
1101	CR	GS	-	=	M	]	m	}
1110	SO	RS	.	>	N	^	n	～
1111	SI	US	/	?	O	_	o	删除

注：ASCII 码值为 0000000 ～ 0011111 的字符是控制字符，其含义如下：

NUL 空
SOH 标题开始
STX 正文开始
ETX 正文结束
EOT 传输结束
ENQ 询问
ACK 承认
BEL 报警
BS 退一格
HT 横向列表
LF 换行
VT 垂直制表
FF 走纸
CR 回车
SO 移位输出
SI 移位输入
DLE 数据链换码
DC1 设备控制 1
DC2 设备控制 2
DC3 设备控制 3
DC4 设备控制 4
NAK 否定
SYN 空转同步
ETB 信息组传输结束
CAN 作废
EM 缺纸
SUB 换置
ESC 换码
FS 文字分隔符
GS 组分隔符
RS 记录分隔符
US 单元分隔符

附录B　C语言运算符

优先级	运　算　符	名称或含义	运算分量	运算形式	结合方向
1	(　　) [　　] . ->	圆括号 数组下标 结构成员引用 指向成员		(e) a[e] x.num p->num	自左至右
2	! ～ ++、-- - (类型符) &、* sizeof	逻辑非 位非 自增、自减 取负 强制类型转换 取地址、指针 数据长度	1(单目)	!e ～e ++i、i++ -e (type)e &x,*p sizeof(type)	自右至左
3	* / %	乘法 除法 求余	2(双目)	e1*e2 e1/e2 e1%e2	自左至右
4	+ -	加法 减法	2(双目)	e1+e2 e1-e2	
5	<<、>>	左移、右移	2(双目)	e1<<e2	
6	<、<=、>、>=	关系运算	2(双目)	e2<e2	
7	==、!=	等于、不等于	2(双目)	e1==e2	
8	&	位与	2(双目)	e1&e2	
9	^	位加(位异或)	2(双目)	e1^e2	
10	|	位或	2(双目)	e2|e2	
11	&&	逻辑与	2(双目)	e1&&e2	
12	||	逻辑或	2(双目)	e1||e2	
13	?　:	条件	3(三目)	e1?e2:e3	自右至左
14	= *=、/=、%=、+=、-= <<=、>>=、&=、^=、|=	赋值	2(双目)	x=e x*=e x<<=e	自右至左
15	,	逗号	2(双目)	e1,e2	自左至右

说明：

(1) 表中优先级栏中的数字越小，运算符的级别越高。运算级别不同时，先进行运算级别高的运算，再进行运算级别低的运算。

(2) 优先级别相同，运算的顺序由结合方向决定。只有单目运算符、条件运算符和赋值运算符的结合方向是自右至左，其他运算符的结合方向都是自左至右。

(3) 运算形式栏中的 e、e1、e2 代表表达式，a 代表数组，x、i 代表变量，p 代表指针，num 代表结构体或共用体成员，type 代表类型。

附录C 位 运 算

计算机中数据的最小单位是“位”，二进制的一个 0 或 1 称为一个“位”。C 语言与机器语言或汇编语言一样，具有位操作功能。

位运算是对整个数据按位进行运算。例如，对一个字节的数据（字符型）进行位运算时，是同时对其中的 8 个二进制位进行运算。位运算的对象只能是整型或字符型数据，运算结果仍是整型或字符型数据。位运算符分为位逻辑运算符和移位运算符。

1. 位逻辑运算符

位逻辑运算符有：～（位非）、&（位与）、^（位加）、|（位或）

位非是单目运算符，其他都是双目运算符。位逻辑运算符（除位非外）的优先级比关系运算符低，比逻辑运算符高。

设有说明：

```
unsigned short a=0111,b=0123;
```

则各种位逻辑运算如表 C-1 所示。

表 C-1 位逻辑运算示例

数据或运算	二 进 制 数	八 进 制 数	十 进 制 数
a	0 000 000 001 001 001	000111	73
b	0 000 000 001 010 011	000123	83
~a	1 111 111 110 110 110	177666	65462
a&b	0 000 000 001 000 001	000101	65
a^b	0 000 000 000 011 010	000032	26
a|b	0 000 000 001 011 011	000133	91

2. 移位运算符

移位运算符有：<<（左移）、>>（右移）。

它们都是双目运算符，左操作数是移位对象，右操作数是所移的二进制位数。

移位时，移出的位数全部丢弃，移出后的空位补入的数与左移还是右移有关。如果是左移，则规定补入的数全部是 0。如果是右移，还与被移位的数据是否带符号有关，若是无符号数，则补入的数全部为 0；若是带符号数，则补入的数全部是原数的最左端位上的数（即符号位）。具体移位规则如图 C-1 所示。

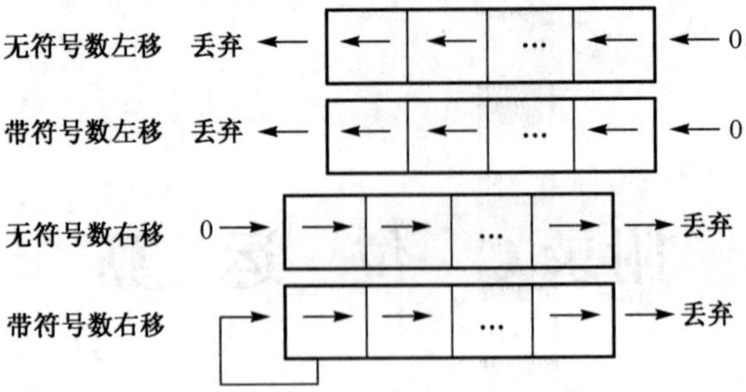

图 C-1 移位运算规则

设有说明：

```
unsigned short a=0111; int b=-4;
```

则各种移位运算如表 C-2 所示。

表 C-2 移位运算示例

数据或运算	二进制数	八进制数	十进制数
a	0 000 000 001 001 001	000111	73
b	1 111 111 111 111 100	177774	−4
a<<3	0 000 001 001 001 000	001110	584
a>>4	0 000 000 000 000 100	000004	4
b<<3	1 111 111 111 100 000	177740	−32
b>>4	1 111 111 111 111 111	177777	−1

附录 D 常用的 C 库函数

库函数不是 C 语言本身的固有部分，它是人们根据需要编制并提供给用户使用的一系列函数。不同的 C 编译系统都提供了大量的库函数，如 Turbo C2.0 提供了 300 余个库函数。在此，列出 ANSI C 标准建议提供的、常用的库函数原型，以方便用户查询和使用，更多的信息可查阅有关手册。

库函数的原型按功能分类分别存放在不同的头文件中。这些头文件一般存放在 C 编译系统目录下的子目录 INCLUDE 中，在程序中使用库函数时，应将函数原型所在的头文件包含在当前程序中。例如，在程序中使用输入/输出函数、数学函数和字符串处理函数时，在程序的开头应写上命令：

```
#include <stdio.h>        或 #include "stdio.h"
#include <math.h>         或 #include "math.h"
#include <string.h>       或 #include "string.h"
```

1. 输入/输出函数

输入/输出函数原型在头文件 stdio.h 中，功能如表 D-1 所示。

表 D-1 输入/输出函数

函数原型	功能	返回值
void clearerr(FILE *fp);	清除输入/输出错误标志	无返回值
int fclose(FILE *fp);	关闭文件，释放缓冲区	成功，返回 0；否则 EOF
int fflush(FILE *fp);	刷新缓冲区，把全部缓冲区数据写入磁盘文件	返回非 0 则出错
int fgetc(FILE *fp);	从文件 fp 读一个字符	返回所读字符
char *fgets(char *s,int n, FILE *fp);	从文件 fp 读取由 n–1 个字符组成的串，存储在起始地址为 s 的内存中	成功，返回地址 s；若遇文件结束或出错，则返回 NULL
FILE *fopen(const char *filename, const char *mode);	按 mode 指定的方式打开名为 filename 的文件	成功，返回 FILE 型指针，否则返回 NULL
int fprintf(FILE *fp, const char *format,...);	按 format 指定的格式将数据写入文件 fp	返回实际输出到文件的字符数
int fputc (int c, FILE *fp);	写字符到文件 fp	返回输出的字符
int fputs(const char *s, FILE *fp);	写字符串 s 到文件 fp	成功，返回最后一个字符，否则返回 EOF
size_t fread(void *ptr, size_t size, size_t n, FILE *fp);	size_t 同 unsigned，从文件 fp 读取字节数为 size 的 n 块数据，存储在起始地址为 ptr 的内存中	返回所读数据块个数；遇文件结束或出错，则返回 0
int fscanf(FILE *fp, const char *format, ...);	从文件 fp 中按 format 指定的格式读取数据	成功，返回所读数据的个数；否则返回 EOF
int fseek (FILE *fp, long offset, int whence);	将文件 fp 的读写位置指针移至距 whence 为 offset 字节的位置	成功，返回 0，否则返回非 0

续表

函数原型	功能	返回值
long ftell (FILE *fp);	获得文件 fp 的当前读写位置(距文件头的字节数)	返回当前读写位置；若出错，返回-1
size_t fwrite (const void *ptr, size_t size,size_t n,FILE *fp);	size_t 同 unsigned，将存储在起始地址为 ptr 的节数为 size 的 n 块数据写入文件中	返回写入文件 fp 中数据块的个数；否则返回 0
char *gets (char *s);	从标准输入设备键盘上读取一行字符，存储在起始地址为 s 的内存中	返回串的起始地址
int getchar(void)	从标准输入设备 stdin 读取一个字符	返回读取的字符，遇文件结束或出错返回-1
int printf(const char *format, ...);	按 format 指定的格式输出数据到标准输出设备	返回输出的字节数
int puts(const char *s);	将 s 指向的串输出到标准输出设备，并换行	返回换行符；若出错则返回 EOF
int putchar(char c)	输出字符 ch 到标准输出设备 stdout	返回 c，出错返回 EOF
int rename(const char *oldname, const char *newname);	文件更名，oldname 为旧名，newname 为新名	成功，返回 0，出错返回非 0
void rewind(FILE *fp);	移动文件 fp 的位置指针至文件开始，并清除文件结束标志或错误标志	无返回值
int scanf(const char *format, ...);	按 format 指定的格式从标准输入设备输入数据	返回正确输入数据的个数，遇文件结束返回 EOF，出错返回 0
int ungetc(int c, FILE *fp);	把字符 c 退回到文件 fp 的缓冲区，下次可用 fgetc( )等函数读取该字符	返回字符 c，出错返回 EOF
int fcloseall(void);	关闭所有文件，释放所有缓冲区	返回关闭的文件数，出错返回 EOF
int getw(FILE *fp);	从文件 fp 读取一个字(整数)	返回读取的整数，遇文件结束返回-1
int putw(int w, FILE *fp);	将一个整数 w 写入文件 fp	返回输出的整数，出错返回 EOF
int unlink(const char *filename); int remove(const char *filename);	删除文件	成功，返回 0，出错返回非 0
int ferror(FILE *fp);	测试输入/输出是否出错	若出错，返回非 0
int feof(FILE *fp);	测试读取文件是否结束	若结束，返回 EOF

2. 数学函数

数学函数原型在头文件 math.h 中，如表 D-2 所示。

表 D-2　数学函数

函数原型	功能或返回值	说明
int abs(int x);	求整数 x 的绝对值|x|	返回值同 x 的类型
double acos(double x);	求 arccos(x)	x 的取值为-1～+1
double asin(double x);	求 arcsin(x)	x 的取值为-1～+1
double atan(double x);	求 arctg(x)	
double atan2(double y, double x);	求 arctg(y/x)	
double ceil(double x);	返回不小于 x 的最小整数	

续表

函数原型	功能或返回值	说　明
double cos(double x);	求 cos(x)	x 的单位是弧度
double cosh(double x);	求双曲余弦	
double floor(double x);	返回不大于 x 的最大整数	
long labs(long x);	求长整数 x 的绝对值|x|	返回值 x 的类型相同
double log(double x);	求 ln^x	
double log10 (double x);	求 $log_{10}{}^x$	
double pow(double x, double y);	求 x^y	
double exp(double x);	求 e^x	
double fabs(double x);	求实数 x 的绝对值|x|	返回值 x 的类型相同
double pow10 (int p);	求 10^x	
double sin(double x);	求 sin(x)	x 的单位是弧度
ouble sinh(double x);	求双曲正弦	
double sqrt(double x);	返回 x 的平方根	x≥0
double tan(double x);	求 tg(x)	x 的单位是弧度
double tanh(double x);	求双曲正切	

3．字符处理函数

字符处理函数原型在头文件 ctype.h 中，如表 D-3 所示。

表 D-3　字符处理函数

函数原型	功　能	返回值
int isalnum(int c);	检查 c 是否是字母或数字	是，返回 1，否则返回 0
int isalpha(int c);	检查 c 是否是字母字符	
int isascii(int c);	检查 c 是否是 ASCII 字符	
int iscntrl(int c);	检查 c 是否是控制字符 (ASCII 码在 0～31 之间)	
int isdigit(int c);	检查 c 是否是数字字符	
int isgraph(int c);	检查 c 是否是可打印字符 (ASCII 码在 33～126 之间)	
int islower(int c);	检查 c 是否是小写字母	
int isprint(int c);	检查 c 是否是可打印字符 (ASCII 码在 32～126 之间)	
int ispunct(int c);	检查 c 是否是标点字符(除字母、数字和空格外字符)	
int isspace(int c);	检查 c 是否是空格、TAB 或换行符	
int isupper(int c);	检查 c 是否是大写字母	
int isxdigit(int c);	检查 c 是否是十六进制数字符(0～9、A～Z、a～z)	
int tolower(int c);	转换字母 c 为小写字母	返回对应的小写字母
int toupper(int c);	转换字母 c 为大写字母	返回对应的大写字母

4．字符串处理函数

字符串处理函数原型在头文件 string.h 中，如表 D-4 所示。

表 D-4 字符串处理函数

函数原型	功　能	返 回 值
char *strcat (char *dest,const char *src)；	将字符串 src 连接到字符串 dest 后面	返回 dest 的值
char *strchr (const char *s, int c)；	查找字符 c 在字符串 s 中第一次出现的位置	返回该位置的指针，若找不到，返回 NULL
int strcmp (const char *s1,const char *s2)；	字符串 s1 和 s2 比较	若 s1<s2，返回负数 若 s1=s2，返回 0 若 s1>s2，返回正数
char *strcpy (char *dest,const char *src)；	将 scr 指向的字符复制到起始地址为 dest 空间	返回 dest 的值
int strlen (const char *s)；	求字符串的长度	返回串的字符个数
char *strlwr (char *s)；	转换串 s 中的大写字母成小写	返回 s 的值
char *strstr (const char *s1, const char *s2)；	查找字符串 s2 在字符串 s1 中第一次出现的位置	返回该位置的指针，若找不到，返回 NULL

5. 类型转换函数

类型转换函数原型在头文件 stdlib.h 中，如表 D-5 所示。

表 D-5 类型转换函数

函数原型	功　能	返 回 值
double atof (const char *s)；	转换串 s 为双精度数，如：atof ("12.345") 的结果为双精度数 12.345	返回转换结果
int atoi (const char *s)；	转换字符串 s 为整数，如：atoi ("123abc") 的结果为整数 123	返回转换结果
long atol (const char *s)；	将字符串转换为长整数	返回转换结果
char *itoa (int value, char *string, int radix)；	把 value 转换为字符串存放在起始地址为 string 内存中，radix 指明按 2,8,10,16 进制转换。如 itoa (516,buf,2) 的结果是串"1000000100"	返回串指针 string
char *ltoa (long value, char *string, int radix)；	功能与函数 itoa 相同，只是 value 为长整数	返回串指针 string
char *gcvt (double value, int ndec, char *buf)；	把 value 转换为字符串存放在地址 buf 中，ndec 指明转换数字的位数。如：gcvt (123.45678,6,buf) 的结果是串"123.457"	返回串指针 buf

6. 随机数发生器函数

随机数发生器函数原型在头文件 stdlib.h 中，如表 D-6 所示。

表 D-6 随机数发生器函数

函数原型	功　能	返 回 值
int rand (void)；	产生一个范围在 0～32767 之间的随机整数	返回产生的随机数
int random (int num)；	产生一个范围在 0～num–1 之间的随机整数	返回产生的随机数
void randomize (void)； void srand (unsigned seed)；	初始化随机数发生器。srand ( ) 以给定数进行初始化；randomize ( ) 以当前系统时间进行初始化。randomize ( ) 是带参数的宏	无返回值

7. 内存动态分配函数

内存动态分配函数原型在头文件 stdlib.h 中，如表 D-7 所示。

表 D-7 内存动态分配函数

函 数 原 型	功 能	返 回 值
void *calloc(unsigned n,unsigned size)	动态申请 n 块，每块字节数为 size 的内存空间	返回该空间的起始地址；若申请失败，返回 NULL
void free(void *block);	释放动态申请的，起始地址为 block 的空间	无返回值
void *malloc (unsigned size);	动态申请字节数为 size 的内存空间	返回该空间的起始地址；若申请失败，返回 NULL
void *realloc(void *block, unsigned size);	修改已动态分配的，起始地址为 block 的内存空间的大小；size 为修改后空间的大小	返回修改后空间的起始地址；若申请失败，返回 NULL
unsigned coreleft(void); 或 unsigned long coreleft(void);	检测程序可使用空间的字节数	返回程序可使用空间的字节数

8. 目录管理函数

目录管理函数原型在头文件 dir.h 中，如表 D-8 所示。

表 D-8 目录管理函数

函 数 原 型	功 能	返 回 值
int chdir(const char *path);	设置 path 为当前目录	成功，返回 0，否则–1
int findfirst(const char *path, struct ffblk *ffblk,int attrib);	查找 path 所指目录下具有 attrib 属性的文件，如找到，文件信息存入指针 ffblk 所指的结构中	查找成功，返回 0，否则返回–1
int findnext(struct ffblk *ffblk);	继续 findfirst( )的查找	同上
void fnmerge(char *path, const char *drive,const char *dir, const char *name, const char *ext);	根据给定的各部分名称组成个一个完整的路径名，path=drive+dir+name+ext，可以使用统配符*和?	无返回值
int fnsplit(const char *path, char *drive, char *dir, char *name, char *ext);	是 fnmerge 的逆函数，将路径名分解成各个部分	返回一个标志
int getcurdir(int drive, char *directory);	读取指定驱动器的当前目录名，指针 directory 指向该串	成功，返回 0，否则–1
char *getcwd(char *buf, int buflen);	读取当前工作目录名赋值给 buf，buflen 是目录长度	返回指向目录名的指针，失败返回 NULL
int getdisk(void);	读取当前驱动器名，0 为 A 驱动器，余类推	返回驱动器序号
int mkdir(const char *path);	建立 path 所指子目录	成功，返回 0，否则–1
char *mktemp(char *template);	创建一个唯一文件名，指针 template 指向该名	返回 template 的值
int rmdir(const char *path);	删除子目录	成功，返回 0，否则–1
char *searchpath(const char *file);	寻找文件 file 的 DOS 路径	返回指向 file 路径的指针,失败返回 NULL
intl setdisk(int drive);	设置当前驱动器，drive 可取值 1,2,3 等，对应 A,B,C 等驱动器	返回可用驱动器总数

9. 几个常用的系统函数

系统函数原型在头文件 dos.h 中，如表 D-9 所示。

表 D-9　系统函数

函 数 原 型	功　能	返 回 值
int getcbrk (void);	检测 Ctrl+Break 状态	返回 1，Ctrl+Break 是关闭的，返回 0 打开的
int setcbrk (int cbrkvalue);	设置 Ctrl+Break 状态，cbrkvalue=1 开，=0 关	返回状态转换值
void getdate (struct date *datap);	获取系统日期，日期类型 struct date{int da_year; int da_mon; int da_day;}	无返回值，获取的系统日期在 datap 指向的结构变量中
void gettime (struct time *timp)	获取系统时间，时间类型 struct time{ int ti_min; int ti_hour; int ti_sec; int ti_hund;}	无返回值，获取的系统时间在 timp 指向的结构变量中
void nosound (void);	关闭扬声器	无返回值
void sound (unsigned frequency);	按指定频率打开扬声器	无返回值
void setdate (struct date *d);	设置系统日期	无返回值
void settime (struct time *t);	设置系统时间	无返回值
void sleep (unsigned seconds);	延时 seconds 秒	无返回值
void dalay (unsigned milliseconds);	延时 milliseconds 毫秒	无返回值

附录E 实 验 报 告

______年____月____日

姓　名		学　号		专业班级	
实验名称				成　绩	
一、实验目的和要求					
二、实验内容					
三、分析或算法设计(可附页)					
四、实验程序和运行结果(可附页)					
五、遇到的问题和解决方法					
六、心得体会					

附录 F　Visual C++常见错误

C 语言以其功能丰富、表达能力强、使用方便灵活、应用面广、目标程序效率高等特点受到软件编程人员的广泛认同。但是 C 语言对语法限制不严格、自由度大也导致编程时经常会出现错误，对于初学者来说，要查找、识别并改正这些错误是比较困难的。在此对 C 语言编程过程中经常出现的错误进行简单列举和分析，帮助初学者在学习过程中识别和避免，提高程序设计和调试能力。

1．编译错误（语法错误）

语法错误是在编译环节产生的错误，按照出错程度分为严重错误（fatal error）、一般错误（error）和警告（warning）。集成开发环境会给出错误提示信息以辅助更正，如表 F-1 所示。

表 F-1　常见语法错误及原因

错　误	含　义	错误原因
fatal error C1003: error count exceeds number; stopping compilation	错误太多，停止编译	
fatal error C1004: unexpected end of file found	文件未结束	一个函数或者一个结构定义缺少“}”，或者在一个函数调用或表达式中括号没有配对出现，或者注释符“/*…*/”不完整等
fatal error C1083: Cannot open include file: 'xxx': No such file or directory	无法打开头文件 xxx：没有这个文件或路径	头文件不存在，或者头文件拼写错误，或者文件为只读
error C2001: newline in constant	常量中有新行	字符串常量多行书写
error C2006: #include expected a filename, found 'identifier'	#include 命令中需要文件名	一般是头文件未用一对双引号或尖括号括起来，例如：#include stdio.h
error C2015: too many characters in constant	常量中包含多个字符	字符型常量的单引号中只能有一个字符，或是以“\”开始的一个转义字符，例如：char error = 'error';
error C2017: illegal escape sequence	转义字符非法	一般是转义字符位于 '' 或 "" 之外，例如：char error = ' '\n;
error C2018: unknown character '0xhh'	未知的字符 0xhh	一般是输入了中文标点符号，例如：char error = 'E'；中“；”为中文标点符号
error C2041: illegal digit 'x' for base 'n'	对于 n 进制来说数字 x 非法	一般用八进制数或十六进制数表示错误，例如：int i = 081; 语句中数字 8 不是八进制的基数
error C2048: more than one default	default 语句多于一个	switch 语句中只能有一个 default，删去多余的 default
error C2050: switch expression not integral	switch 表达式不是整型的	switch 表达式必须是整型（或字符型），例如：switch（"a"）中表达式为字符串，这是非法的
error C2051: case expression not constant	case 表达式不是常量	case 表达式应为整型或字符常量表达式，例如：case "a" 中"a"为字符串，这是非法的

续表

错　误	含　义	错 误 原 因
error C2052: 'type' : illegal type for case expression	case 表达式类型非法	case 表达式必须是一个整型常量或字符常量
error C2057: expected constant expression	期待常量表达式	一般是定义数组时数组长度为变量，例如：int n=10; int a[n]; 中 n 为变量，这是非法的
error C2058: constant expression is not integral	常量表达式不是整数	一般是定义数组时数组长度不是整型常量
error C2064: term does not evaluate to a function	无法识别函数语言	(1) 函数参数有误，表达式可能不正确，例如：sqrt(s(s-a)(s-b)(s-c)) 中表达式不正确 (2) 变量与函数重名或该标识符不是函数，例如：int i,j; j=i(); 中 i 不是函数
error C2065: 'xxx' : undeclared identifier	未定义的标识符 xxx	(1) 如果 xxx 为 cout、cin、scanf、printf、sqrt 等，则程序中包含头文件有误 (2) 未定义变量、数组、函数原型等，注意拼写错误或区分大小写
error C2078: too many initializers	初始值过多	一般是数组初始化时初始值的个数大于数组长度，例如：int b[2]={1,2,3};
error C2082: redefinition of formal parameter 'xxx'	重复定义形式参数 xxx	函数首部的形式参数不能在函数体中再次被定义
error C2086: 'xxx' : redefinition	标识符 xxx 重定义	变量名、数组名重名
error C2087: '<Unknown>' : missing subscript	下标未知	一般是定义二维数组时未指定第二维的长度，例如：int a[3][];
error C2100: illegal indirection	非法的间接访问运算符“*”	对非指针变量使用“*”运算
error C2105: 'operator' needs l-value	操作符需要左值	例如：(a+b)++; 语句，“++”运算符无效
error C2106: 'operator': left operand must be l-value	操作符的左操作数必须是左值	例如：a+b=1; 语句，“=”运算符左值必须为变量，不能是表达式
error C2110: cannot add two pointers	两个指针量不能相加	例如：int *pa,*pb,*a; a = pa + pb; 中两个指针变量不能进行“+”运算
error C2117: 'xxx' : array bounds overflow	数组 xxx 边界溢出	一般是字符数组初始化时字符串长度大于字符数组长度，例如：char str[4] = "abcd";
error C2118: negative subscript or subscript is too large	下标为负或下标太大	一般是定义数组或引用数组元素时下标不正确
error C2124: divide or mod by zero	被零除或对 0 求余	例如：int i = 1 / 0; 除数为 0
error C2133: 'xxx' : unknown size	数组 xxx 长度未知	一般是定义数组时未初始化也未指定数组长度，例如：int a[];
error C2137: empty character constant	字符型常量为空	一对单引号''中不能没有任何字符
error C2143: syntax error : missing 'token1' before 'token2' error C2146: syntax error : missing 'token1' before identifier 'identifier'	在标识符或语言符号 2 前漏写语言符号 1	可能缺少“{”、“)”或“;”等语言符号
error C2144: syntax error : missing ')' before type 'xxx'	在 xxx 类型前缺少')'	一般是函数调用时定义了实参的类型
error C2181: illegal else without matching if	非法的没有与 if 相匹配的 else	可能多加了“;”或复合语句没有使用“{}”
error C2196: case value '0' already used	case 值 0 已使用	ase 后常量表达式的值不能重复出现
error C2296: '%' : illegal, left operand has type 'float' error C2297: '%' : illegal, right operand has type 'float'	%运算的左(右)操作数类型为 float，这是非法的	求余运算的对象必须均为 int 类型，应正确定义变量类型或使用强制类型转换

续表

错　误	含　义	错误原因
error C2371: 'xxx' : redefinition; different basic types	标识符 xxx 重定义；基类型不同	定义变量、数组等时重名
error C2440: '=' : cannot convert from 'char [2]' to 'char'	赋值运算，无法从字符数组转换为字符	不能用字符串或字符数组对字符型数据赋值，更一般的情况，类型无法转换
error C2447: missing function header (old-style formal list?)	缺少函数标题（是否是老式的形式参数表？）	函数定义不正确，函数首部的“( )”后多了分号或者采用了老式的 C 语言的形参表
error C2450: switch expression of type 'xxx' is illegal	switch 表达式为非法的 xxx 类型	switch 表达式类型应为 int 或 char
error C2466: cannot allocate an array of constant size 0	不能分配长度为 0 的数组	一般是定义数组时数组长度为 0
error C2601: 'xxx' : local function definitions are illegal	函数 xxx 定义非法	一般是在一个函数的函数体中定义另一个函数
error C2632: 'type1' followed by 'type2' is illegal	类型 1 后紧接着类型 2，这是非法的	例如：语句 int float i;
error C2660: 'xxx' : function does not take n parameters	函数 xxx 不能带 n 个参数	调用函数时实参个数不对，例如：sin(x,y);
error C2664: 'xxx' : cannot convert parameter n from 'type1' to 'type2'	函数 xxx 不能将第 n 个参数从类型 1 转换为类型 2	一般是函数调用时实参与形参类型不一致
error C4716: 'xxx' : must return a value	函数 xxx 必须返回一个值	仅当函数类型为 void 时，才能使用没有返回值的返回语句
warning C4003: not enough actual parameters for macro 'xxx'	宏 xxx 没有足够的实参	一般是带参宏展开时未传入参数
warning C4067: unexpected tokens following preprocessor directive - expected a newline	预处理命令后出现意外的符号，期待新行	#include<iostream.h>; 命令后的“;”为多余的字符
warning C4091: '' : ignored on left of 'type' when no variable is declared	当没有声明变量时忽略类型说明	语句：int；未定义任何变量，不影响程序执行
warning C4101: 'xxx' : unreferenced local variable	变量 xxx 定义了但未使用	可去掉该变量的定义，不影响程序执行
warning C4244: '=' : conversion from 'type1' to 'type2', possible loss of data	赋值运算，从数据类型 1 转换为数据类型 2，可能丢失数据	需正确定义变量类型，数据类型 1 为 float 或 double，数据类型 2 为 int 时，结果有可能不正确，数据类型 1 为 double，数据类型 2 为 float 时，不影响程序结果，可忽略该警告
warning C4305: 'initializing' : truncation from 'const double' to 'float'	初始化，截取双精度常量为 float 类型	出现在对 float 类型变量赋值时，一般不影响最终结果
warning C4390: ';' : empty controlled statement found; is this the intent?	';'控制语句为空语句，是程序的意图吗？	if 语句的分支或循环控制语句的循环体为空语句，一般是多加了“;”
warning C4508: 'xxx' : function should return a value; 'void' return type assumed	函数 xxx 应有返回值，假定返回类型为 void	一般是未定义 main 函数的类型为 void，不影响程序执行
arning C4553: '==' : operator has no effect; did you intend '='?	“==”运算符无效；是否为“=”	语句：i==j;中“==”运算无意义
warning C4700: local variable 'xxx' used without having been initialized	变量 xxx 在使用前未初始化	变量未赋值，结果有可能不正确，如果变量通过 scanf 函数赋值，则有可能漏写“&”运算符
warning C4715: 'xxx' : not all control paths return a value	函数 xxx 不是所有的控制路径都有返回值	一般是在函数的 if 语句中包含 return 语句，当 if 语句的条件不成立时没有返回值
warning C4723: potential divide by 0	有可能被 0 除	表达式值为 0 时不能作为除数
warning C4804: '<' : unsafe use of type 'bool' in operation	'<'：不安全的布尔类型的使用	例如关系表达式“0<=x<10”有可能引起逻辑错误

2．链接错误

在链接环节产生的错误，按照出错程度分为严重错误(fatal error)、一般错误(error)。

表 F-2　常见链接错误及原因

错　误	含　义	错误原因
fatal error LNK1168: cannot open Debug/Cpp1.exe for writing	不能打开 Debug/Cpp1.exe 文件，以改写内容	一般是 Cpp1.exe 还在运行，未关闭
fatal error LNK1169: one or more multiply defined symbols found	出现一个或更多的多重定义符号	一般与 error LNK2005 一同出现
error LNK2001: unresolved external symbol _main	未处理的外部标识 main	一般是 main 拼写错误，例如 void mian()
error LNK2005: _main already defined in Cpp1.obj	main 函数已经在 Cpp1.obj 文件中定义	未关闭上一程序的工作空间，导致出现多个 main()函数

完成程序的编写工作只是程序设计任务的一部分，程序的查错和修正工作往往比写程序难度更大。调试程序的一般步骤如下。

(1) 静态查错。完成程序的编写工作后，程序设计人员应在上机运行前先进行人工静态检查，在这个阶段可以发现很多由于疏忽大意造成的语法错误，如漏写分号、符号错误、拼写错误等。为了提高静态查错的效率，初学者在编程时还应注意增加程序的可读性，如适当添加注释、善于利用函数等。

(2) 动态查错。完成静态检查后，程序设计人员可以通过上机运行程序进行动态查错。集成开发环境会在编译后显示语法错误信息并定位错误位置，初学者可以参考本附录中常见错误，逐一改正。若错误较多时，应按照错误出现的位置由前到后顺序改正，往往后面出现的一些错误是由前面的错误引起，这样可以提高查错的效率。

(3) 运行查错。经过上面两个步骤，程序中的语法错误都得到了改正。链接后生成可执行程序，运行输入测试数据，通过分析运行结果，检查程序是否存在逻辑错误，也就是检查程序是否符合算法设计。若程序比较复杂，在准备测试数据时要考虑到程序运行的不同情况，选择典型数据进行试验。

参考文献

[1] K. N. King. C 语言程序设计现代方法(第 2 版). 北京：人民邮电出版社，2010.

[2] 苏小红，王宇颖，孙志岗. C 语言程序设计. 北京：高等教育出版社，2011.

[3] 丁亚涛. C 语言程序设计. 北京：高等教育出版社. 2011.

[4] 王玉龙. 计算机导论. 北京：电子工业出版社. 2009.

[5] 谭浩强. C 程序设计. 北京：清华大学出版社. 2010.

[6] 谭浩强. C 程序设计题解与上机指导. 北京：清华大学出版社. 2011.

[7] 孙连科，许薇薇. C 程语言序设计. 北京：中国电力出版社. 2011.

[8] 陈立潮，C 程语言序设计教程. 北京：高等教育出版社. 2016.

[9] Brian W. Kernighan, Dennis M. Ritchie. C 程序设计语言(第 2 版). 北京：机械工业出版社，2004.